U0168705

智能工程前沿丛书

智能微波工程

王海明　无　奇　著

科学出版社

北　京

内 容 简 介

近年来，以机器学习为核心的人工智能技术在计算机视觉、语音识别、广告精准推送等领域的研究不断深入，其应用范围不断拓展，已获得了巨大成功。微波工程领域的研究者们也期望将人工智能技术应用于天线、元器件与电路设计以及信道建模等各个层面，进而发展出智能微波工程，以实现大幅度提升设计效能。智能微波工程也因此被认为是电磁场与微波技术领域最为活跃的研究方向，但其研究尚处于探索阶段。本书系统讨论智能微波工程的理论与技术，主要包括：机器学习和优化技术的基础、多路径机器学习辅助的天线智能设计、知识和数据混合驱动的天线阵列设计、多层机器学习辅助的天线射频鲁棒设计、毫米波片上螺旋电感智能设计、知识和数据混合驱动的信道建模等。为了方便读者快速理解书中涉及的原理与概念，附录中给出部分章节涉及的具体算法的程序源代码，同时给出了完整的程序源代码包下载链接，读者可直接下载获取。

本书可作为高等院校相关专业高年级本科生及研究生的微波工程实验教学参考书，也可供电磁场与微波技术领域的工程技术人员参考使用。

图书在版编目(CIP)数据

智能微波工程/王海明，无奇著. —北京：科学出版社，2023.3
(智能工程前沿丛书)
ISBN 978-7-03-075188-1

Ⅰ. ①智… Ⅱ. ①王… ②无… Ⅲ. ①人工智能-应用-微波技术
Ⅳ. ①TN015

中国国家版本馆 CIP 数据核字(2023)第 046677 号

责任编辑：惠 雪 / 责任校对：郝璐璐
责任印制：张 伟 / 封面设计：许 瑞

科学出版社 出版
北京东黄城根北街 16 号
邮政编码：100717
http://www.sciencep.com
北京建宏印刷有限公司印刷
科学出版社发行 各地新华书店经销
*
2023 年 3 月第 一 版 开本：720 × 1000 1/16
2024 年 6 月第三次印刷 印张：14 1/2
字数：292 000

定价：99.00 元

(如有印装质量问题，我社负责调换)

“智能工程前沿丛书”编委会

“智能工程前沿丛书”序

按照联合国教科文组织的定义，工程就是解决问题的知识与实践。通信、电子、建筑、土木、交通、自动化、电力、机器人等工程技术通过长期深入研究，已经在人民生活、经济发展、社会治理、国家管理、军事国防等多个领域得到了广泛而全面的应用。智能工程可定义为工程技术领域引入人工智能来解决问题的知识与实践。工程技术和人工智能交叉融合后诞生的智能工程毫无疑问是近年来工科领域最为活跃的研究方向，同时也代表了当代技术科学综合、交叉融合、创新发展的全新态势。

自 20 世纪 70 年代以来，计算机技术飞速发展，在工程技术的相关领域发挥越来越重要的作用，使得工程技术不断创新，持续取得突破，新产品层出不穷。在计算机辅助下，传统的工程技术虽然已经获得了长足进步，但是仍然难以满足或适应这些新场景和新需求。一方面，产品的应用场景越来复杂，功能的诉求越来越综合，性能指标的要求越来越高；另一方面，大规模产品的“零缺陷”要求显著提升，从设计到上市的时间窗口越来越短，产品研发生产和使用向高能效、低能耗和低碳排放转变。进入 21 世纪，工程技术领域的研究人员通过引入人工智能，采用学科综合、交叉融合的方式来尝试解决工程技术所面临的种种难题，诞生了智能工程这个新兴的前沿研究方向。

近期，东南大学在原有的“强势工科、优势理科、精品文科、特色医科”学科布局基础上，新增了“提升新兴、强化交叉”，在交叉中探索人才培养、学科建设、科学研究新的着力点与生长点。在这一重要思想指导下，“智能工程前沿丛书”旨在展示东南大学在智能工程领域的最新的前沿研究成果和创新技术，促进多学科、多领域的交叉融合，推动国内外的学术交流与合作，提升工程技术及相关学科的学术水平。相信在智能工程领域广大专家学者的积极参与和全力支持下，通过丛书全体编委的共同努力，“智能工程前沿丛书”将为发展智能工程相关技术科学，推广智能工程的前沿技术，增强企业创新创造能力以及提升社会治理等方面做出应有的贡献。

最后，衷心感谢所有关心支持本丛书，并为丛书顺利出版做出重要贡献的各位专家，感谢科学出版社以及有关学术机构的大力支持和资助。我们期待广大读者的热情支持和真诚批评。

“智能工程前沿丛书”编委会

2023 年 3 月

前　言

微波工程是无线移动通信、雷达等无线电系统以及高速数字电路的基础技术。一方面，无线电系统的载波工作频率正走向毫米波乃至太赫兹频段。随着无线移动通信的高速发展，中低频段越来越拥挤，载波频率不断提升，第五代移动通信(5G) 已经开始在毫米波部署，第六代移动通信 (6G) 正在讨论将太赫兹作为候选频段之一。类似地，雷达的工作频率也在不断攀升，77GHz 车载毫米波雷达已经大规模应用，94GHz 雷达正得到广泛研究并逐步应用，用于气象云量观测的太赫兹雷达得到深入研究。另一方面，高速数字电路特别是输入输出端口的数据传输速率不断攀升。例如，用于高速数字芯片间互联的串行器/解串器 (SerDes) 不断刷新数据传输速率的纪录，单对差分信号的数据速率已经突破 100Gb/s。无线电系统和高速数字电路的工作频率已进入毫米波乃至太赫兹频段，传统微波理论和技术的局限性逐渐显现，急需引入新理论和新技术应对新挑战。正值中国无线电产业和高速数字电路产业快速发展之际，在东南大学黄如院士的有力组织下，基于国家重点研发计划、国家自然科学基金等项目的研究成果，作者结合二十多年的微波工程研究经验撰写本书。

本书主要阐述智能微波工程涉及的关键技术及其应用。第 1 章绪论，主要介绍研究背景和进展，以及本书主要内容。第 2 章是微波工程的基础内容，论述微波电路与系统的基础和设计技术、微波天线与阵列的基础和设计技术、电波传播与信道建模技术。第 3 章介绍机器学习辅助优化技术的基本框架、机器学习的主要方法、最优化算法和典型应用实例。第 4 章详细介绍多路径机器学习辅助优化技术及其在天线设计中的应用。第 5 章主要介绍知识和数据混合驱动的天线阵列智能设计技术。第 6 章介绍多层机器学习辅助优化技术及其在天线射频智能鲁棒设计中的应用。第 7 章详细论述毫米波片上螺旋电感的智能设计技术。第 8 章介绍知识和数据混合驱动的智能信道建模技术及其在前向植被散射簇信道建模中的应用。第 4 章至第 8 章涉及内容均是我们研究团队的最新研究成果，已经在 *IEEE Transactions on Antennas and Propagation* 等国内外学术期刊和学术会议上发表对应的论文。

全书共 8 章，每章自成系统，同时相互联系。本书主要内容是作者近年来在智能微波工程方面研究工作的汇聚。这些研究工作的合作者还包括东南大学毫米波国家重点实验室洪伟教授、新加坡国立大学陈志宁教授等。王海明负责撰写、统稿和最后定稿。特别感谢博士生张沛泽、陈炜琦等，以及硕士生曹逸、魏家豪、弓雅杰、王苏斌、师曼、谢家豪等提供的撰写帮助。此外，我们研究团队的研究生们对本书进行校对，在此一并表示感谢。

限于作者的知识水平，书中不足之处在所难免，敬请各位读者批评指正。

王海明

2023 年 3 月

符号说明

X 或 x	斜体字母表示标量
$\boldsymbol{X}$ 或 $\boldsymbol{x}$	黑斜体大写 (小写) 字母表示矩阵 (向量)
$(\cdot)^{\mathrm{H}}$	矩阵或向量的共轭转置
$(\cdot)^{\mathrm{T}}$	矩阵或向量的转置
$(\cdot)^{*}$	矩阵、向量或标量的共轭
$[\boldsymbol{X}]_{m,n}$	矩阵 $\boldsymbol{X}$ 第 m 行第 n 列对应的元素
$[\boldsymbol{X}]_{m,:}$	矩阵 $\boldsymbol{X}$ 第 m 行元素所构成的向量
$[\boldsymbol{X}]_{:,n}$	矩阵 $\boldsymbol{X}$ 的第 n 个列向量
$\lVert\boldsymbol{X}\rVert_{\mathrm{F}}=\sqrt{\mathrm{tr}\left(\boldsymbol{X}^{\mathrm{H}}\boldsymbol{X}\right)}$	矩阵 $\boldsymbol{X}$ 的 Frobenius 范数
$\boldsymbol{X}^{-1}$	矩阵 $\boldsymbol{X}$ 的逆矩阵
$[\boldsymbol{x}]_{n}$	向量 $\boldsymbol{x}$ 的第 n 个元素
$\lVert\boldsymbol{x}\rVert=\sqrt{\boldsymbol{x}^{\mathrm{H}}\boldsymbol{x}}$	向量 $\boldsymbol{x}$ 的 ℓ_2 范数
$\mathrm{diag}\left(\boldsymbol{x}\right)$	以矢量 $\boldsymbol{x}$ 中元素为对角线元素的对角矩阵
$\mathrm{diag}\left(\boldsymbol{X}\right)$	求矩阵 $\boldsymbol{X}$ 对角线元素组成的向量
$\mathbf{0}_{M\times N}$	$M\times N$ 维全零矩阵
$\mathbf{1}_{M\times N}$	$M\times N$ 维全 $\mathbf{1}$ 矩阵
$\boldsymbol{I}_{N}$	N 维单位矩阵
$\delta(\cdot)$	Kronecker delta 函数
$\odot$	Hadamard 乘积
$\otimes$	Kronecker 乘积
$\mathbb{R}$	实数域
$\mathbb{C}$	复数域
$\min(x,y)$	取 x, y 中较小的数
$\max(x,y)$	取 x, y 中较大的数
$\lvert x\rvert$	标量 x 的绝对值
$\mathrm{mean}\{\cdot\}$	数学期望函数

$\mathrm{var}\{\cdot\}$	方差函数
$\mathcal{N}(\mu,\ \sigma^2)$	均值为 μ、方差为 σ^2 的高斯分布
$\mathrm{vec}\{\cdot\}$	矩阵拉直运算
$\sim$	服从于某种概率分布
$\lfloor x \rfloor$	不大于 x 的最大整数
$\lceil x \rceil$	不小于 x 的最小整数
$\log_{10} x$	以 10 为底的对数函数

目　录

第 1 章

绪　论

无线电频谱涵盖 3Hz～3THz，国际电信联盟 (ITU) 和国际电气电子工程师学会 (IEEE) 的频段分配如表 1.1 所示[1]。射频 (radio frequency, RF) 是指在无线电频谱中的交变电流信号。无线电波是频率处于在 RF 频率范围内的电磁波。微波的频率范围是 300MHz～300GHz，对应的电磁波波长为 10cm～1mm，其中波长为毫米量级的无线电信号称为毫米波，对应的频率范围是 30GHz～300GHz*。无线移动通信、雷达等无线电系统的工作频率基本上都落在微波频段。微波工程是无线移动通信、雷达等无线电系统的核心关键技术，也是微波集成电路、高速数字集成电路的基础技术。它涵盖了微波的产生、变换、发射、传播、接收、处理等多个方面。

表 1.1　无线电频谱分段表

ITU 频段分配	IEEE 频段分配	频率范围
1	极低频 (extremely low frequency, ELF)	3～30Hz
2	超低频 (super low frequency, SLF)	30～300Hz
3	特低频 (ultra low frequency, ULF)	300Hz～3kHz
4	甚低频 (very low frequency, VLF)	3kHz～30kHz
5	低频 (low frequency, LF)	30kHz～300kHz
6	中频 (medium frequency, MF)	300kHz～3MHz
7	高频 (high frequency, HF)	3MHz～30MHz
8	甚高频 (very high frequency, VHF)	30MHz～300MHz
9	特高频 (ultra high frequency, UHF)	300MHz～3GHz
10	超高频 (super high frequency, SHF)	3GHz～30GHz
11	极高频 (extremely high frequency, EHF)	30GHz～300GHz
12	超极高频 (tremendously high frequency, THF)	300GHz～3THz

微波工程的理论基础是电磁学，而电磁学的核心毫无疑问是麦克斯韦方程组[2]。该方程组是由英国物理学家詹姆斯•麦克斯韦在 19 世纪建立的一组描述电场、磁场与电荷密度、电流密度之间关系的偏微分方程。它由 4 个方程组成，分别是：描述电荷如何产生电场的高斯定律；论述磁单极子不存在的高斯磁定律；描述电流与时变电场怎样产生磁场的麦克斯韦–安培定律；描述时变磁场如何产生电场的法拉第感应定律。赫兹在 1887 年至 1891 年期间进行的一系列实验证实了麦克斯韦的电磁波理论。

* 2018 年，IEEE 更新了频率范围的定义和频段分配表，射频的频率范围涵盖整个无线电，微波是射频的其中一部分。

在微波工程中，如果要分析或设计元器件、部件、子系统或系统，可以直接从三维电磁场的麦克斯韦方程组及求解出发。这种方法通常被称为电磁场全波求解。但是，麦克斯韦方程组包含作为空间坐标函数的向量表示场量的向量微分或积分运算，求解这些方程将带来非常复杂的数学运算。在很多实际应用场合，即使现代高性能计算机的计算力也远远跟不上电磁场全波求解所需的超高复杂度计算需求。为此，微波工程的目标之一是试图将这个复杂的场求解问题简化为可用更简单的电路理论来求解。

1.1 主要研究进展及发展趋势

1.1.1 微波电路与系统

20 世纪初，无线电技术的快速发展主要发生在高频 (HF) 到甚高频 (VHF) 的范围内。20 世纪 40 年代的第二次世界大战中，雷达的出现和应用使得微波理论和技术被广泛重视。以雷达为主要应用目标，美国麻省理工学院辐射实验室的科学家们对微波理论进行了一系列深入研究，将微波理论推向了一个崭新的高度，这些理论包括波导理论、微波天线理论、小孔耦合理论和微波网络理论等。

如今，微波电路与系统广泛存在于包括通信、雷达、遥感和医学等多个领域，成为现代文明最重要的基石之一。20 世纪 70 年代首次提出了蜂窝移动电话系统，其诞生正是得益于对微波电路和系统的研究，其从 1G 到 5G 爆发式的发展，反之又大大促进微波电路与系统的研究与发展。随着现代无线移动通信和雷达等无线电系统的迅猛发展，设计满足低成本、小尺寸、高质量、高集成度等要求的微波电路与系统成为国民经济发展与国防建设中的关键环节。微波电路与系统通常由相当多的元部件组成，而这些元部件又由多个设计参数定义，然而这些成千上万个参数的组合中只有极少数组合能同时满足设计规范和指标要求。

人工智能的引入能够以多种途径显著加速微波电路与系统的设计收敛[3,4]。文献 [3] 提出了一种基于机器学习的高效差分进化算法，并将其应用于线性射频放大器的综合设计，该方法利用在线更新的高斯过程回归 (Gaussian process regression, GPR) 代理模型来评估放大器的性能，相比于离线的代理模型，在线更新代理模型可以在迭代中逐步提升预测精度，结合全局优化算法寻找全局最优解。例如，设计一个工作在 100GHz 的放大器，要求其增益尽可能高，相比于没有应用机器学习仅仅利用全局优化和全波仿真的方法，该方法优化得到的放大器有着不可比拟的性能，带宽都超过了 20GHz，且增益超过了 10dB，而且应用机器学习的方法在时间上缩短至 $\frac{1}{9}$，大幅度提升设计效率。文献 [4] 利用基于加权期望改进的贝叶斯优化方法结合多起点局部搜索等策略，研究了人工智能方法在变压器设计等方面的应用。

1.1.2 天线与阵列

天线是天线通信、广播、导航、雷达、测控、遥感、射电天文和电子对抗等多种民用和军用无线电系统中必不可少的部件之一。1887 年，赫兹完成了证明电磁波存在的实验，这已经成为无线电发展历史的里程碑式的事件。该实验使用了电偶极子谐振器天线。自此至今，天线的设计和优化已经历了 100 多年的历史。在早期的实验性无线电系统中，天线主要包括电偶极子天线和环形天线等。随着 20 世纪初电子管的发明和发展，涌现了一系列包括菱形天线 (rhombic antenna)、鱼骨天线 (fish bone antenna)、对称天线 (symmetrical antenna) 和八木天线 (Yagi antenna) 等在内的线天线 (wire antenna)。与此同时，也出现了一系列如感应电动势法和对偶原理等对线天线的分析、设计方法及理论。

20 世纪 40 年代的第二次世界大战催生了微波雷达的发展，包括抛物面天线 (parabolic antenna)、喇叭天线 (horn antenna) 等在内的口径天线大量涌现。同时，也出现了波导缝隙阵天线、螺旋天线等新的天线结构。二战之后，微波中继通信、广播和射电天文的应用也促进了线天线和口径天线的进一步发展。其中包括几何光学法、口径场法和电流分步法等在内的口径天线分析方法被提出，天线测试技术和天线阵列综合技术也相应出现。20 世纪 60 年代开始，天线设计进入全面发展阶段。电子计算机、微电子技术和现代材料的发展为天线理论和设计的发展提供了必要的基础。包括高增益、快速扫描、宽频带、低旁瓣等在内的多样化天线设计需求层出不穷。这一时期出现了单脉冲天线、相控阵天线、波纹喇叭、多波束天线、非频变天线、微带天线、共形阵天线、介质谐振器天线、分形天线、可重构天线等高性能的新型天线。同时，矩量法、时域有限差分法等分析方法被成功应用于天线设计领域，并发展出商业化的软件，从而极大地提升了天线设计的效率并拓展了天线创新的边界。

近年来，随着无线移动通信及雷达技术等快速发展，天线领域正在经历快速发展与革新。一方面，基片集成技术、超材料技术、电磁偶极子技术、封装天线技术等新的天线设计技术不断涌现，为高集成度、多设计目标、高频段、复杂电磁环境、强设计制约、高良率 (production yield) 需求等多种要求下的天线设计带来更丰富的选择；另一方面，包括进化算法、机器学习算法、特征模算法等在内的新型分析及优化算法的引入，以及与经典计算电磁方法和商业全波仿真软件的结合极大地促进新型天线的出现。天线性能和设计效率的提升成为研究热点之一，而且天线的性能边界研究也进入新阶段。

人工神经网络 (artificial neural network, ANN) 作为最早被引入电磁和微波工程领域的机器学习方法之一，近十几年得到长足的发展和应用。1998 年，文

献 [5] 利用 ANN 建立了微带天线主模的设计谐振频率，以及介质基板的介电常数、厚度与贴片天线长度之间的映射关系。2019 年，东南大学的崔铁军教授课题组利用多层卷积神经网络建立了超材料结构的反射相位及其结构参数之间的关系，预测精度达到了 90.05%，并成功应用于圆极化反射阵的设计[6]。然而，在很多场合，天线智能设计所需的数据获取困难，即使有办法获得数据但其成本极其高昂，这就造成了小样本集的场景，选用 ANN 作为机器学习方法容易带来过拟合的问题。与其相比，支持向量机 (support vector machine, SVM) 方法在小样本集条件下拥有更优秀的泛化性能。2007 年，西班牙的研究者将 SVM 应用于阵列综合中，直接建立由天线单元的幅相信息与最终的全波仿真得到的方向图之间的联系，从而在阵列综合中将天线单元间的互耦纳入考量[7]。近几年，高斯过程回归机器学习 (GPR machine learning, GPR-ML) 在电磁领域受到广泛的关注和青睐。相比于 SVM，GPR-ML 具有同时得到预测点处的响应和不确定性的特性，因此可以更有效地寻找到全局最优点。2013 年，将 GPR-ML 和差分进化算法 (differential evolution algorithm, DEA) 相结合，文献 [8] 提出了一种代理模型辅助的差分进化法 (surrogate model assisted differential evolution for antenna synthesis, SADEA)，可以有效解决包括天线的反射系数、互耦、增益等的优化设计问题。冰岛雷克雅未克大学的 Koziel 教授及其课题组在应用 GPR-ML 进行天线设计的领域做了大量卓有成效的研究工作，包括利用多精度的全波仿真数据，快速得到天线的单目标[9] 和多目标设计结果[10] 等。相较于传统方法，人工智能方法的引入可以大大降低对计算资源和时间的需求，从而突破传统方法下性能和设计效率的瓶颈，并将天线与阵列的设计与优化推广到更多参数、更高结构复杂度和更多目标的范畴。

1.1.3 电波测量与信道建模

无线移动通信持续快速发展，载波频率不断升高，毫米波无线移动通信已经开始大规模部署应用。无线移动通信的电波传播场景越来越复杂，而且随着大规模多输入多输出 (massive multi-input and multi-output, mMIMO) 技术的应用，移动通信基站装备的天线数目越来越多，终端设备也已装备多天线。以上这些情况导致电波传播相关的参数估计和信道建模的难度和复杂度不断攀升。传统方法难以解决这类复杂的问题。相关的研究结果表明，人工智能等新技术有望被用来突破这类复杂问题中的瓶颈[11−15]。文献 [14, 15] 是由两部分组成，其中第一部分是对机器学习使能的信道特性和天线-信道优化的综述[14]；第二部分回顾了场景识别和通道建模的研究现状[15]，也给出基于人工智能或机器学习的信道数据处理技术所面临的挑战。

已有的研究结果表明，基于几何的随机建模和仿真方法很难预测实际场景中的时间变化或位置变化信道。为了克服这些缺点，华北电力大学的赵雄文教授等提出一种基于 ANN 的信道建模和仿真框架用于对实测信道进行回放[11]，并采用他们提出的方法对中国青岛高铁站的 28GHz 信道实测数据进行信道回放验证。通过对比实测信道以及 ANN 和 GBSM (geometry-based stochastic model，基于几何的随机信道模型) 仿真信道的大尺度和小尺度参数，证实了所提方法的有效性。结果表明，基于 ANN 的方法可以更精确地回放实测信道，而基于 GBSM 的仿真信道有较大的偏差。这项研究成果为 5G 及 B5G (超 5G) 系统研究和工程应用所需的信道回放提供了有效的解决方案。如果具有大量的信道实测数据，也能应用于未来的信道预测。

移动通信正在呈现出随着智能手机大量使用，通信场景越来越复杂，载波频率越来越高，mMIMO 中存在大量天线阵元，以及高密度微蜂窝等趋势，大数据集正在产生，5G 已迈入大数据时代。文献 [12] 提出了大数据和机器学习使能的无线信道模型框架。所提出的信道模型基于 ANN，包括前馈神经网络 (feed-forward neural network, FNN) 和径向基函数神经网络 (radial basis function neural network, RBF-NN)。输入参数包括发射机和接收机的坐标、收发距离和载波频率，输出参数是信道统计特性，包括接收功率、均方根时延扩展、均方根角度扩展。用于训练和测试 ANN 的数据集来自于信道测量和 GBSM 仿真。仿真结果表明所提方法的优异性能，这也说明机器学习算法是未来基于测量的无线信道建模的强有力分析工具。

为了克服传统物理统计信道模型在准确性和场景通用性方面存在的不足，本书作者所在课题组提出了采用知识和数据混合驱动的智能信道建模方法，并针对前向植被散射簇内信道特性完成预测性建模和模型验证[13]。所提出的智能信道建模方法利用传统基于几何分布的随机信道模型得到多径簇间的信道参数，针对不同类型的多径散射簇，调用相应的 ANN 模型预测簇内信道特性。根据信道实测数据和射线追踪仿真结果，建立了前向植被散射簇内信道特性的物理统计信道模型，揭示了系统配置和环境变化对植被穿透损耗、时延扩展和角度扩展等信道特性的影响。将信道实测和仿真获得的数据用于 ANN 训练，并通过增加环境特征标记降低 ANN 训练的复杂度，提升计算效率。在不同传播环境下，基于 ANN 的前向植被散射簇内信道特性预测器的性能得到了验证。与传统物理统计信道建模方法相比，所提方法的预测值具有更小的均方根误差，智能信道建模的准确性和通用性得到极大提升。

1.2 本书主要内容

本书将围绕微波工程的智能化技术，首先系统介绍微波工程中的微波电路与系统、天线与阵列、微波传播与信道建模以及机器学习辅助优化等基础内容；然后以设计项目为例，重点介绍多路径机器学习辅助天线设计技术、知识与数据混合驱动的天线阵列设计技术、多层机器学习辅助的天线射频智能鲁棒设计技术、毫米波片上螺旋电感智能设计技术及应用以及智能信道建模技术等智能微波工程的新技术、新方法。

第 2 章

微波工程简介

微波工程是无线移动通信、雷达、广播、射电天文等无线电系统以及高速数字电路的基础技术。本章将对微波工程进行简要介绍，共分为以下 3 个部分：微波电路与系统；天线与阵列；电波传播机制与信道建模。

2.1 微波电路与系统

从 20 世纪 20 年代至今，微波电路与系统已形成了一套完整、系统的理论体系和设计方法。本节将对微波电路的基本组件与常用电路进行介绍，为后续引入人工智能技术设计微波器件奠定基础。

2.1.1 微波传输线

微波传输线是用以传输微波信息和能量的各种形式的传输系统的总称，它的作用是引导电磁波沿一定方向传输，因此又被称为导波系统，其所引导的电磁波被称为导行波，图 2.1 给出几种常用的微波传输线，下面对其分别介绍。

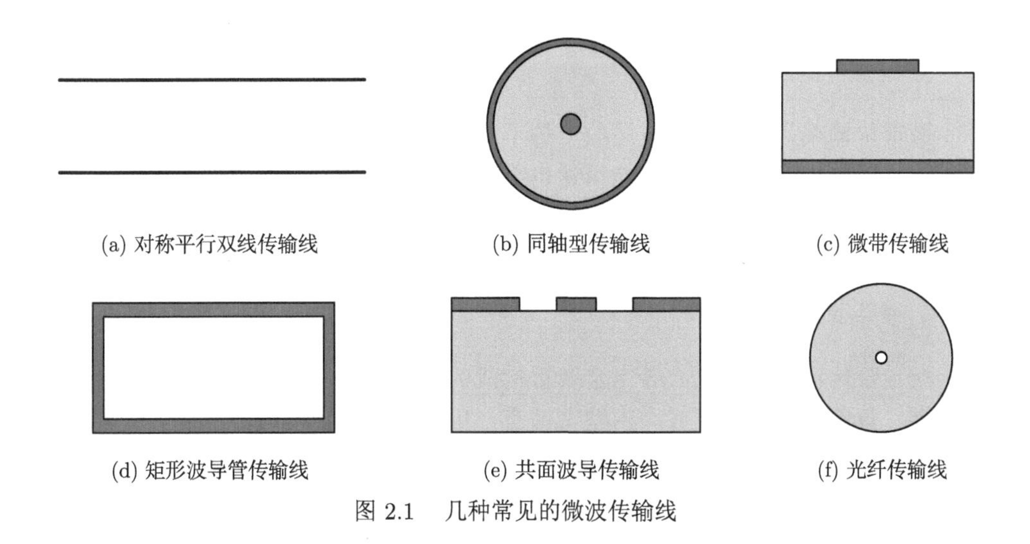

(a) 对称平行双线传输线　(b) 同轴型传输线　(c) 微带传输线

(d) 矩形波导管传输线　(e) 共面波导传输线　(f) 光纤传输线

图 2.1　几种常见的微波传输线

1. 双线传输线

由两根平行的导电金属线 (一般为铜、钢或铝线) 组成，传送横电磁 (transverse electro-magnetic, TEM) 波的传输线。双线传输线按结构又分为对称型和同轴型两类。我国广泛使用的架空明线、各种对绞电缆和星绞电缆，都属于对称型双线传输线。随着频率的提高，双线传输线的金属损耗和介质损耗都迅速增加，而且传输线的横向尺寸与波长相比已经不能忽略，对设备的制造工艺和维护标准都提出更为严格的要求。特别是对称型双线传输线开放式的电磁场，回路间的耦合也愈为严重，因此传输频率较低。

2. 同轴型传输线

同轴型传输线 (又称同轴电缆或同轴线) 是一种电线和信号传输线，一般是由共轴线的实心圆柱导体和空心圆柱金属管构成的双导体传输线。同轴电缆主要用于传输横电磁场 (TEM) 波，也可传输横电 (TE) 波和横磁 (TM) 波。根据外导体形状，同轴电缆又分为直壁同轴电缆和波纹同轴电缆。由于波纹同轴电缆具有比较好的灵活与可靠性，弯曲半径性能相比直壁同轴电缆更好，因此，工程应用主要采用波纹管外导体同轴电缆。根据传输性质，同轴电缆又可分为传输电缆和泄漏电缆。传输电缆即为普通馈线，主要用于射频信号传输，而泄漏电缆，其外部导体上有成百上千个小孔 (或槽)，这些孔对应众多的射频发射点，使得射频功率沿电缆实现多点辐射。泄漏电缆将信号传输、发射与接收集成于一体，具有同轴电缆传输和天线辐射的双重作用，专用于一些公共建筑、隧道、矿井等无线信号难以覆盖的区域。

3. 微带传输线

微带传输线是用于微波波段的一种不对称传输线，传输准 TEM 波，简称为微带线。其结构形式较多，性能用途也不相同。标准微带线的结构是在较宽的接地金属带上方紧贴一层介质基片，基片的另一侧贴附一条较窄的金属长条。标准微带线是微波集成电路中常用的一种传输线。

4. 波导管传输线

波导管传输线是由空心导电金属管构成的一种非 TEM 波传输线。波导管常用紫铜、黄铜等良导体制成，内壁常镀有一层导电性能优良的银，使管壁具有很高的电导率。波导管的形状主要有圆形、矩形和椭圆形等。波导管由于管壁导电面积大，电导率高，因而金属热损耗比较小，也没有辐射损耗 (场是封闭的) 和介质损耗 (管内没有固体介质)。波导管传输线一般用于微波波段中厘米波和毫米波频段。

5. 共面波导传输线

共面波导传输线的结构类似于微带线，是在微带线的金属导线两侧加上接地板，而在介质基片的底面没有接地。共面波导传输线作为一种性能优越、加工方便的微波平面传输线，在单片微波集成电路 (monolithic microwave integrated circuit, MMIC) 发挥越来越大的作用，尤其在毫米波频段，共面波导传输线拥有微带线所不可比拟的性能优势。与常规的微带线相比，共面波导传输线具有易于制作，易于实现无源、有源器件在微波电路中的串联和并联 (无须在基片上打孔)，易于提高电路的密度等优点。

6. 光纤传输线

光纤传输线是用光导纤维作传输媒质，引导光线在光纤内沿光纤规定的途径传输的传输线。光纤传输线根据传输模式的不同，可分为单模光纤与多模光纤两类。光纤传输线因具有通信容量大、传输距离远、不受电磁干扰、抗腐蚀能力强、质量轻等优点，是 20 世纪 70 年代出现的一种受到广泛欢迎的微波传输线。

2.1.2 微波器件

微波器件是指工作在微波波段 (频率为 300MHz~300GHz) 的器件，通过电路设计，可将这些器件组合成各种有特定功能的微波电路。例如，利用这些器件组装成发射机、接收机、天线系统等，用于雷达、电子战系统和通信系统等电子装备。下面将列举一些常用的微波器件。

1. 基本元件

电阻、电容、电感均为基本元件。频率较低时，集总元件尺寸与波长相差较大，因此依旧可以在低频微波电路中使用；频率较高时，波长与元件尺寸可比拟的情况下，集总元件就失去原有的特性，此时常利用传输线构造所需的元件。但随着超大规模集成电路的发展，片上器件的尺寸越来越小，因此在高频情况下也可以使用集总元件，例如片上螺旋电感、片上电容等。

2. 滤波器

滤波器是一种选频装置，可以使信号中特定的频率成分通过，且能极大地衰减其他频率成分。利用滤波器的这种选频性能，可以滤除干扰噪声或进行频谱分析。滤波器分为无源滤波器和有源滤波器。无源滤波器是利用电阻、电抗器和电容器等元器件构成的滤波电路，按通过信号的频段又分为低通、高通、带通、带阻和全通 5 种滤波器。有源滤波器不仅能动态追踪并抑制谐波，而且可以补偿电路中较低的无功分量，根据储能元件的不同，有源滤波器又分为电压型有源滤波器和电流型有源滤波器。

3. 天线

天线是一种变换器，它把传输线上传播的导行波变换成在无界媒介 (通常是自由空间) 中传播的电磁波，或者进行相反的变换。在无线电设备中，天线是被用来发射或接收电磁波的器件。无线通信、广播、电视、雷达、导航、电子对抗、遥感、射电天文等系统，凡是利用电磁波传递信息的，都需要依靠天线进行工作。此外，在用电磁波传输能量方面，非信号的能量辐射也需要天线。一般天线都具有可逆性，即同一副天线既可用作发射天线，也可用作接收天线。天线将在 2.2 节中详细介绍。

4. 功率分配器 (功分器)

功率分配器是一种将一路输入信号能量分成两路或多路输出相等或不相等能量的器件，也可反过来将多路信号能量合成一路输出，此时可也称为合路器。一个功率分配器的输出端口之间应保证一定的隔离度。功率分配器也叫过流分配器，分为有源、无源两种，可平均分配一路信号为多路输出，一般每分一路都有几分贝 (dB) 的衰减，信号频率不同，分配器衰减也不同。

5. 混频器

混频器是输出信号频率等于两路输入信号频率之和、差或为两者其他组合的电路。混频器通常由非线性元件和选频回路构成。混频器根据工作性质可分为加法混频器和减法混频器；根据电路元件可分为三极管混频器和二极管混频器；根据电路工作方式可分为有源混频器和无源混频器。混频器的设计通常需要考虑转换增益、线性度、噪声系数、端口之间的隔离度以及功耗等性能指标。

6. 放大器

放大器可看成是微波系统中的正反馈系统，一般位于收发链路上。以无线移动通信为例，由于考虑无线传输的链路衰减，发射端需要辐射足够大的功率才能获得比较远的通信距离，因此发射链路上的射频功率放大器主要负责将功率放大到足够大后馈送到天线辐射出去。而信号在经过长距离传输后，到达接收端时可能已经非常微弱，需要利用低噪放大器将其增强从而进行下一步处理。放大器是无线电系统的核心器件。

7. 变压器

变压器广泛应用于小功率电子线路中，用于实现阻抗匹配、直流隔离、共态抑制、平衡与不平衡变换等。一般射频变压器通过磁耦合的两组线圈构成。当在射频变压器的初级线圈上施加一个交流电压时，就会产生一个变化的磁通 (磁通的大小依赖于所加的激励电压和初级线圈的匝数)，此磁通在次级产生一个电压，其大小由次级线圈的匝数决定，通过设计初、次级的匝数比，便可获得所需要的电压比。简单的磁耦合可以通过空气来完成，但更有效的磁耦合是通过比空气磁导率更高的铁心或铁氧体来实现的。

8. 衰减器

衰减器是一种提供能量衰减的微波器件，广泛应用于电子设备中，其主要用途：调整电路中信号的大小；在比较法测量电路中，可用来直接读取被测网络的衰减值；也可用于改善阻抗匹配，若某些电路要求有一个比较稳定的负载阻抗时，则可在此电路与实际负载阻抗之间加入一个衰减器，以缓冲阻抗的变化。

9. 振荡器

振荡器是用来产生重复电子信号 (通常是正弦波或方波) 的电子元件，其构成的电路叫振荡电路。它能将直流电转换为具有一定频率的交流电信号输出。振荡器按振荡激励方式可分为自激振荡器、他激振荡器；按电路结构可分为阻容振荡器、电感电容振荡器、晶体振荡器、音叉振荡器等；按输出波形可分为正弦波振荡器、方波振荡器、锯齿波振荡器等。

10. 移相器

移相器是一种能够调整电磁波相位的微波器件。电磁波在任何介质中传导过程都会产生相移，早期模拟移相器就是基于该现象实现的；现代电子技术发展后利用模数变换器和数模变换器实现数字移相，顾名思义，数字移相器是一种不连续的移相技术，其主要优点是移相精度高。

2.1.3 微波电路

微波电路是工作在微波波段，由无源器件、有源器件、传输线和互连线集成在一起，具有某种功能的电路。以下列举一些常用的微波电路。

1. 超外差接收机

图 2.2 给出典型的超外差接收机原理图，超外差接收机将天线接收的信号通

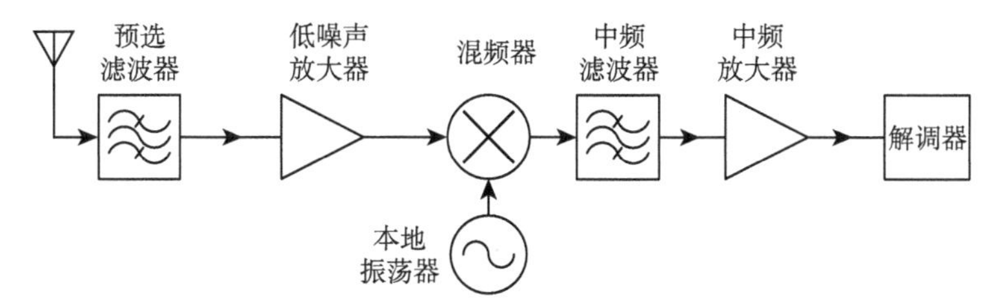

图 2.2 超外差接收机原理框图

过放大、滤波，再混频到中频进行处理。在无线电子系统中，超外差接收机因其结构简单灵活，能够获得较大增益，且具有较好的频率选择性，在现代无线电子系统中应用极为广泛，但超外差接收机有其不可避免的缺点，如镜像频率干扰、邻信道干扰等。

2. 镜像抑制接收机

常见的镜像抑制接收机结构与原理如图 2.3 所示，它首先将信号在本振端对某一路信号进行 90° 移相，混频后，在中频进行 90° 移相，使得镜像频率与本振混频后的两路信号相位差 180°，而有用的射频信号与本振混频后两路信号相位一致，这样两路信号叠加后便可以抵消掉由镜像频率与本振混频得到的干扰信号。

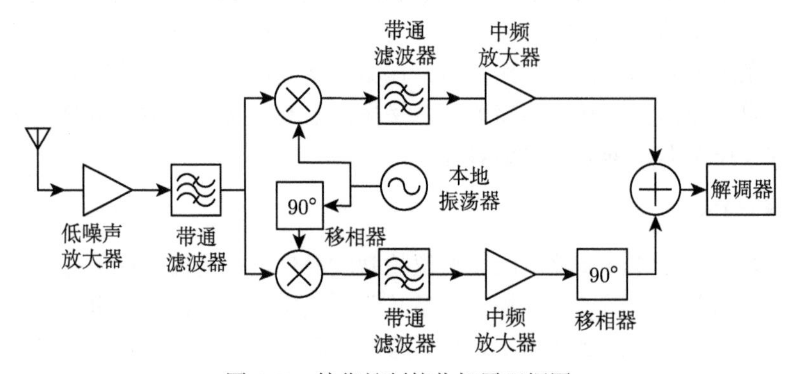

图 2.3　镜像抑制接收机原理框图

3. 零中频接收机

如图 2.4 所示，零中频接收机将射频信号与本振信号直接混频到基带，理论

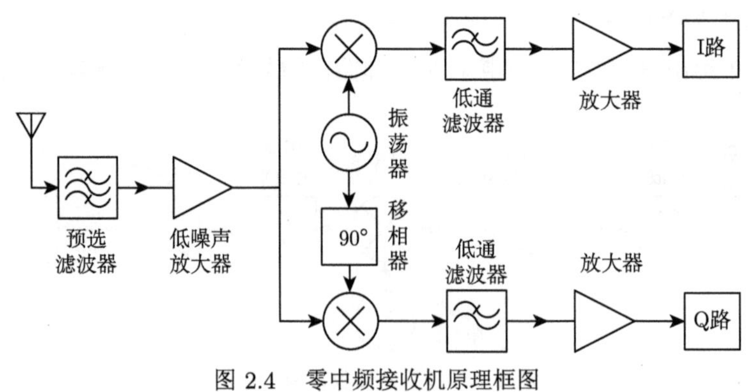

图 2.4　零中频接收机原理框图

上不存在镜像频率干扰，由于其系统架构的优越性，使得系统不需要额外集成体积较大的滤波器，进而使得系统易于集成，但容易导致 I 路和 Q 路之间的幅度相位失配使得镜像抑制恶化和直流失调。

4. 超外差发射机

如图 2.5 所示，与超外差接收机类似，超外差发射机先将基带信号通过上变频模块混频到中频，再混频到射频，然后通过功率放大器将射频信号推送至天线。超外差发射机的功能是将电路中的信号变换后，发射到自由空间中。

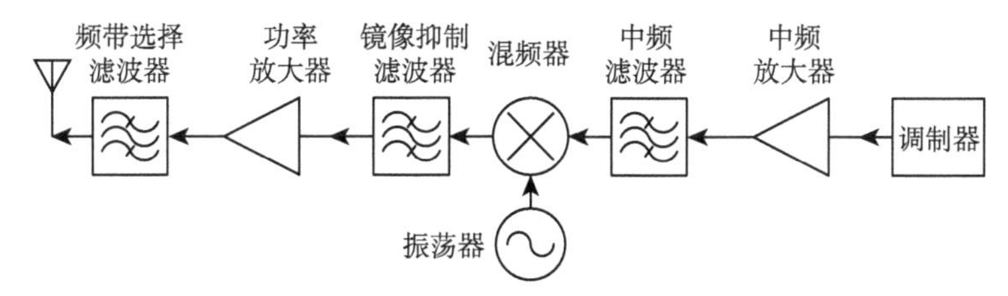

图 2.5 超外差发射机原理框图

5. 直接变频发射机

如图 2.6 所示，与零中频接收机类似，直接变频发射机先将基带信号通过上变频模块直接混频到射频，然后通过功率放大器推送至天线，将电路 I 路和 Q 路的基带信号变换，发射到自由空间中。

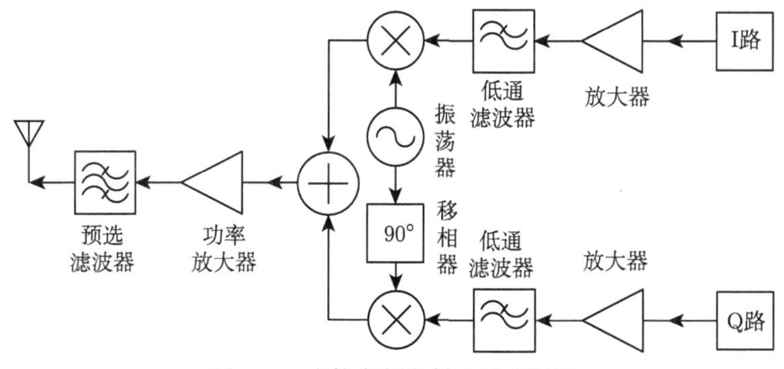

图 2.6 直接变频发射机原理框图

6. 锁相环

锁相环原理框图如图 2.7 所示，锁相环可以保持输入和输出相位处于锁定状态。最简单的电路是由反馈环路中的变频振荡器和鉴相器组成的电子电路，振荡器产生一个周期信号，并且鉴相器将该信号的相位与输入周期信号的相位进行比较，调整振荡器以保持相位匹配。锁相环广泛用于微波、通信、计算机和其他电子应用中。锁相环可用于解调信号，从嘈杂的通信信道中恢复信号，也能够以输入频率的倍数生成稳定的频率 (频率合成) 或在数字逻辑电路 (例如微处理器) 中分配精确定时的时钟脉冲。

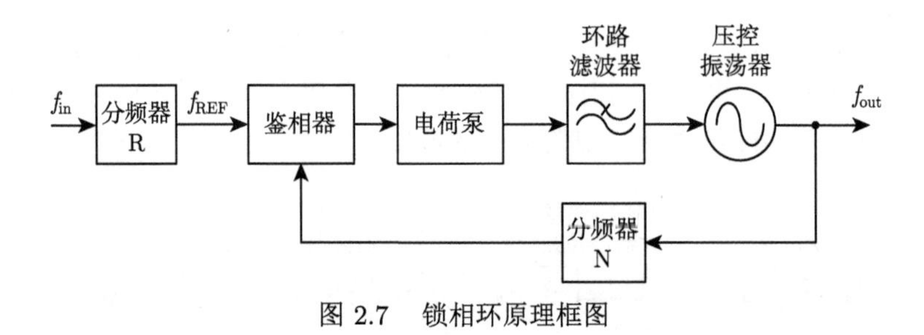

图 2.7　锁相环原理框图

2.1.4　微波网络分析

微波网络是由有限多个元件相互连接组成的一种结构，它包含有限个端口，可在端口处测量电压、电流，并能够将电磁能量输入或输出。网络元件包括诸如电阻、电容、电感、变压器等实际器件的理想化模型，而且服从诸如电压、电流等物理量的有关定律。端口概念的基本点是假设流进端口一个端子的瞬时电流与输出端口另一个端子的瞬时电流总是相等的。如图 2.8 所示，有 N 个这种外接端口的网络称为 N 端口网络。该网络包含 N 个端口电压与 N 个端口电流，共计 $2N$ 个变量。可以取任意 N 个变量作为激励，其余 N 个作为响应。对于一个线性、时恒的 N 端口网络，其端口特性完全可以用端口电压与端口电流之间的关系来表征。根据激励变量和响应变量选择方式的不同，可以有各种矩阵描述方法，下面简要介绍阻抗矩阵、导纳矩阵、混合矩阵以及散射矩阵[16]。

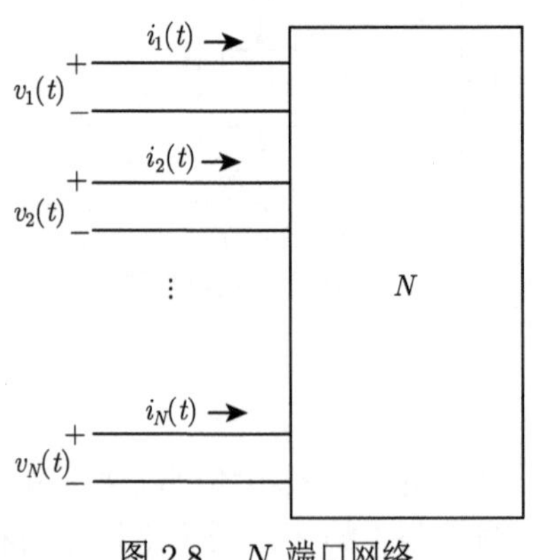

图 2.8　N 端口网络

1. 阻抗矩阵

假设端口电流是激励，端口电压为响应。于是，把端口电压 $\boldsymbol{v}(t)$ 的拉普拉斯变换 $\boldsymbol{V}(s)$ 与端口电流 $\boldsymbol{i}(t)$ 的拉普拉斯变换 $\boldsymbol{I}(s)$ 联系起来的矩阵 $\boldsymbol{Z}(s)$ 就被称为 N 端口网络的开路阻抗矩阵，简称阻抗矩阵，即

$$\boldsymbol{V}(s) = \boldsymbol{Z}(s)\boldsymbol{I}(s) \tag{2.1}$$

$\boldsymbol{Z}(s)$ 的元素就是开路阻抗参数，其第 j 行，第 k 列元素 z_{jk} 可以解释为

$$z_{jk} = \left.\frac{V_j}{I_k}\right|_{I_x=0,\ x\neq k} \tag{2.2}$$

式中，V_j 与 I_k 分别表示端口电压 $v_j(t)$ 和端口电流 $i_k(t)$ 的拉普拉斯变换。式 (2.2) 表示除第 k 个端口外，所有端口都为开路时的转移阻抗。

2. 导纳矩阵

假设端口电压是激励，端口电流为响应，于是，把端口电流 $\boldsymbol{i}(t)$ 的拉普拉斯变换 $\boldsymbol{I}(s)$ 与端口电压 $\boldsymbol{v}(t)$ 的拉普拉斯变换 $\boldsymbol{V}(s)$ 联系起来的矩阵 $\boldsymbol{Y}(s)$ 就被称为 N 端口网络的短路导纳矩阵，简称导纳矩阵，即

$$\boldsymbol{I}(s) = \boldsymbol{Y}(s)\boldsymbol{V}(s) \tag{2.3}$$

$\boldsymbol{Y}(s)$ 的元素就是短路导纳参数，其第 j 行，第 k 列元素 y_{jk} 可以解释为

$$y_{jk} = \left.\frac{I_j}{V_k}\right|_{V_x=0,\ x\neq k} \tag{2.4}$$

式中，I_j 与 V_k 分别表示端口电流 $i_j(t)$ 和端口电压 $v_k(t)$ 的拉普拉斯变换。式 (2.4) 表示除第 k 个端口外，所有端口都为短路时的转移导纳。显然，若 $\boldsymbol{Z}(s)$ 为非奇异矩阵，则

$$\boldsymbol{Y}(s) = \boldsymbol{Z}^{-1}(s) \tag{2.5}$$

3. 混合矩阵

混合矩阵是阻抗矩阵和导纳矩阵的推广。激励变量既可以是端口电流，也可以是端口电压，响应则是其余端口的电压或电流。依据变量选择选取方式的不同，存在多种可能性，以二端口网络为例，则有以下关系

$$\begin{bmatrix} V_1 \\ I_2 \end{bmatrix} = \begin{bmatrix} h_{11} & h_{12} \\ h_{21} & h_{22} \end{bmatrix} \begin{bmatrix} I_1 \\ V_2 \end{bmatrix} = \boldsymbol{H} \begin{bmatrix} I_1 \\ V_2 \end{bmatrix} \tag{2.6}$$

该系数矩阵称为混合矩阵 $\boldsymbol{H}$，其元素称为混合参数。同前面一样，混合参数可用以下关系决定：

$$
\begin{aligned}
h_{11} &= \left.\frac{V_1}{I_1}\right|_{V_2=0}, \quad h_{12} = \left.\frac{V_1}{V_2}\right|_{I_1=0}, \\
h_{21} &= \left.\frac{I_2}{I_1}\right|_{V_2=0}, \quad h_{22} = \left.\frac{I_2}{V_2}\right|_{I_1=0}
\end{aligned}
\tag{2.7}
$$

特别的，当混合变量为以下类型时

$$
\begin{bmatrix} V_1 \\ I_1 \end{bmatrix} = \begin{bmatrix} A & B \\ C & D \end{bmatrix} \begin{bmatrix} V_2 \\ -I_2 \end{bmatrix} = \boldsymbol{T} \begin{bmatrix} V_2 \\ -I_2 \end{bmatrix}
\tag{2.8}
$$

它的系数矩阵被称为传输矩阵 $\boldsymbol{T}$，其元素为传输参数，又称为 $ABCD$ 参数。

4. 散射矩阵

在微波频段，电压和电流已经失去明确的物理意义，难以直接测量，且开路和短路时在高频的情况下难以实现，导致 $\boldsymbol{Z}$ 和 $\boldsymbol{Y}$ 矩阵难以获得，因此，有必要引入散射参数。散射参数是由网络各端口的入射电压波 $\boldsymbol{a}$ 和出射电压波 $\boldsymbol{b}$ 来描述网络特性的波矩阵，它的激励为各端口的归一化入射波 a_i，响应为各端口的归一化出射波 b_i，则线性 N 端口的微波网络散射矩阵方程为

$$
\boldsymbol{b} = \boldsymbol{S}\boldsymbol{a}
\tag{2.9}
$$

$\boldsymbol{S}$ 的元素即为散射参数，其第 j 行，第 k 列元素 S_{jk} 可以解释为

$$
S_{jk} = \left.\frac{b_j}{a_k}\right|_{a_x=0, x\neq k}
\tag{2.10}
$$

式 (2.10) 表示除第 k 个端口外，所有端口入射波为 0 时的散射参数，它要求该端口无源且完全匹配。

2.1.5　阻抗匹配

1. 基本概念

信号在传输过程中，为实现信号的无反射传输或最大功率传输，要求电路连接实现阻抗匹配。阻抗匹配关系着系统的整体性能，实现阻抗匹配可使系统性能达到最优。阻抗匹配应用范围广泛，常见于各级放大电路之间、放大电路与负载之间、信号与传输电路之间、微波电路与系统的设计中，无论是有源还是无源，都必须考虑阻抗匹配问题，根本原因是在低频电路中仅考虑电压与电流，而在高频

电路中信号是以波的形式传播，如果器件之间不匹配，就会产生严重的信号反射，导致仪器和设备损坏。

阻抗匹配的通常做法是在信号源和负载之间插入一个无源网络，使负载阻抗与源阻抗共轭匹配，该网络则被称为匹配网络。阻抗匹配的主要作用有以下 5 个方面：

(1) 从信号源到器件、从器件到负载或器件之间功率传输最大；

(2) 提高接收机灵敏度 (如低噪声放大器的前级匹配)；

(3) 减小功率分配网络幅相不平衡度；

(4) 获得放大器理想的增益、输出功率 (功率放大器的输出匹配)、效率和动态范围；

(5) 减小馈线中的功率损耗。

在阻抗匹配的设计方法中，思路最简单的是解析法，即通过建立阻抗变换的关系式，最终求解所需要的电容和电感。这个方法的缺点是计算量较大，当匹配元件增多时，需要计算机辅助计算。使用谐振法设计阻抗匹配电路时，将输入阻抗 (呈电感性) 由串联电路转换为并联电路，再并联一个电容性元件和等效的并联电感产生谐振，然后交替用串联电感和并联电容形成低通滤波结构。通过这种方式，输入阻抗的实部逐步提高，直至变换到系统标准阻抗。在高频情况下，集总电感元件的寄生效应突出，分布参数不稳定，较少被使用。此时微带线以其特有的分布参数稳定、结构简单的特点，广泛应用在射频电路的设计中。根据微带线的特性阻抗和电长度可计算出实际微带线的长度和宽度。

2. 宽带匹配

宽带匹配问题是通信、雷达和其他电子系统中经常遇到的一个关于功率传输的基本问题。宽带匹配在网络综合，特别是在微波宽带晶体管与场效应管放大器的设计中得到广泛应用，它所需要解决的问题是设计信号源与负载之间的连接网络使信号源传给负载的功率在给定的频带内保持相对稳定，且尽可能达到最大。

宽带匹配理论最早是由波特 (Bode H W) 在 1945 年提出[17]，他当时研究的是一类很有用，且仅限于由电容和电阻并联组成的负载阻抗，应用环路积分方法解决了电阻和电容并联负载的宽带匹配问题，证明它总是小于或至多等于由负载时间常数所决定的一个常数，但他没有进一步研究对无耗匹配网络附加的限制条件。1950 年，范罗 (Fano R M) 对这个问题进行更一般性的研究[18]，解决了任意无源负载与电阻性信号源之间的阻抗匹配问题，不仅给出了在任意无源负载情况下的增益带宽极限，而且还推导出负载对匹配网络可实现性的一组带有适当加权函数的积分约束条件。范罗的方法在 1961 年被菲尔德推广到信号源内阻是复数阻抗 (只有虚轴传输零点) 的情况。与此同时，电路理论获得重大进步，其中之一便是将散射概念引入电路理论中，1963 年著名电路理论家尤拉 (Youla D A) 通过引入有界实散射参量的概念发展了范罗的研究成果[19]，创立了新的宽带匹配理论，尤拉的方法不仅将范罗方法中的积分约束方程简化为代数方程，而且能处理范罗方法难以处理的有源负载问题。这对当时解决隧道二极管放大器的设计问题起了重要作用。随后范罗与尤拉的方法得到发展和广泛应用。在 20 世纪 70 年代又有不少的电路理论工作者对尤拉理论进行扩充，其中包括美国伊利诺大学著名电路理论家陈惠开教授，他不仅对许多特定的负载推导出匹配网络元件的解析式 (包括低通型和带通匹配网络)，而且还在 1976 年出版了第一部关于宽带匹配网络理论的专著[16]，系统阐述这一理论和方法，并论述了该理论对有源负载的应用。

基于尤拉方法的宽带匹配的解析理论对增益带宽约束有严谨和明晰的表达，能够对一般不是很复杂的负载得出闭合形式的解。但是，这种理论和方法在实际应用上还存在一些不足。首先，该理论需要预先假定一个功率增益函数，但是对于某一特定的问题，如何保证所假设的增益函数是最优的这个问题尚未完全解决，因此根据所假定的功率增益函数设计出的系统，有可能难以取得最佳的功率传输特性。其次，终端 (源和负载) 的特性需要用解析的形式给出，但在工程应用中，特别是在微波波段的宽带匹配问题中则不易实现，因而仍需采用逼近方法根据测量数据求得解析式。此外，负载函数和功率增益函数都需要以一种较为复杂的方式加以处理，例如，负载函数在每个传输零点处作洛朗级数 (Laurent series) 展开，反射系统的最小相位分解等，这种处理计算工作量大，若采用计算机则需要较多的人工干预。特别是当负载函数较为复杂和双匹配问题时尤其如此。最后，匹配网络的综合往往含有如理想变压器、达林顿晶体管[20] 这类互感元件，在实现时尚需进一步逼近。

针对上述问题，在 20 世纪 60 年代中期，宽带匹配的数值方法得到发展。与解析理论相比，宽带匹配的数值方法更切合实际应用，它不仅能直接用于宽带匹配网络的计算机辅助设计，而且能解决解析方法中遇到的难题。目前宽带匹配的数值方法获得实际应用的主要有 3 种：

1) **直接优化法**

该方法在预设的网络拓扑中将增益直接表示为元件值的函数进行优化，网络拓扑的假定需要由设计者根据其经验确定，因而不可避免地带有盲目性，同时可能使所求得的设计是局部最优的，这也是直接优化法最主要的缺点。

2) **实频数据法**

该方法是由美国康奈尔大学著名电路理论家卡林 (Carlin) 教授针对直接优化法的缺陷而提出的[21]。在实频数据法中，待设计的匹配网络先用其转移函数 (阻抗或导纳，视具体终端特性而定) 表示，而整个系统的实频数据则以简单的函数形式显示。对这个未知的转移函数优化增益，便可得出相应于最优功率增益特性的设计。在综合匹配网络时，采用某种选定的结构不再构成一种对搜索最优设计的约束，因此可以选择便于工程实现的网络拓扑。1983 年卡林在单匹配的基础上，又提出双匹配解析理论和实频数据法[22]。

3) **预定增益倾斜补偿法**

该方法实质上就是上述两种方法的一种组合，主要用于有源的宽带匹配。

2.2 天线与阵列

德国卡尔斯鲁厄理工学院的赫兹 (Hertz) 教授于 1886 建立了第一个天线系统。自此之后，天线作为无线电系统最重要的组成部分之一，在国防、生产、生活中的应用广泛，重要程度与日俱增。以无线移动通信为例，在通信链路的一端，发射天线将传输线上的信号转换为电磁波，并将其发射到自由空间中；而在通信链路的另一端，接收天线收集入射到它上面的电磁波并将其重新转换为传输线上的信号。严格地说，天线可以被定义为一种附有导行波与自由空间波相互转换区域的结构。

天线的工作机理是基于由加 (或减) 速电荷产生辐射，其基本方程为

$$\dot{I}L = Q\dot{v} \tag{2.11}$$

式中，$\dot{I}$ 为时变电流；L 为电流元的长度；Q 为电荷；$\dot{v}$ 为速度的时间变化率。

研究天线的观点可以分为频域和时域两种。频域观点采用没有特定起止时间的正弦波作为激励分析天线的工作过程，得到的是天线的“时间平均特性”；时域观点则采用具有特定起止时间、持续时间有限的瞬态信号来激励天线，得到的是天线的“时变工作特性”。本节将主要介绍天线的基本概念，包括其在不同场合下的定义以及用以表征其特性的参数；在此基础上，还将描述天线阵列的定义，为后续引入人工智能优化算法，实现天线及阵列的高效设计与快速优化提供理论基础。

2.2.1 天线

经典的观点是将天线视为一个传输线与电磁波之间的转换器，并采用包括增益、辐射波瓣图、极化方式、带宽、色散、匹配等特性参数向其他的射频前端设备 (发射机或接收机) 描述天线的特性。其中，天线的辐射波瓣图被用来描述天线的辐射场或功率 (正比于辐射场的平方) 作为球坐标 (θ 和 ϕ) 函数的三维量。通常将辐射波瓣图中最大辐射方向上的波瓣称为主瓣，其相反方向上的波瓣称为后瓣，其他波瓣称为旁瓣。通常采用两组参数以完整表示天线的辐射波瓣图，即

(1) 电场的 θ 分量和 ϕ 分量分别作为角度 θ 和 ϕ 的函数：$E_\theta(\theta,\phi)$ 和 $E_\phi(\theta,\phi)$；

(2) 这些场分量的相位也是角度 θ 和 ϕ 的函数：$\delta_\theta(\theta,\phi)$ 和 $\delta_\phi(\theta,\phi)$。

在天线辐射波瓣图特性的基础上，通过一系列包括半功率波束宽度、波束范围、定向性、增益及有效口径等在内的标量值表示天线的辐射特性。其中，定向性 D 和增益 G 是天线最重要的参数。天线的定向性 D 是指在远场区的某一球面上的最大辐射功率密度 $P(\theta,\phi)_{\max}$ 与其平均值 $P(\theta,\phi)_{\text{av}}$ 之比，即

$$D=\frac{P(\theta,\phi)_{\max}}{P(\theta,\phi)_{\text{av}}} \tag{2.12}$$

理想化的各向同性天线具有最低可能的定向性 $D-1$，而所有实际天线的定向性都大于 1。相较于定向性，天线增益是一个实际的参数：其在定向性的基础上还考虑了天线及天线罩的欧姆损耗。天线馈电结构的损耗和失配会降低增益。增益与定向性之比为天线的效率因子。对设计良好的天线而言，其效率因子可以接近于 1。

天线的输入阻抗是反映天线电路特性的电参数，其定义为天线在输入端所呈现的阻抗。天线输入阻抗即是其馈线的负载阻抗，它决定馈线的驻波状态。通常使用馈线终端 (天线输入端) 的电压反射系数 $\varGamma$ 或其分贝表示的反射损失 (return loss) L_{R} 作为相应指标：

$$L_{\text{R}}=20\log_{10}|\varGamma| \tag{2.13}$$

或使用电压驻波比 (voltage standing wave ratio, VSWR) S_{VSWR}，即传输线上相邻的波腹电压振幅与波节电压振幅之比，即

$$S_{\text{VSWR}}=\frac{|U|_{\max}}{|U|_{\min}}=\frac{1+|\varGamma|}{1-|\varGamma|} \tag{2.14}$$

实际应用中所期望的通常为无反射波的状态，即匹配状态，对应为 $S_{\text{VSWR}}=1$ 或 $L_{\text{R}}=-\infty\text{dB}$。此时，全部入射功率都传输给天线，如天线的损耗可忽略不计则完全转换成辐射功率；另一方面，匹配状态时不会有反射波反射回振荡源，从而不会影响振荡源的输出频率和输出功率。因此，电压驻波比或反射损失是天线的主要指标之一，一般要求 $S_{\text{VSWR}}\leqslant 2$ 或 $L_{\text{R}}\leqslant -10\text{dB}$。

围绕着天线的电磁场被划分为两个主要的区域：接近天线的区域被称为近场区或菲涅耳 (Fresnel) 区；距离天线较远的区域被称为远场区或夫琅禾费 (Fraunhofer) 区。一种经典的两区分界是取其半径为

$$R=\frac{2L^2}{\lambda} \tag{2.15}$$

式中，L 为天线的最大尺寸；λ 为天线工作频率对应的波长。在远场区，场分量均处在辐射方向的横截面内，所有的功率流都是沿径向向外的；而在近场区，电场有显著的径向分量，其功率流并不完全是径向的，天线的场波瓣图通常随远场区距离变化。

天线的极化方式是由其所辐射的电磁波在远场区的平面波的极化方式确定的。考虑沿 z 方向行进的平面波，若其电场始终沿 x 方向，则称其是 x 方向线极化的。在更一般的情况下，沿 z 方向行进的平面波的电场同时具有 x 分量和 y 分量，且分量之间存在相位差，这种波被称为椭圆极化的。在确定的 z 点处电场矢量作为时间的函数旋转，其矢尖所描出的椭圆被称为极化椭圆，其长轴和短轴之比称为轴比 (axial ratio, AR)。椭圆极化的两种极端情况为：$\mathrm{AR}=1$ 的圆极化和 $\mathrm{AR}=\infty$ 的线极化。在确定的 z 点处，按电磁波朝纸面外传播的观点，电场矢量按顺时针旋转时，对应左旋圆极化波，相反旋向的情况对应右旋圆极化波。

天线几乎所有的电参数都会随着频率的变化而改变。无线电系统通常会对这些恶化有一个容许范围。定义这些电参数在容许范围之内的频率范围为天线的带宽。绝对带宽 B 为带宽内的最高频率 f_{h} 和最低频率 f_{l} 的差值，即 $B=f_{\mathrm{h}}-f_{\mathrm{l}}$，而相对带宽 $B_{\mathrm{r}}=B/f_0\times 100\%$。需要注意的是，对天线增益、波束宽度、旁瓣电平、电压驻波比和轴比等不同的电参数，它们各自在其容许值内的频率范围是不同的。天线的综合带宽通常由这些电参数完全重合的一个值来确定。

2.2.2 阵列

天线阵列由多个单元天线组成，通常简称为阵列。在实际应用中，单一的天线通常具有方向性不强、增益不高等缺点，而阵列则可以弥补这些不足。常见的阵列设计目标有：

(1) 实现窄波束，提升天线的方向性和增益；

(2) 实现赋形波束和多波束；

(3) 实现波束扫描；

(4) 实现具有低副瓣电平的方向图。

天线阵列的分析依赖于一系列参数以确定天线阵列的辐射特性，包括天线阵列的方向图、增益、效率等。

1) **天线单元的结构**

天线单元的结构决定天线单元的方向图。在规模较小的阵列中，天线单元的方向图将对阵列的方向图构成较为重要的影响。需要注意的是，与单独使用的天线单元的方向图不同，阵列环境中天线单元的方向图将受到单元间互耦及所处平台效应的影响，进而影响天线阵列整体的辐射性能。

2) **天线单元在空间中的分布**

直线形的阵列分布将影响一个面的辐射性能，而平面阵将在两个维度影响阵列的辐射性能。在实际应用中，亦有共形阵的设计需求，要求天线单元在三维空间中以一定的相对位置构建天线阵列。

3) **天线单元的激励分布**

激励分布包括相位分布和幅度分布，可以单独或共同使用以构成相应的天线阵列辐射方向图。

与阵列的分析相反，阵列综合则是在给定辐射特性的情况下求解阵列的空间分布、激励分布参数及天线单元的结构设计参数，使阵列的某些辐射特性满足给定的要求 (如低副瓣电平阵列设计)，或使阵列的方向图尽可能地逼近预定的方向图 (如赋形波束阵列设计)。

2.3　电波传播机制与信道建模

电波传播是所有无线电收发系统 (包括自然源辐射的被动检测系统) 之间信息传输的基础。电磁波在具有不同物理特性和时空结构的环境介质中传播，一方面实现信号远距离传播，另一方面则因存在衰减、扰动等对信号传播产生阻碍作用。因此，在任何无线电系统设计之初，首先需要研究不同频段的电波在不同传播环境下的传播特性，使系统工作性能与空中无线信道特性达到良好匹配。麦克斯韦方程组是描述自然界电磁现象的数学基础，也是推导波动方程、求解在给定边界条件和初始条件下电磁波的基础，而关于电磁场与电磁波的理论知识已有大量参考书进行详细讲解。因此，本节主要介绍电波传播的基本概念，并不涉及复杂的数学公式推导；同时针对移动通信中的电波传播，介绍信道衰落特性以及如何进行测量和表征建模。通过介绍有关电波传播方面的知识，为后续引入人工智能算法实现电波传播特性预测和信道建模提供理论和实验基础。

2.3.1　电波传播的理论基础

自由空间中的电波传播是研究复杂传播环境下无线信道特性的基本参考，可用于评估传输路径的性能。同时，电磁波在传播过程中与散射体发生相互作用，不同电波传播机制将导致经过不同路径传输的信号在接收端的叠加，形成多径效应。

1. 自由空间电波传播

自由空间是指充满均匀、线性、无损耗、各向同性理想介质的无限大空间。在自由空间中，电磁波沿直线传播 (传播速度约等于光速)，不会出现反射、折射、散射和吸收等现象，传播损耗仅仅考虑因电波扩散而引起的损耗。通常在实际研究电波传播特性时，只要媒质和障碍物对电波传播的影响可以忽略，就近似认为电波是在自由空间中传播。

对于点对点传播链路，可以计算各向同性天线之间的自由空间衰减，即自由空间路径损耗，记为 L_{bf}。设在自由空间中，各向同性发射和接收天线的辐射和接收功率分别为 P_{t} 和 P_{r}，其比值即为 L_{bf}，则

$$L_{\text{bf}} = \frac{P_{\text{t}}}{P_{\text{r}}} \tag{2.16}$$

电波在自由空间中经过传播距离 d 后到达接收天线，此时对于各向同性接收天线，P_{r} 等于接收点处辐射场的功率密度 S 乘以天线的有效面积 A_{e}，即

$$P_{\text{r}} = SA_{\text{e}} \tag{2.17}$$

根据天线理论和互易性定理可以得到天线增益 G 与有效面积 A_{e} 之间的关系

$$G = \frac{4\pi}{\lambda^2} A_{\text{e}} \tag{2.18}$$

式中，λ 表示波长。同时，假设距离发射天线 d 处的辐射场的功率密度为

$$S = \frac{P_{\text{t}}}{4\pi d^2} \tag{2.19}$$

式中，S 为功率密度，单位为 W/m^2。对于理想的各向同性接收天线，$G = 1$，将式 (2.18) 和式 (2.19) 代入式 (2.17) 可得

$$P_{\text{r}} = \frac{P_{\text{t}}}{4\pi d^2}\left(\frac{\lambda^2}{4\pi}\right) \tag{2.20}$$

式中，P_{r} 为接收功率，单位为 W。此时，自由空间传输损耗为

$$L_{\text{bf}} = \left(\frac{4\pi d}{\lambda}\right)^2 \tag{2.21}$$

传输损耗用分贝数表示为 $L_{\text{bf}} = 20\log_{10}\dfrac{4\pi d}{\lambda}(\text{dB})$。类似地，当发射天线和接收天线均为有向天线，其方向性系数 (增益) 分别为 G_{t} 和 G_{r} 时，则接收功率为

$$P_{\text{r}} = \frac{P_{\text{t}}}{4\pi d^2}\left(\frac{\lambda^2}{4\pi}\right) G_{\text{t}} G_{\text{r}} \tag{2.22}$$

如果传输距离 d 的单位为 km，频率 f 的单位为 MHz，L_{bf}、G_{t} 和 G_{r} 的单位为 dB，则可得到

$$L_{\mathrm{bf}} = 32.45 + 20\log_{10} f + 20\log_{10} d - G_{\mathrm{t}} - G_{\mathrm{r}} \tag{2.23}$$

式中，要求收发天线的极化匹配，否则会引入额外的极化损耗。特别地，定义 $32.45+20\log_{10} f + 20\log_{10} d$ 为自由空间路径损耗。显然，在自由空间中，电波的能量并没有损失，即传播中的均匀平面波是等振幅波。其传播损耗是由于点源发射的球面波在传播过程中随传播距离的增加而导致球面波扩散，进而使得接收点处的功率密度减小，即球面波的扩散损耗。此外，通常可以将 $P_{\mathrm{t}} + G_{\mathrm{t}}$ 看成一个整体，定义为等效全向辐射功率 (equivalent isotropically radiated power, EIRP)，即如果等于 EIRP 的功率被一各向同性天线发射出去，则将和实际配置结构接收的功率相等。

值得注意的是，当式 (2.23) 中传输距离 d 非常小时，$20\log_{10} d$ 将变为非常大的负数。因此，式 (2.23) 要求接收天线位于发射天线的远场区，即 $d \gg \dfrac{2D_{\mathrm{a}}^2}{\lambda}$，其中 D_{a} 表示发射天线的最大口径尺寸。

2. 电波传播机制

1) 反射

当电磁波在传播过程中遇到物理尺寸远大于其波长的物体时，则在物体表面发生反射。其中，对于理想导体而言，电磁波在表面发生全反射，即反射波和入射波在幅度上相等，并且和电场的极化方式无关。但在实际环境中，入射信号部分在介质表面一部分会发生反射，另一部分会进入介质内部产生折射。这在宏观上表现为电磁波一部分可以在建筑材料表面经过多次反射到达接收端，另一部分可以穿过材料本身，产生透射。图 2.9 给出入射信号在介质表面的传播情况，其中，θ_{i}、θ_{r} 和 θ_{t} 分别为入射角、反射角和折射角，ε、μ 和 σ 分别表示不同电介质的介电常数、磁导率和电导率。通常介电常数 ε 为复数，记为

$$\varepsilon = \varepsilon' - \mathrm{j}\varepsilon'' \tag{2.24}$$

式中，ε' 和 ε'' 分别表示 ε 的实部和虚部。ε'' 与介质材料的有效电导率 σ_{e} 有关，记为

$$\varepsilon'' = \frac{\sigma_{\mathrm{e}}}{\omega} \tag{2.25}$$

式中，ω 表示角频率。当给定材料介电常数的虚部和静电导率 σ_{s} 后，复数介电常数可以表示为

$$\varepsilon = \varepsilon' - \mathrm{j}\varepsilon'' - \mathrm{j}\frac{\sigma_{\mathrm{s}}}{\omega} \tag{2.26}$$

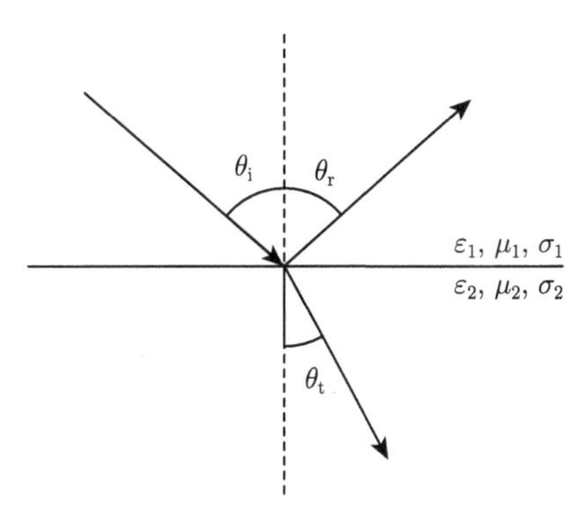

图 2.9 入射信号在介质表面产生的反射和折射

整理后可得 σ_{e} 与 σ_{s} 的关系为

$$\sigma_{\mathrm{e}} = \varepsilon''\omega + \sigma_{\mathrm{s}} \tag{2.27}$$

为了反映介电常数实部和虚部之间的关系，定义损耗角正切

$$\tan\sigma_{\mathrm{e}} = \frac{\varepsilon''}{\varepsilon'} = \frac{\sigma_{\mathrm{e}}}{\omega\varepsilon'} = \frac{\varepsilon''\omega + \sigma_{\mathrm{s}}}{\omega\varepsilon'} \tag{2.28}$$

特别地，当 $\tan\sigma_{\mathrm{e}} = 0$ 时，表示材料是无损的。对于图 2.9 中的情况，入射波和反射波满足以下条件：

$$\theta_{\mathrm{i}} = \theta_{\mathrm{r}} \tag{2.29}$$

$$\frac{\sin\theta_{\mathrm{i}}}{\sin\theta_{\mathrm{r}}} = \sqrt{\frac{\varepsilon_2\mu_2}{\varepsilon_1\mu_1}} \tag{2.30}$$

进而，可以得到在介质边界处，垂直极化和平行极化的反射系数

$$\Gamma_{\perp} = \frac{E_{\perp}^{\mathrm{r}}}{E_{\perp}^{\mathrm{i}}} = \frac{\eta_2\cos\theta_{\mathrm{i}} - \eta_1\cos\theta_{\mathrm{t}}}{\eta_2\cos\theta_{\mathrm{i}} + \eta_1\cos\theta_{\mathrm{t}}} \tag{2.31a}$$

$$\Gamma_{\parallel} = \frac{E_{\parallel}^{\mathrm{r}}}{E_{\parallel}^{\mathrm{i}}} = \frac{\eta_2\cos\theta_{\mathrm{t}} - \eta_1\cos\theta_{\mathrm{i}}}{\eta_2\cos\theta_{\mathrm{t}} + \eta_1\cos\theta_{\mathrm{i}}} \tag{2.31b}$$

式中，$\eta_i\ (i = 1, 2)$ 表示介质的固有阻抗。对于平行极化的情况而言，当 $\varepsilon_1 < \varepsilon_2$ 时，存在布儒斯特角 (Brewster angle)

$$\theta_{\mathrm{B}} = \arctan\sqrt{\varepsilon_{\mathrm{r}}} = \arctan\sqrt{\varepsilon_2/\varepsilon_1} \tag{2.32}$$

当入射角等于 θ_{B} 时，反射系数为零，即无反射现象 (全透射)。

对于复杂的室外场景，由于周围环境的遮挡，通常当接收机位于地面附近时，地面反射造成的反射径较弱甚至不存在，反射信号主要源于建筑物表面。相反，相对封闭的室内环境，地面、墙壁、光滑家具表面都可以作为二次源，产生多径信号。对于毫米波、太赫兹等较高频段，绝大多数物体表面都可以看作反射面，反射信号的强度一方面因传输距离的增加而减小，另一方面和材料本身的特性 (反射系数) 相关。在射线追踪仿真的过程中，使用实测的材料介电常数可以更准确地反映实际的电波传播环境，提高仿真结果的准确性。同时，结合信号在传播环境中的功率分布，研究不同环境对毫米波信号传输的影响。

2) **绕射**

绕射使得电磁波能够绕过障碍物在其阴影区内传播。尽管障碍物的遮挡使得电磁波在接收点处的场强迅速衰减，但绕射场依然存在并且常常具有较强的场强。通常绕射现象可以用惠更斯原理进行解释。惠更斯原理认为所有的波前点都可以作为产生次级波的源，这些次级波叠加起来形成传播方向上新的波前。绕射由次级波传播进入障碍物的阴影区而形成。在围绕障碍物的空间中，阴影区绕射波场强是所有次级波电场部分的矢量和。目前，在移动通信中主要研究边缘绕射模型、单峰和多峰楔形绕射模型，并对其绕射损耗进行估计和建模。

3) **散射**

反射是电磁波遇到物理尺寸远大于其波长的物体时所发生的物理现象，而当电磁波遇到物理尺寸小于其波长的物体时，将会发生散射。散射是在粗糙表面上发生的反射，其能量散布在各个方向，如图 2.10 所示。在散射理论中，通常假设粗糙表面是随机的，然而在实际的建模过程中该表面可能是一种确定的或周期性的结构，主要涉及基尔霍夫 (Kirchhoff) 理论和摄动理论。

基尔霍夫理论概念非常简单，假设粗糙表面的高度是一个随机变量，并且高度变化很小，使得表面上不同散射点间不存在相互影响。因此，只需要知道粗糙表面高度的概率分布函数就可以得到其对信号传播的影响。对于给定入射角 θ_{i}，表面平整度的参考高度定义为

$$h_{\mathrm{c}} = \frac{\lambda}{8\sin\theta_{\mathrm{i}}} \tag{2.33}$$

当表面的最大凸起高度小于 h_{c} 时，则认为表面是光滑的，这时只考虑反射的情况；而当其大于 h_{c} 时，在计算反射损耗时则需要额外计算有效反射系数 ρ_{rough}。当表面高度服从高斯分布时，可根据下式计算

$$\rho_{\text{rough}} = \Gamma \exp\left[-2\left(k_0\sigma_h\cos\theta_{\text{i}}\right)^2\right] \tag{2.34}$$

式中，Γ 表示光滑表面的反射系数；σ_h 表示表面高度分布的标准差；k_0 表示波数 $\dfrac{2\pi}{\lambda}$。特别地，当入射角 θ_{i} 接近 90° 时 (掠入射)，表面不平整度的影响可以忽略，反射变为镜面反射。

而摄动理论则是在基尔霍夫理论的基础上发展得到的，除了需要考虑表面高度的概率分布外，还需要知道其空间相关函数。但从宏观上观察，散射对电波传播的影响主要体现在削弱接收信号的有效功率，改变信号的传播方向上，可以作为反射的补充。

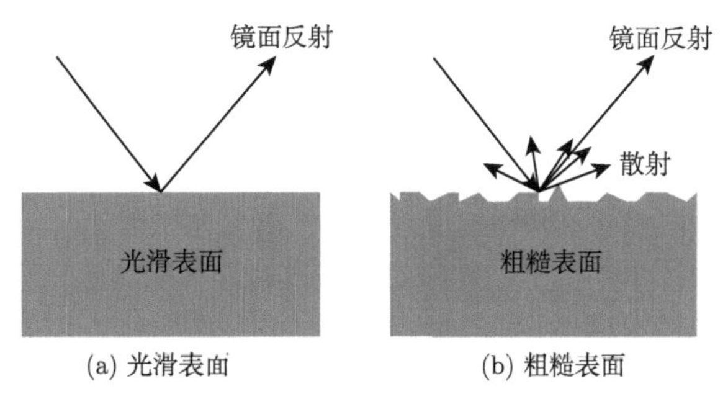

图 2.10　光滑表面发生的反射与粗糙表面发生的散射对比

2.3.2　无线通信中的电波传播

无线通信系统中，无线传播信道是收发端之间的物理传输媒介，信号在传播过程中与信道中所存在的丰富散射体发生相互作用，进而在接收端形成由直射、反射、绕射和散射等多路径信号相叠加的接收信号。随着传播环境的变化，无线信号的传播路径将会发生明显变化，因此亟须探明不同环境散射体对信号传播特性的影响，并通过数学形式加以抽象，构建相应的信道模型。此外，无线通信系统的传输性能也受限于相应的信道条件，需要针对相应的信道统计特征分析系统容量的上界；同时，无线信道决定了无线传输方案设计，为实现低复杂度解决方案提供理论基础。

接收信号功率随传播距离的变化由大尺度信道模型刻画。在设计和部署任何无线通信系统之初，需要进行链路预算，确定无线网络中的射频系统配置、系统覆盖范围并对基站站址位置进行初步选取和优化。大尺度信道模型包括路径损耗、阴影衰落和遮挡效应建模，精确的大尺度信道模型能够保证网络规划和设计的准确性，在提高无线网络覆盖性能的同时降低网络部署成本。由于存在收发端和环境散射体的移动以及多径传播，接收信号在短期内的快速波动形成小尺度衰落。无线传输系统传输架构设计、系统容量和吞吐量分析等均是建立在准确的小尺度信道模型之上。信道的时间色散特性决定实现频率分集的可行性，均衡器抽头长度和循环前缀长度由信道的时延扩展决定。信道的空间角度色散特性决定了 MIMO 传输系统的容量以及对来自空间不同方向干扰的抑制能力，同时决定了系统能否支持低复杂度传输架构的设计和应用。此外，为了评估和优化所设计通信系统的传输性能，需要完成在相应信道条件下的性能分析。因此，需要介绍无线信道的大尺度和小尺度衰落特性有关的基本概念及特征参数。

1. 大尺度信道衰落特性

随着传播距离的增加，电磁波的强度不断衰减。为了预测平均信号场强随长距离变化的关系，需要建立相应的大尺度信道模型。通常，大尺度信道模型包括路径损耗、阴影衰落、交叉极化鉴别 (cross-polarization discrimination, XPD) 以及雨衰、大气损耗、穿透损耗等附加损耗。之所以称之为大尺度，是因为当接收机的移动范围大于几十个波长时，路径损耗、阴影衰落等占据主导地位，信号的场强均值随时间、地点以及移动速度有比较平缓变化。因此，在进行链路预算时，首先需要针对不同环境和场景、频率建立相应的大尺度信道模型，然后再确定系统的覆盖范围和配置信息。

根据自由空间中电波传播分析结果可知，路径损耗描述了信号从发射端到接收端传播过程中所经历的功率衰减。对于自由空间而言，这种衰减是由于传输距离增加导致球面波扩散效应，使得接收天线在单位面积上接收到的功率逐渐减小。而对于实际的传播环境，电波在传播过程中会与空气、水气等发生相互作用，经过反射、折射和吸收等产生传输损耗。通常只有在远大于电波波长的距离上，这种衰减才可以被观测到发生显著的变化，因此路径损耗被认为是大尺度衰落的典型特征。将式 (2.23) 中接收功率随收发信机之间的距离 d 下降的指数常数定义为路径损耗指数 (path loss exponent，PLE)。不难发现，在自由空间中路径损耗指数为 2，即接收信号的功率随着收发间距离平方的增大而减小。此外，路径损耗还与信号的载波频率有关，即在同样的传播距离下，随着载波频率的升高，路径损耗不断增大。在实际传播环境下，路径损耗的预测模型通常是基于信道实测数据构建的，并且具有不同的适用场景和频段。图 2.11 给出了几种典型的室内和室外无线通信电波传播场景。针对不同类型场景，通过对传播环境特征进行抽象，前人已经提出了很多经典的路径损耗模型，例如，Okumura-Hata 模型、Cost231-Hata 模型、ITU-R 模型、Walfish-Ikegami 模型、Lee 模型、对数距离模型、Ericsson 多重断点模型等。为了提高模型对路径损耗预测的准确性，上述模型中除了刻画路径损耗随频率和传播距离的变化外，还包含天线高度、环境 (城区和郊区)、道路条件 (宽度和走向)、建筑特点 (屋顶和建筑物高度) 等因素的影响。上述经典的路径损耗模型往往只适用于 6GHz 以下的中低频段，而随着 5G/6G 无线通信系统工作频率向毫米波或太赫兹等更高频段演进，高频信号对环境散射体的变化更敏感，需要提出与传输架构和环境特征相适应的路径损耗模型。例如，在毫米波/太赫兹频段，发射信号往往通过赋形波束实现定向传输以弥补较大的路径损耗，而传统的路径损耗模型主要针对全向信道，亟须建立适用于定向传输的定向信道路径损耗模型。

狭义的路径损耗模型表示在给定传播距离情况下，路径损耗或传播损耗恒定。然而，在实际的传播条件下，由于存在随机的障碍物遮挡 (建筑物、人体和树木等因素)，造成在给定传播距离的接收功率发生随机变化。通常将这种效应所引起的衰落称为阴影衰落。大量实验结果表明，可以使用符合对数正态分布的随机变量建模阴影衰落。因此，广义的路径损耗模型通常包括因传播距离变化产生的路径损耗和阴影衰落。

导致电波传播经历较大路径损耗的因素还包括建筑物穿透损耗、植被穿透损耗、人体遮挡损耗等。以建筑物穿透损耗为例，通常包括室外到室内穿透损耗、室内到室内 (多墙) 穿透损耗等，其损耗建模结果与建筑物材料电参数和物理几何尺寸有关。对于室外存在多栋建筑物的情况，还需要考虑屋顶和街道之间的衍射和散射损耗以及建筑物群的多屏绕射损耗。此外，由于收发端极化失配会导致不同极化组合信道之间的路径损耗差异，全向信道可以将其建模为交叉极化鉴别。而对于每一条传播路径，极化失配导致的路径损耗差异定义为交叉极化比 (cross-polarization ratio，XPR)。

2. 小尺度信道衰落特性

由于地形起伏以及环境中存在丰富的散射体，除了从发射端到接收端无任何遮挡的视距直射路径外，电波经过反射、绕射和 (或) 散射后沿着非视距路径到达接收端。此时，沿着不同传播路径 (方向) 的电波在接收端进行相干叠加，进而造成天线接收到的电场矢量在幅度和相位上随时间急剧变化，使得信号很不稳定，将这种现象称为小尺度衰落。小尺度衰落描述在一小段时间内或与波长相比较小的一段传播距离内信号在幅度、相位或多径时延和空间角度上的快速波动，它取决于场强时间和空间分布、电波的相对传播时间、传输信号的带宽和空间角度分辨率。在远场条件下，沿着不同传播路径到达接收端的平面波具有随机分布的幅度、相位和到达角。

根据图 2.11 中所描述的场景不难看出：LOS 场景包含视距和非视距路径，OLOS 场景包含了沿着视距传播方向的遮挡视距和非视距路径，NLOS 场景只包括非视距路径。电波的多径传播造成了小尺度衰落效应，其影响主要体现在：

(1) 在较短的传播时间或传播距离内信号强度的快速变化;

(2) 当收发端存在移动时多径信号不同的多普勒频移造成随机频率调制;

(3) 不同传播路径的传播距离和传播方向造成时间和空间上的扩散。

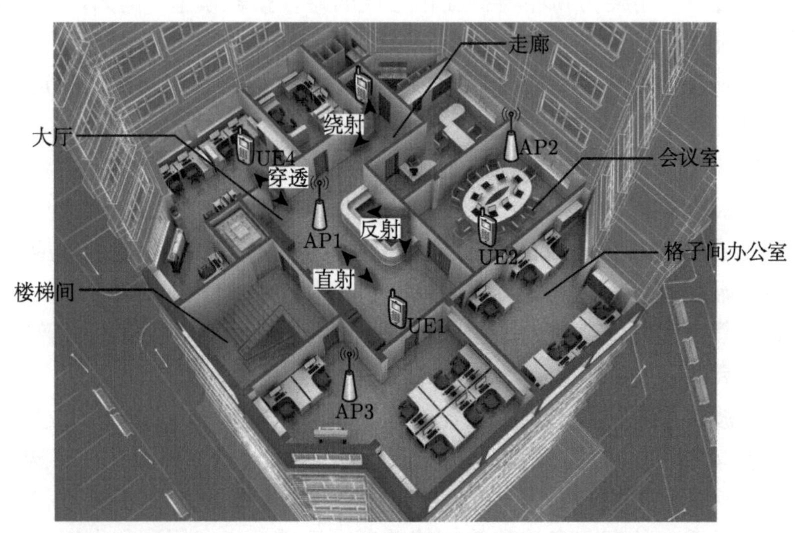

(a) 室内场景

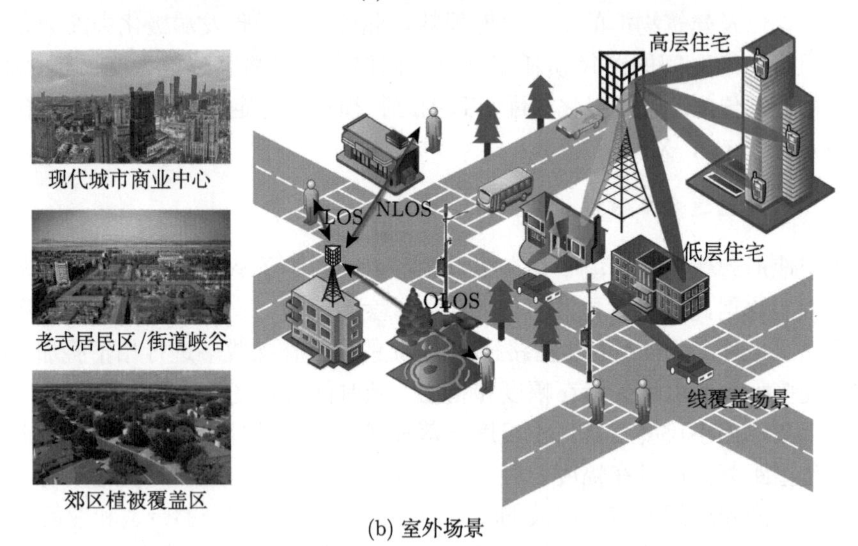

(b) 室外场景

图 2.11　几种典型的无线通信电波传播场景

而影响无线信道小尺度衰落特性的因素包括空中多径传播信道、收发信机配置以及传输信号带宽三方面。

1) **空中多径传播信道**

信号与无线信道中的环境散射体发生相互作用，导致非视距路径的信号产生额外的能量损耗，造成在接收端具有不同幅度、相位和时延的多径信号矢量叠加。而随机的幅度和相位导致小尺度衰落和信号失真，并且较大的时间色散容易造成码间干扰。同时，环境散射体的相对移动造成多径分量的时变多普勒频移。

2) **收发信机配置**

随着空间分集或空间复用技术的引入，通过采用大规模天线阵列可以提高 EIRP，实现远距离稳定传输。因此，随着天线阵列规模的增大，提高了系统对来自不同方向多径信号的空间角度分辨能力。同时，收发信机之间的相对移动导致多普勒频移引起的随机频率调制。

3) **传输信号带宽**

如果传输信号带宽大于无线信道带宽，此时接收信号将产生失真。但接收信号的场强在本区域内不会产生衰落，即小尺度衰落不明显。其中信道带宽为相干带宽 (coherence bandwidth)，表示信号在幅度上强相关时的频率之差。当传输信号的带宽小于信道带宽时，信号的幅度将会发生快速变化，但信号在时间上不会失真。

无线信道的小尺度衰落特性与信道参数 (如时延和角度色散参数、多普勒频移) 和信号参数 (如带宽、符号周期) 有关。根据多径分量在时延域、多普勒频移以及空间角度域的分布情况，可以推导得到信道在空-时-频域上的选择性特征。这里的信道选择性特征指的是信道的增益系数的幅度随着不同的时间观测点、频率观测点和空间位置观测点的改变而发生变化。基于多径时延的色散特性，可以将小尺度衰落分为平坦衰落和频率选择性衰落。当无线信道具有固定的增益和线性相位且相干带宽大于传输信号带宽时，接收信号将发生平坦衰落。在平坦衰落信道中，传输信号带宽的倒数远大于多径信道的时延色散。如果无线信道具有固定增益和线性相位且相干带宽小于信号带宽，则接收信号将发生频率选择性衰落。此时，信道冲激响应的多径时间色散将大于传输信号带宽的倒数，进而导致接收信号为多个具有一定时延的衰减信号的叠加，并将引起接收信号的失真。对于频率选择性衰落，发射信号的带宽大于信道的相干带宽，因此其又被认为是宽带信道。根据传输的基带信号相对于信道变化率的快慢变化，小尺度衰落又分为快衰落和慢衰落。在快衰落信道中，信道的冲激响应在码字持续时间内快速变化，即信道的相干时间小于传输信号的码字周期。这将会由于多普勒效应而引起时间选择性衰落，从而导致信号失真。多普勒扩展越严重，由于快衰落引起的失真就越严重。在慢衰落信道中，信道冲激响应的变化要比所传输的基带信号慢得多，可以假定信道在一个或几个带宽倒数的时间间隔内是静止的。信号的快衰落或慢衰落是由于收发信机和环境散射体相对移动速度和基带信号所决定的。

小尺度衰落的统计特性可以采用不同的分布进行表征和建模。当传播环境中不存在信道增益明显高于其他传播路径的 LOS 或 NLOS 路径时，通常用瑞利 (Rayleigh) 分布来描述衰落包络的随机变化特征。当传播环境中存在稳定的 LOS

路径或较强的镜面反射分量时，多径衰落的包络样本通常符合赖斯分布 (Rice distributio)。而用于描述信道小尺度衰落的统计参数通常包括：场强均值、电平通过率、衰落持续时间、时间色散、相干带宽、角度色散、多普勒频移和相干时间等。不同的信道参数及其统计特征描述了多径信道在空-时-频域内信道增益的分布情况，是建立相关物理统计信道模型和理论信道模型的基础。

2.3.3　电波传播测量

无线信道研究是任何无线通信系统设计和网络规划部署的基础之基础，只有充分了解电磁波的电波传播特性，才能建立更贴近真实传播环境的精确信道模型。通常信道研究包含三部分内容：信道测量、信道传播特性分析和信道建模与仿真。首先需要构建高性能灵活的信道测量系统，在典型频段和场景下开展信道测量，采集统计意义上足够遍历的信道实测数据，同时设计高性能信道参数估计算法，获得空-时-频域内等多维信道参数。基于信道实测结果，进一步分析信道的大尺度和小尺度信道特性。

从信道测量系统的基本原理出发，主要包括两种测量方法：

1. 频域信道测量方法

如图 2.12 所示，频域信道测量系统的核心设备是矢量网络分析仪 (vector network analyzer, VNA)，通过扫频在一定的频率范围内以一定的步长进行频率扫描。VNA 的测量结果是其两个端口信号增益的比值，即准静态信道的频率响应，再经过傅里叶逆变换最终获得信道冲激响应 (channel impulse response, CIR) 数据。对于每一个频点的发送信号可以表示为 $e_{\rm i}(t) = E{\rm e}^{{\rm j}\omega_{\rm i}t}$。假设无线信道为线性时不变网络，此时接收信号可以表示为

$$r_{\rm i}(t) = H({\rm j}\omega_{\rm i}) \cdot E{\rm e}^{{\rm j}\omega_{\rm i}t} = E\left|H({\rm j}\omega_{\rm i})\right| {\rm e}^{{\rm j}[\omega_{\rm i}t + \angle H({\rm j}\omega_{\rm i})]} \tag{2.35}$$

式中，$|H({\rm j}\omega_{\rm i})|$ 和 $\angle H({\rm j}\omega_{\rm i})$ 分别表示信道的幅频响应和相频响应。将端口 A 与端口 B 的结果作比系统的 S 参数，即

$$S_{21}(\omega_{\rm i}) = H({\rm j}\omega_{\rm i}) = |H({\rm j}\omega_{\rm i})|{\rm e}^{{\rm j}\angle H({\rm j}\omega_{\rm i})} \tag{2.36}$$

在带通模式下，角频率 $\omega_{\rm i}$ 在 $[\omega_1, \omega_2]$ 区间内按照一定的步长变化，可以直接得到通带内的信道频率响应，再通过傅里叶逆变换得到 $S_{21}(\omega)$ 的时域表示，即

$$h(t) = {\rm FT}^{-1}\{S_{21}(\omega)\} \tag{2.37}$$

对于离散时间系统而言，$S_{21}(\omega)$ 可以表示为 $S_{21}[k]$，$h(t)$ 可以表示为 $h[n]$，两者构成离散傅里叶变换对，即

$$S_{21}[k] = \sum_{n=0}^{N-1} \exp\left(-{\rm j}\frac{2\pi}{N}nk\right) h[n] \tag{2.38a}$$

$$h[n] = \frac{1}{N}\sum_{k=0}^{N-1}\exp\left(\mathrm{j}\frac{2\pi}{N}nk\right)S_{21}[k] \tag{2.38b}$$

因此,可以利用快速傅里叶逆变换 (inverse fast Fourier transform, IFFT) 从 $S_{21}[k]$ 直接获得 $h[n]$，此时频率步长可以记为

$$\Delta f = \frac{\omega_2 - \omega_1}{N-1} \tag{2.39}$$

根据傅里叶变换分析信号时-频域关系可知，时域有限长信号的频谱是无限长的，而 VNA 本身的测量频率范围有限。此时，频域截短容易导致时域信号的畸变，特别是对边带信号的影响增大，降低测量系统的动态范围。所以在进行傅里叶逆变换前，首先需要对 $S_{21}(\omega)$ 加窗函数，但这种方法是以增加主瓣宽度、牺牲时间分辨率为代价。

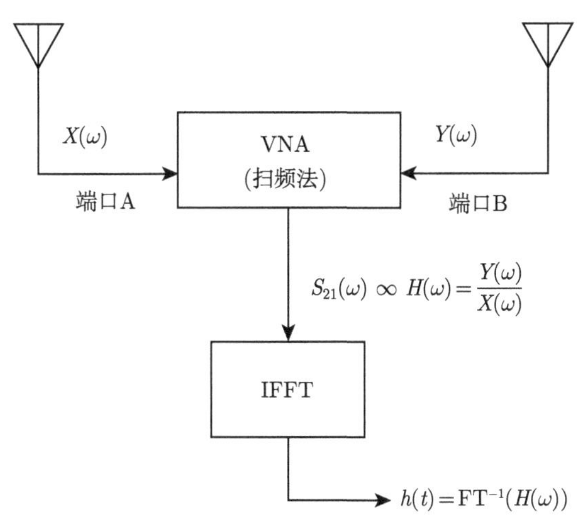

图 2.12 基于 VNA 的频域信道测量方法原理图

频域信道测量系统的结构较为简单，收发端一体，发送信号简单，可支持任意频率范围和时间分辨率测量。采用频域测量方法主要存在收发一体、动态范围小、测量范围受限的问题，往往只适用于室内短距离信道测量，这主要是 VNA 本身发射功率受限、信号在线缆中传输损耗大等造成的。为解决上述问题，需要分别从提高探测信号发射功率 (如增加外扩的信号源和功率放大器、低噪声放大器) 和降低探测信号在线缆中的传输损耗 (低频或光信号远距离传输) 两方面展开。

2. 时域信道测量方法

时域信道测量方法的基本原理较为简单，对于单入单出 (single-input and single-output，SISO) 信道测量，其原理与扩频通信原理相似。图 2.13 给出了

时域信道测量系统的基本原理图。在发射端，采用具有良好自相关特性的序列，经过基带脉冲成型、滤波和多次上变频后，经过天线发送；在接收端，接收天线采集数据后经过多次下变频和滤波后，再经过采样后得到原始接收信号[23]。接收信号包含无线信道信息，需要与原始发送序列进行互相关运算，进而得到 CIR。由于时域信道测量系统的收发两端完全分离，因此时域测量系统可支持室外远距离信道测量，但收发两端设备间要求保证严格的时钟和频率同步，在一定程度上也增加系统实现的复杂度。此外，由于直接解相关得到的系统响应中包含 CIR 以及测量系统自身的冲激响应，因此系统校准必不可少，以减小测量系统本身对信道传播特性的影响[24]。根据接收信号和原始发送序列互相关运算的实现方式，可进一步将毫米波时域 SISO 信道测量系统分为两类：一类是通过硬件方式实现互相关运算，即基于滑动相关器的信道探测器[25]，测量系统的输出即为 CIR；另一类是通过信号后处理的方式在工作站上离线完成互相关运算[23]。

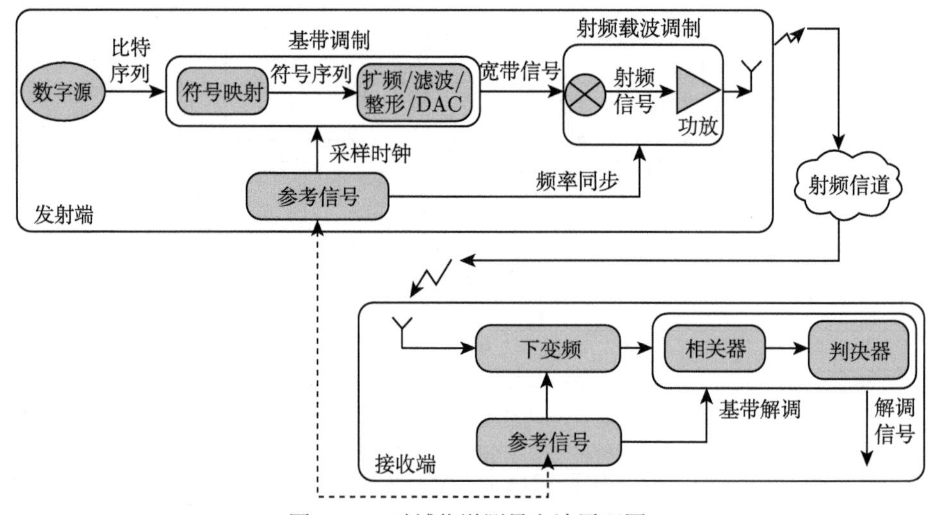

图 2.13　时域信道测量方法原理图

此外，根据测量系统的天线配置，也可以将测量系统分为 SISO、虚拟 MIMO 和真实 MIMO 三类。对于中低频段信道测量，可以直接采用全向天线实现路径损耗和时间色散参数测量，为了获得信道的空间角度信息，可以通过多通道真实 MIMO 或相控阵实现。对于毫米波/太赫兹等高频段信道测量，通常采用旋转高增益定向喇叭天线形成虚拟全向天线的方式测量以提高系统动态范围。此外，还可通过移动全向天线形成虚拟天线阵并结合高分辨率的参数估计算法获得信道多径分量的表征参数。因此，在构建信道测量平台时，一方面需要考虑测量系统的硬件实现复杂度，另一方面需要设计与之相适应的信号预处理算法，进而保证信道实测结果的准确性和有效性。

2.3.4 信道建模

本节前部分介绍了电波传播理论基础以及无线通信中所关注的信道衰落特性，为了尽可能准确地刻画无线信道的传播特性，需要构建与之相适应的信道模型。通常信道建模的目的包括无线传输技术设计和参数优化，并提供仿真验证平台用于评估相关技术的性能，同时作为无线网络规划和覆盖优化的理论和实验基础，推动系统的商用部署。因此，任何无线通信系统在设计和部署之初需要建立相应的信道模型。对于大尺度路径损耗预测建模通常包括经验模型和确定性模型两类，其中 2.3.2 节中介绍的几种建立在实测数据基础上的路径损耗模型均属于前者，而确定性模型则是基于射线追踪方法精确计算得到每一个接收机位置处接收信号的场强。对小尺度衰落特性进行建模，主要目的是为了准确、有效地生成具有所需信道特征的信道冲激响应。对于 MIMO 信道建模，一种常见的信道模型分类方法是将其分为确定性信道模型和随机信道模型。确定性信道模型主要是基于电磁场和几何光学理论，得到适用于特定场景的信道矩阵，例如，射线追踪和传播图论等。此外，根据在特定场景信道实测数据进行存储、回放也属于确定性信道建模。随机信道模型进一步又分为物理模型和分析模型，其中物理模型是基于双定向信道物理传播规律建立的，并且根据是否假设环境散射体以及收发信机的空间几何分布情况分为几何和非几何随机信道模型。值得注意的是，物理模型中所需要的相关信道参数的统计分布情况需要通过信道实测或确定性信道仿真获得。而分析模型则是从纯数学的角度建模收发信机之间的信道冲激响应，并将其融合于 MIMO 信道矩阵表达式中。分析模型主要用于传输方案设计和信道容量分析。常用的分析信道模型包括基于相关的模型 (如 Kronecker 模型、Weichselberger 模型) 和传播特征模型 (如有限散射体模型、虚拟信道表征模型)。下面将主要介绍常用的确定性信道模型和物理随机信道模型。

1. 确定性信道模型

确定性建模方法是建立在对地理环境信息已知的基础上，根据传播环境的具体地理和形态信息，依据几何光学理论预测所有可能存在的电波路径，并利用电磁波理论进行所有路径的电磁参数计算，从而得出对应的信道模型。确定性建模方法是从物理学中电磁波传播的角度建立对信道的认知，不依赖于实测活动，只需要了解传播环境的具体信息就可以对信号传播特性做出比较准确的预测，因此具有简单直观且容易理解的优势。确定性信道模型主要包括时域有限差分 (finite-difference time-domain, FDTD) 法、射线追踪法、传播图论法和存储式信道回放法。

FDTD 是一种电磁数值计算方法，从麦克斯韦方程组出发求解差分方程，将连续的电磁问题转化为离散数值问题，并得到相应的电磁参数，这种方法易于编程实现、预测结果精度高，但计算量大、过程复杂，在实际中应用较少。

射线追踪法是基于几何光学和一致性散射理论的建模方法，虽然目前在一定程度上受限于普通仿真计算机的计算水平和存储能力，但随着计算机硬件水平的提升和优化算法的深入研究，利用射线追踪技术进行无线信道建模已成为除传统信道测量之外的有力补充。射线追踪法基于几何光学 (geometric optics, GO) 理论，通过模拟射线 (光) 的传播路径来确定反射、折射等。射线追踪法是估算高频电磁场的一种很容易应用的近似方法，它假设传播的电磁波波长趋于零，因此电磁波的能量可以认为通过直径为无限小的细管 (常称之为射线) 向外辐射。在几何光学中，只考虑直射、反射和折射射线。对于障碍物的绕射，通过引入绕射射线来补充 GO 理论，即几何绕射理论 (geometric theory of diffraction, GTD) 和一致性绕射理论 (uniform theory of diffraction, UTD)。此外，用于预测复杂结构的 3D 建筑环境内电磁场的射线追踪方法主要有镜像法、入射及反弹射线法 (shooting and bouncing ray, SBR)、射线管法以及入射及反弹射线法/镜像方法 (SBR/image)。

传播图论法是一种确定性建模与统计建模相结合的方法。对应选定的信道传播场景，传播图论法根据已知的收发天线位置与环境中典型散射体的分布，将场景的数字地图转化为由节点和边构成的传播图。传播图中的点代表收发天线和散射体，可见的节点连接成边，对应于环境中的实际传播路径。信号从发射天线到达散射体，经过散射体间的若干次反射，最终到达接收天线，构成一条完整的传播路径，其中的每一条边都可以根据电磁传播特性表达为频率和传播距离的函数。运用传播图论法搜索环境中所有可能存在的传播路径，结合随机矩阵的运算得到一个场景中只与天线位置有关的信道传递函数，即所需构建的传播信道模型。

存储式信道回放法主要是在特定的应用场景开展信道实测，记录相关的信道测量系统配置信息，将采集得到的数据按照一定的格式要求进行存储。在应用相应的模型数据时，将信道的空-时-频域内信道传播信息进行回放。确定性建模方法的优点是在保证环境抽象模型精确性的基础上，可以准确得到相应的传播路径，实现成本较低，但是其建模结果只适用于特定场景，为构建新场景的信道模型需要重新建立相应场景的仿真模型，并且建模准确性与环境建筑材料的结构电参数密切相关。因此，发展出用于构建环境抽象模型点云场景方法，同时需要开展针对不同类型建筑材料的材料特性测量与建模研究。

2. 物理随机信道模型

物理随机信道模型是在电波传播的物理传播规律基础上提出的，基于物理随机信道模型可以明确得到电波传播参数的样本实现，例如每一条传播路径的复振幅、传播时延、到达角、离去角以及极化散射矩阵等。通常物理模型只关注空中无线信道部分，而将天线方向图及其阵列响应的影响与之分离。

根据多径分量和环境散射体的映射关系可以得出，无线信道呈现分簇特性，其中散射体簇表示一组具有相同长时特性但未必紧挨的散射体集合。当信号在传播过程中遇到散射体簇时，会以相近的时延和传播方向继续向后传播，其幅度呈现局部的衰落特性。此外，为了避免多次散射时时延和角度特征参数的互耦，在建模过程中通常只考虑第一次和最后一次散射而忽略中间的传播过程。图 2.14 给出小尺度多径衰落信道分簇建模示意图。从信道冲激响应的强度来看，一方面，簇心与 LOS 路径的信号强度随相对传播时延增加而逐渐减小；另一方面，簇内各子径信号的强度则按照另一规律衰减。即就是，通常将其建模为随相对传播时延变化的指数分布，进一步从整体上看每条路径的信号强度衰减服从 Rayleigh 分布。图 2.14 为一种理想化结果，即各不同簇之间是相互独立的，而更一般的情况是它们之间存在重叠，因此还需要研究簇和径的到达率，以反映不同簇和子径间的关系，通常被建模为泊松分布。此外，随着收发端天线阵列规模的不断增大以及信道带宽的不断增加，时间和空间分辨率则不断提高，进一步提升对信道中多径分量观测和分辨能力。

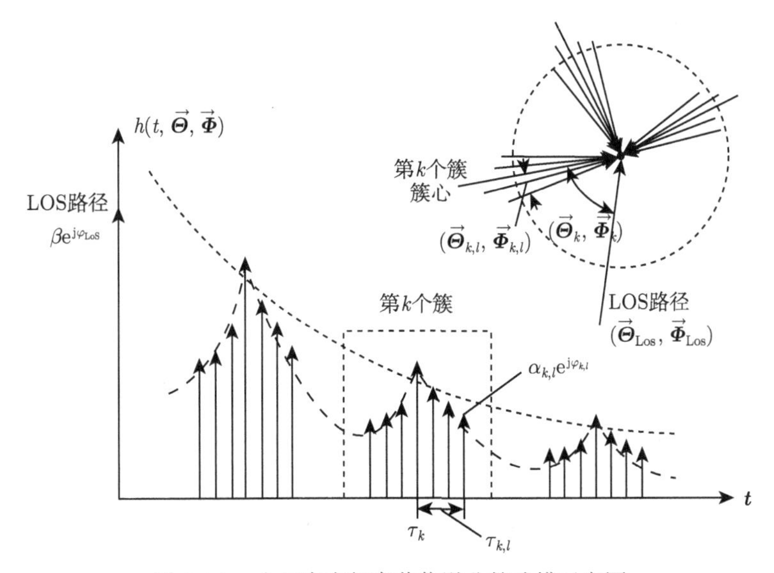

图 2.14 小尺度多径衰落信道分簇建模示意图

基于无线信道成簇传播这一物理传播特性，根据是否考虑环境散射体位置分布情况，将物理随机信道模型分为几何随机信道模型 (GBSM) 和非几何随机信道模型 (或参数化统计信道模型)。几何随机信道模型是指模拟信道的冲激响应与散射体和其他干扰物体的几何位置相关的信道模型，是根据假设的散射体位置几何分布情况推导得到相应的信道模型。对于二维平面信道建模 (只考虑水平维信道信息)，常用的散射体分布模型包括单圆、双圆和椭圆模型；对于三维信道模型 (包含水平和俯仰维信道信息)，常用的散射体分布模型包括球、椭球、圆柱等。在建模过程中，首先给出由环境电波传播特征得到的信道冲激响应的数学表达式，然后利用所提出的散射体的随机分布和几何知识获得信道参数的统计特征，如信道冲激响应中到达角、离去角、到达时间等的分布。对于参数化统计信道模型，同样需要首先给出包含所有关心的信道参数的信道冲激响应表达式，然后根据信道实测和仿真数据得到不同信道参数的统计特征，根据信道参数的统计特征生成得到不同快拍下的信道参数值。

第3章

机器学习辅助优化

近年来，机器学习已广泛应用于图像处理、语音识别、无人驾驶、市场预测分析等领域。利用采集到的数据搭建智能化的代理模型，有助于处理相应的问题。不同的代理模型根据其原理有不同的特点及最佳的适用场景。例如，人工神经网络在处理大规模数据时有较好的表现，当样本不足时容易出现过拟合现象，高斯过程回归在预测时可以返回预测的方差以便对预测的不确定性做出评估，由于其核函数能计算样本之间的相关性，当样本规模较大时，训练代理模型所需的时间会大幅度增加。

在微波器件设计领域，参数优化是重要的设计环节，特别是在毫米波及更高的频段，频率越高意味着波长越短，器件的结构尺寸越小，也就意味着需要更为精密的加工工艺。另外，随着器件的工作频率升高，特别是到了毫米波及更高的频段，严重的寄生效应大大影响了等效电路的精度。与此同时，当需要进行敏感性分析和多目标协同优化时，计算的成本和复杂度更是大幅度提高。然而，基于矩量法 (method of moment, MoM)、有限元法 (finite-element method, FEM) 或时域有限差分 (finite-difference time-domain, FDTD) 法等电磁学计算方法的全波仿真求解器虽然非常精确，但所需的计算资源和计算时间成本极高。

为此，在微波工程领域引入机器学习用以辅助进行优化设计，并根据不同模型预测的表现进行算法辅助及模型改进。根据仿真数据建立的机器学习代理模型预测时间与一次全波仿真的时间相比几乎可以忽略不计，计算成本主要集中在样本集的建立和结果验证。在微波器件设计的应用场景，训练数据往往来自于全波仿真，为了节约计算成本，样本集较小，而复杂的器件或者大规模阵列需要优化设计的敏感参数较多。因此，如何在高维、小样本情况下建立可靠的代理模型，并配合优化算法，通过较少的迭代次数达到预先设定的设计指标是研究的关键点。

本章将对机器学习以及常用的进化类优化算法进行介绍，同时针对具体应用进行举例阐述。

3.1 基本框架

代理模型的预测准确性随着样本量的增大而逐渐提高，因此结合代理模型在线更新的方法，对整体联合优化流程进行介绍。代理模型在线更新的思想平衡了较高的优化效率和全波仿真较高的计算准确度。优化初期，首先采用全波仿真获得相对较小的数据样本集 (初始样本集)，然后利用机器学习方法在初始样本集基础上建立相对粗糙的代理模型，进一步通过优化算法得到初步的最优解，经全波仿真后将高保真度的仿真数据加入训练集，重新更新代理模型。随着验证迭代过程的进行，机器学习所需的数据样本集中的全波仿真数据增加，代理模型的准确度逐渐获得提升，从而获取更好的最优解。

优化流程框图如图 3.1(a) 所示。其中，关键步骤包括：

1) **初始化训练集**

利用拉丁超立方采样 (Latin hypercube sampling, LHS) 或其他随机采样方法在预先设定的参数空间 $[X_{\min}, \cdots, X_{\max}]^n$ 中抽取的 a 个采样点，参数化建模将采样数据输出到已有的物理模型，根据参数调整物理模型，进行全波仿真并返回仿真结果。也可以选择是否提取特征维度以扩充用于训练的数据点数。图 3.2(a) 给出初始化训练集模块的数据流图。

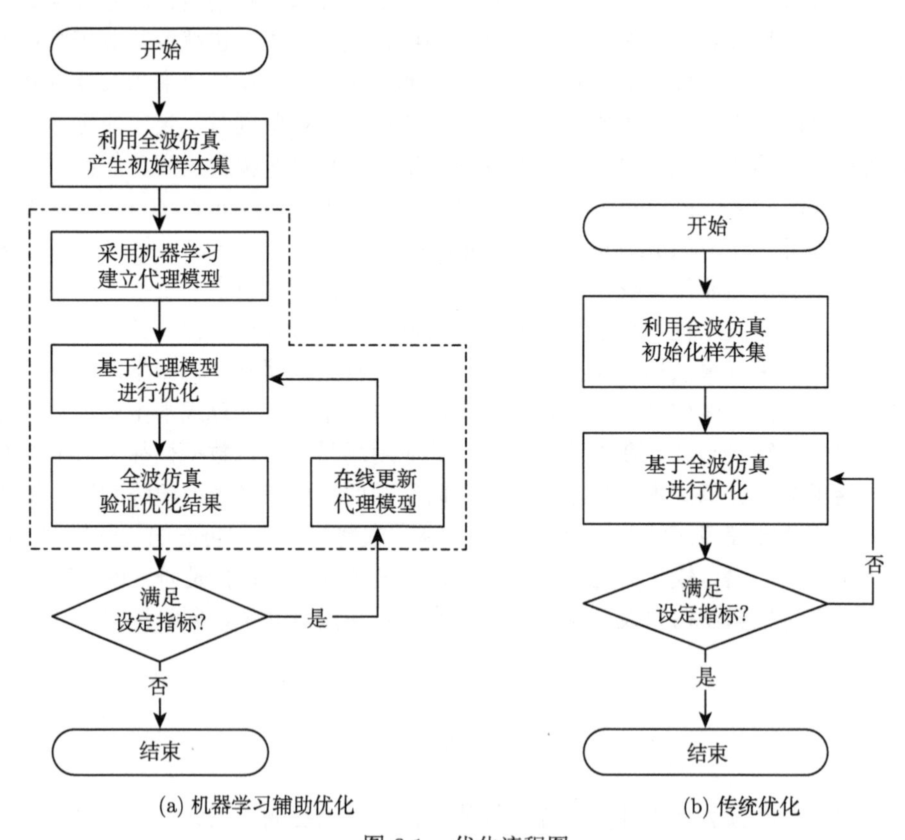

(a) 机器学习辅助优化　　(b) 传统优化

图 3.1　优化流程图

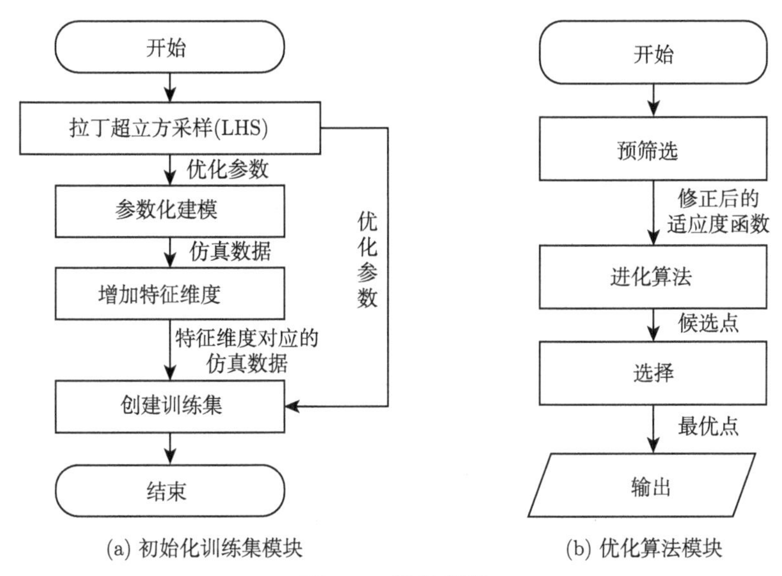

(a) 初始化训练集模块

(b) 优化算法模块

图 3.2 数据流图

2) **模型训练**

基于已经整理好的训练集，采用机器学习方法，建立合适的代理模型。

3) **最优化**

可以选择利用预筛选方法修正适应度函数，基于训练好的代理模型，进化类的最优化算法通过迭代寻找最优解，优化算法中每一轮迭代的响应经由代理模型来预测获得。图 3.2(b) 给出优化算法模块的数据流图。

4) **全波仿真验证**

优化算法中得到的最优点，仍采用参数化建模的方法调用已有模型，得到最优参数组合对应的全波仿真数据。

5) **终止条件判断**

终止条件一般设定为达到预先设定的优化目标或达到了最大的迭代次数，如果满足，则输出数据库中的最好结果；如果不满足，算法继续。

6) **更新训练集**

将增加特征维度后的最优点的全波仿真数据更新到训练集中，使重新训练。

如图 3.2(a) 所示，与传统优化方法的流程 (图 3.1(b)) 相比，代理模型在线更新的机器学习辅助优化存在明显的区别，共有内外两层循环。基于机器学习获得的代理模型，内层循环在优化算法的迭代求解中进行，子代数据皆由代理模型预测得出，当达到算法的终止条件则跳出内层循环，进入外层循环中的全波仿真验证，当全波仿真输出的结果符合预设的设计要求，则跳出外层循环，结束整个优化进程。

3.2　机器学习技术简介

3.2.1　监督学习

监督学习是根据已有数据集，知道输入和输出结果之间的关系，然后根据这种已知关系训练得到一个最优模型。也就是说，在监督学习中，训练数据应该既有特征又有标签，然后通过训练，使得机器能找到特征和标签之间的联系，然后在面对没有标签的数据时可以判断出标签。在监督学习的范畴中，又可以划分为回归和分类。常见的监督学习算法有以下几种：

1) k 近邻算法

k 近邻算法 (k-nearest-neighbor, KNN) 是一种分类算法，如果一个样本能在样本的特征空间中找到 k 个最相似 (特征空间中最邻近) 的样本且这些样本大多属于同一种类别，那么该样本也属于这个类别。一般来说，k 是不大于 20 的整数，且在计算过程选择最邻近的样本均为已经正确分类的对象。

2) 决策树

决策树是一个树状结构，树中每个节点代表一个特征属性，非叶节点代表一个特征属性上的测试，分叉路径代表某种特征属性在某个值域上的输出。决策树的决策过程就是不断分隔训练数据，使得分隔得到的各个子集尽可能纯净，即各个子集中的数据实例标签尽可能一致。在实际构成决策树的过程中，需要剪枝来规避过分拟合。

3) 朴素贝叶斯

朴素贝叶斯是应用较为广泛的分类算法之一，它是基于贝叶斯定理，因此朴素贝叶斯假设给定目标值时，假设不同类别之间没有相关性，即完全独立。在预测分类时朴素贝叶斯算法计算未知样本分到每个类别的概率，从中挑选概率最大的一种作为分类预测结果。

4) 逻辑回归

逻辑回归也是一种分类算法，主要应用于二分类问题。逻辑回归与线性回归相似，都是根据已知数据集求函数，然后要求尽可能拟合数据使损失函数最小。

3.2.2　无监督学习

无监督学习和监督学习最大的不同是监督学习中数据是带有一系列标签。在无监督学习中，需要采用某种算法训练无标签的训练集从而能找到这组数据的潜在结构。无监督学习大致可以分为聚类和降维两大类。

1) k 均值聚类

k 均值聚类 (k-means) 就是将数据聚类分成不同的组。首先选择 k 个随机点作为聚类中心；接着对于数据集中的每一个数据，按照距离 k 个中心点的距离，将各个数据与距离最近的中心点关联起来，与同一个中心点关联的所有点聚成一类；然后再计算每一个组的平均值，将该组所关联的中心点移动到平均值的位置。再以移动后的中心点作为聚类中心进行迭代，直到收敛。尽管 k 均值聚类是一个简单高效的聚类算法，但其仍然存在一些缺点：不能保证定位到聚类中心的最佳方案；k 均值无法指出使用多少个类别。

2) **BIRCH 聚类**

BIRCH (balanced iterative reducing and clustering using hierarchies，利用层次方法的平衡迭代规约和聚类) 是属于树状结构的层次聚类算法的一种，这个树状结构类似于平衡 B+ 树，一般称之为聚类特征树，这棵树的每个节点是由若干个聚类特征 (clustering feature, CF) 组成。简单说，BIRCH 聚类算法的主要过程就是将所有的训练集样本建立聚类特征树，然后对应的输出就是若干个 CF 节点，每个节点的样本点就是一个聚类的簇。一般来说，BIRCH 聚类适用于样本量较大的情况，并且除了聚类，BIRCH 聚类也可以额外做一些异常点检测和数据初步按类别规约的预处理。

3) **高斯混合模型**

高斯混合模型 (gaussian mixture model, GMM) 是单一高斯概率密度函数的延伸，它能够平滑地近似任意形状的密度分布。GMM 使用多个高斯分布的组合来刻画数据分布，因为 GMM 含有隐变量，所以要用含有隐变量模型参数的极大似然估计法。然而，因为直接求解极大似然函数极值对应的参数比较困难，所以高斯混合模型也像 k 均值聚类那样使用迭代算法进行计算，最终收敛到局部最优。

4) **主成分分析**

主成分分析 (principal component analysis, PCA) 是最为常用的降维算法，是通过线性变换将原始数据变换为一组各维度线性无关的表示，可以用于提取数据的主要特征分量。该算法大致步骤是：先将数据进行中心化处理，计算出训练集中的所有样本的均值，再将训练集中的每个样本减去均值得到新的数据集；接着求新数据集的协方差矩阵、该协方差矩阵的特征值以及对应的特征向量；然后将特征值由大到小的顺序排列，选取前 k 个特征值并将这些选取的特征值分别作为列向量组成特征向量矩阵；最后将样本点投影到目标空间上。PCA 技术特点是完全没有参数限制。在 PCA 的计算过程中完全不需要人为的设定参数或是根据任何经验模型对计算进行干预，最后的结果只与数据相关。

5) **t 分布邻域嵌入式算法**

t 分布邻域嵌入式算法 (t-distributed stochastic neighbor embedding, t-SNE) 作为一种非线性降维算法，非常适用于高维数据降到 2~3 维，进行可视化。除了在图像领域应用较多外，在自然语言处理 (natural language processing, NLP)、基因组数据和语音处理领域也应用广泛。在高维问题中，t-SNE 为高维样本构建了一个概率分布，相似的样本被选中的可能性很高，而不同的样本被选中的可能性极小。t-SNE 为低维嵌入中的样本定义了相似的分布。t-SNE 的本质是最小化两个分布之间关于嵌入点位置的库尔贝克-莱布勒 (Kullback-Leibler, KL) 散度。

3.2.3　人工神经网络

人工神经网络 (artificial neural network，ANN)，简称神经网络 (neural network, NN)，在机器学习和认知科学领域，该网络是一种模仿生物神经网络 (动物的中枢神经系统，特别是大脑) 的结构和功能的数学模型或计算模型，用于对函数进行估计或近似。一般在机器学习中讨论的神经网络指的是“神经网络学习”，或者是机器学习与神经网络这两个学科领域的交叉部分，它模拟了生物神经系统对真实世界物体做出的交互反应。

图 3.3 是一个基本的 MP 神经元模型，来自 n 个其他神经元的输入信号 x_i，$i=1,2,\cdots,n$，通过带连接权重的连接传递到当前神经元，神经元将接收到的总输入值与神经元阈值进行比较，然后通过“激活函数”处理以产生神经元的输出。将多个类似的神经元按照一定层次连接起来就得到神经网络。

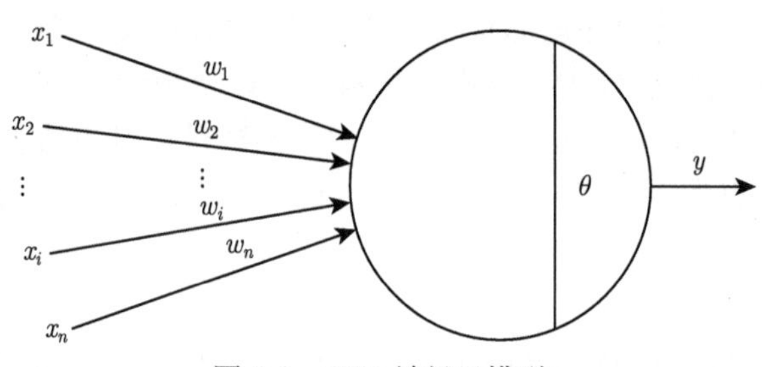

图 3.3　MP 神经元模型

感知机是由两层神经网络组成，通过设定合适的连接权重与阈值可以处理一些线性可分问题，即可用线性超平面划分的问题。由于感知机只拥有一层功能神经元，其学习能力有限，遇到非线性可分问题，如“异或”时，学习过程将会振荡，参数无法稳定地确定。通常需要在输入层与输出层之间增加一层或多层神经元来解决复杂的非线性可分问题。常见的层级结构神经网络如图 3.4 所示，每层神经元与下一层全互连，不存在同层或跨层连接，这样的神经网络结构被称为“多层前馈神经网络”，输入层仅接收外界输入，隐藏层与输出层对信号进行加工，并由输出层输出。

神经网络学习的过程就是根据训练数据来调整神经元之间的“连接权”以及功能神经元之间的阈值。针对不同问题需要选择复杂度合适的神经网络，足够的复杂度可以减小学习误差，而复杂度过高会影响网络的泛化能力，后者表现为在训练中没有出现点的区域误差较大，神经网络模型的泛化能力可以通过在训练过程中使用分散的测试数据集，以及对精细模型的评估获得。如何设置隐藏层神经元的个数仍是个未解问题，实际应用中通常依靠“试错法”调整。

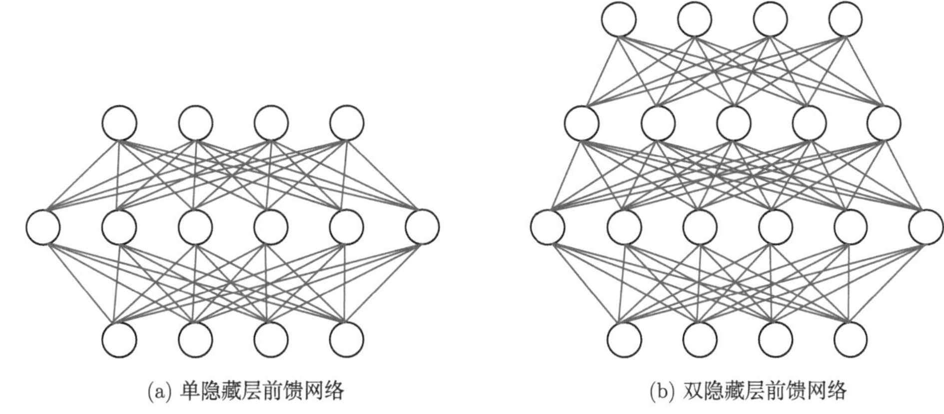

(a) 单隐藏层前馈网络　　(b) 双隐藏层前馈网络

图 3.4　多层前馈神经网络

如果训练复杂的多层神经网络，还需要强大的学习算法。常用的 ANN 训练优化机制包括玻尔兹曼机算法、误差逆传播 (backpropagation，BP) 算法、模拟退火算法、马尔可夫算法等。在射频和微波工程领域，训练 ANN 通常使用拟牛顿法或量化共轭梯度法等。

传统的基于 ANN 的设计方法有三个主要的缺陷：

(1) 产生足够的训练和测试样本需要可观的时间成本；

(2) 最优解落在训练域外时，变得不可靠；

(3) “维数诅咒”，拟合一个函数所需要的学习样本随着维数和它的平滑度之间的比值呈指数增长。

基于 ANN 的优化设计方法的主要缺陷可以通过在神经网络训练架构中加入与模型相关的信息来缓和，通常是根据经验主义函数或等效电路模型获得的一个粗糙模型，主要有以下四种优化策略：

1) **EM-ANN 综合法**

EM-ANN 综合法也叫差分法，是训练相关的神经网络近似粗糙模型和精细模型响应之间的差值，模型建成后将综合粗糙模型和 ANN 进行快速的优化设计。

2) **先验输入方法**

粗糙模型响应、设计参数和独立变量一起作为 ANN 的输入，训练后的神经网络更接近精细模型响应，与最初的粗糙模型相比，优化的计算成本更低，相比于 EM-ANN 综合法，这种方法得到的 ANN 模型更复杂，准确度得到提高。

3) **基于优化结构信息的 ANN(KBNN)**

KBNN 最大的特点是改变 ANN 内在结构，不再是完全连接的结构，而是留有一层或几层分配给一维或多维向量函数形式的微波电路信息。通过在神经网络结构中加入微波电路经验公式，使其影响训练过程。KBNN 的结构、训练方式、所需训练参数都不同于传统的 ANN。

4) **神经空间映射法**

神经空间映射法的基本思想是结合 ANN，建立粗糙模型和精细模型之间的映射，结合 ANN 的性能建模处理高维、高非线性的问题，得到在一定参数范围内性能都较好的粗糙模型，映射过程可以在输入或输出端实施。

此外，在处理高维小样本时，人工神经网络可能会存在过度拟合和梯度方差大的问题。在基于后验概率的神经网络 (posteriori probability neural network, PPNN) 中，使用支持向量机得到数据的后验概率，并产生新的训练样本，解决因样本集较小引起的样本之间差异性较大的问题。在深度神经追踪 (deep neural pursuit, DNP) 中，选择特征和学习分类同时缓和，因高维度引起的严重过度拟合，在前向训练和逆向传播时随机地丢弃一些神经元和特征，在包含剩余神经元的子网络计算梯度有利于解决因样本集较小引起的梯度方差大的问题。

3.2.4　高斯过程回归

本质上，高斯过程 (Gaussian process, GP) 是多元高斯分布的延伸。不同于大多数其他形式的回归模型，对于一个任意给定的 x，返回一个清晰的值 $f(x)$，一个高斯过程返回的是一个高斯概率分布。因此，高斯过程是函数的高斯分布。高斯过程回归 (GP regression, GPR) 的主要优点在于：具有统计学原理基础 (贝叶斯)，能自动返回预测值的置信区间。

在形式上，高斯过程生成的数据位于某个域内，使得范围内的任何有限子集都遵循多元高斯分布。假定在一个任意数据集内的 N 个观测点 $\boldsymbol{y}=[y_1,y_2,\cdots,y_N]$，总可以被认为是单个点从多元高斯分布中的采样。因此，反向考虑，这个数据集就可以对应一个高斯过程。一个高斯过程可以被均值函数和协方差函数共同决定。均值函数决定的是样本出现整体位置，即基准线。通常情况下，均值被直接设定为零，非零均值函数如果与样本切合，在远离训练样本密集区域，可以大幅降低预测的不确定性，但同时加大了超参数训练的压力，特别是在训练样本维数较高的情况下。对数据进行一些预处理 (如去趋势、归零均值) 之后，零均值函数是性价比较高的选择。而协方差矩阵就是高斯过程机器学习中的核，它捕捉了输入点之间的关系，并反映在之后样本的位置上，利用点与点之间的关系，从输入点训练数据预测未知点的值。这里的协方差矩阵必须是半正定的。

核函数有很多具体的形式。高斯过程中最常见的核是平方指数核，

$$k(x,x') = \sigma_{\mathrm{f}}^2 \exp\left(\frac{-(x-x')^2}{2l^2}\right) \tag{3.1}$$

最大容许协方差被定义为 σ_{f}^2，考虑数据噪声后，

$$k(x,x') = \sigma_{\mathrm{f}}^2 \exp\left(\frac{-(x-x')^2}{2l^2}\right) + \sigma_n^2 \delta(x,x') \tag{3.2}$$

使用高斯过程回归作回归预测，首先需要计算一个协方差矩阵，

$$\boldsymbol{K} = \begin{bmatrix} k(x_1,x_1) & k(x_1,x_2) & \dots & k(x_1,x_N) \\ k(x_2,x_1) & k(x_2,x_2) & \dots & k(x_2,x_N) \\ \vdots & \vdots & \ddots & \vdots \\ k(x_N,x_1) & k(x_N,x_2) & \dots & k(x_N,x_N) \end{bmatrix} \tag{3.3}$$

$$\boldsymbol{K}_* = \begin{bmatrix} k(x_*,x_1) & k(x_*,x_2) & \dots & k(x_*,x_N) \end{bmatrix} \tag{3.4}$$

$$\boldsymbol{K}_{**} = k(x_*,x_*) \tag{3.5}$$

由于数据可以表示来自多元高斯分布的样本，所以有

$$\begin{bmatrix} \boldsymbol{y} \\ \boldsymbol{y}_* \end{bmatrix} \sim \mathcal{N}\left(\boldsymbol{0}, \begin{bmatrix} \boldsymbol{K} & \boldsymbol{K}_*^{\mathrm{T}} \\ \boldsymbol{K}_* & \boldsymbol{K}_{**} \end{bmatrix}\right) \tag{3.6}$$

式中，条件概率 $p(\boldsymbol{y}_*|\boldsymbol{y})$ 服从高斯分布，$\boldsymbol{y}_*|\boldsymbol{y} \sim \mathcal{N}(\boldsymbol{K}_*\boldsymbol{K}^{-1}\boldsymbol{y}, \boldsymbol{K}_{**} - \boldsymbol{K}_*\boldsymbol{K}^{-1}\boldsymbol{K}_*^{\mathrm{T}})$。对于 $\boldsymbol{y}_*$ 的最佳估计为 $\bar{\boldsymbol{y}}_* = \boldsymbol{K}_*\boldsymbol{K}^{-1}\boldsymbol{y}$，方差为 $\mathrm{var}(y_*) = \boldsymbol{K}_{**} - \boldsymbol{K}_*\boldsymbol{K}^{-1}\boldsymbol{K}_*^{\mathrm{T}}$。

3.2.5 支持向量回归

传统的支持向量回归 (supporting vector regression, SVR) 是指，在给定训练样本 $\boldsymbol{D} = [(\boldsymbol{x}_1,y_1),(\boldsymbol{x}_2,y_2),\cdots,(\boldsymbol{x}_m,y_m)], y_i \in \mathbb{R}$，学得一个形如 $f(\boldsymbol{x}) = \boldsymbol{w}^{\mathrm{T}}\boldsymbol{x}+b$ 的回归模型，使 $f(\boldsymbol{x})$ 和 $\boldsymbol{y}$ 尽可能接近，$\boldsymbol{w}$ 和 b 是待确定参数。假设 $f(\boldsymbol{x})$ 和 $\boldsymbol{y}$ 之间最多存在偏差 ε，当 $f(\boldsymbol{x})$ 和 $\boldsymbol{y}$ 之间偏差的绝对值大于 ε 时计算损失，相当于以 $f(\boldsymbol{x})$ 为中心，构建了宽度为 2ε 的间隔带。考虑间隔带两侧松弛程度可能不同，引入松弛变量 ξ_i 和 $\hat{\xi}_i$。SVR 问题即可形式化为

$$\min_{\boldsymbol{w},b,\xi_i,\hat{\xi}_i} \left(\frac{1}{2}||\boldsymbol{w}||^2 + C\sum_{i=1}^{m}\left(\xi_i + \hat{\xi}_i\right)\right) \tag{3.7}$$

$$\text{s.t.}\begin{cases} f(\boldsymbol{x}_i)-y_i\leqslant\varepsilon+\xi_i, & \xi_i\geqslant 0, \\ y_i-f(\boldsymbol{x}_i)\leqslant\varepsilon+\hat{\xi}_i, & \hat{\xi}_i\geqslant 0, \end{cases} \quad i=1,2,\cdots,m$$

引入拉格朗日乘子后，由拉格朗日乘子法得到拉格朗日函数：

$$\begin{aligned} & L(\boldsymbol{w},b,\boldsymbol{\alpha},\hat{\boldsymbol{\alpha}},\xi,\hat{\xi},\mu,\hat{\mu}) \\ = & \frac{1}{2}||\boldsymbol{w}||^2+C\sum_{i=1}^{m}(\xi_i+\hat{\xi}_i)-\sum_{i=1}^{m}\mu_i\xi_i-\sum_{i=1}^{m}\hat{\mu}_i\hat{\xi}_i \\ & +\sum_{i=1}^{m}\alpha_i(f(\boldsymbol{x}_i)-y_i-\varepsilon-\xi_i)+\sum_{i=1}^{m}\hat{\alpha}_i(y_i-f(\boldsymbol{x}_i)-\varepsilon-\hat{\xi}_i) \end{aligned} \tag{3.8}$$

对 $\boldsymbol{w},b,\xi_i,\hat{\xi}_i$ 的偏导设为零后，可得

$$\boldsymbol{w}=\sum_{i=1}^{m}(\hat{\alpha}_i-\alpha_i)\boldsymbol{x}_i \tag{3.9}$$

$$0=\sum_{i=1}^{m}(\hat{\alpha}_i-\alpha_i) \tag{3.10}$$

$$C=\alpha_i+\mu_i \tag{3.11}$$

$$\hat{C}=\hat{\alpha}_i+\hat{\mu}_i \tag{3.12}$$

将式 (3.9)~ 式 (3.12) 代入式 (3.7)，可得 SVR 的对偶问题：

$$\max_{\boldsymbol{\alpha},\hat{\boldsymbol{\alpha}}}\left(\sum_{i=1}^{m}y_i(\hat{\alpha}_i+\alpha_i)-\frac{1}{2}\sum_{i=1}^{m}\sum_{j=1}^{m}(\hat{\alpha}_i-\alpha_i)(\hat{\alpha}_j-\alpha_j)\boldsymbol{x}_i^{\mathrm{T}}\boldsymbol{x}_j\right) \tag{3.13}$$

$$\text{s.t.}\begin{cases} \sum_{i=1}^{m}(\hat{\alpha}_i-\alpha_i)=0 \\ 0\leqslant\alpha_i, \quad \hat{\alpha}_i\leqslant C \end{cases}$$

上式满足以下条件：

$$\begin{cases} \alpha_i(f(\boldsymbol{x}_i)-y_i-\varepsilon-\xi_i)=0 \\ \hat{\alpha}_i(y_i-f(\boldsymbol{x}_i)-\varepsilon-\hat{\xi}_i)=0 \\ \alpha_i\hat{\alpha}_i=0,\ \xi_i\hat{\xi}_i=0 \\ (C-\alpha_i)\xi_i=0,\ (C-\hat{\alpha}_i)\hat{\xi}_i=0 \end{cases} \tag{3.14}$$

将式 (3.9) 代入 $f(\boldsymbol{x})=\boldsymbol{w}^{\mathrm{T}}\boldsymbol{x}+b$ 的模型可得，SVR 的解为

$$f(\boldsymbol{x})=\sum_{i=1}^{m}(\hat{\alpha}_i-\alpha_i)\boldsymbol{x}_i^{\mathrm{T}}\boldsymbol{x}+b \tag{3.15}$$

式中，

$$b=y_i+\varepsilon-\sum_{j=1}^{m}(\hat{\alpha}_j-\alpha_j)\boldsymbol{x}_j^{\mathrm{T}}\boldsymbol{x}_i \tag{3.16}$$

使用各向同性的高斯核的 SVR 广泛应用于微波元器件建模。研究发现，使用具有自动相关性判定 (automatic relevance determination, ARD) 高斯核的贝叶斯支持向量回归 (Bayesian SVR, BSVR)，在对基于频率的反射系数建模中，表现远胜于传统的支持向量回归。BSVR 本质上是高斯过程回归 (GPR) 的一个版本；贝叶斯框架通过最小化给定超参数数据的负对数概率，实现对 ARD 核多个超参数的有效训练。在标准 SVR 下，这种多超参数的训练是非常棘手的，为此，标准 SVR 采用网格搜索/交叉验证的方法。BSVR 除了具有基于贝叶斯的优点外，还具有标准 SVR 的优点，如二次规划和解的稀疏性，即其解完全由训练集的子集 SV 集合表征。

对于 BSVR 框架，与高斯过程类似，贝叶斯原理给出基于训练集 $\boldsymbol{D}$ 的 $\breve{f}$ 后验概率为

$$p(\breve{f}|\boldsymbol{D})=\frac{p(\boldsymbol{D}|\breve{f})p(\breve{f})}{p(\boldsymbol{D})} \tag{3.17}$$

式中，$p(\breve{f})$ 是 $\breve{f}$ 的先验概率；$p(\boldsymbol{D}|\breve{f})$ 是似然；$p(\boldsymbol{D})$ 是依据。似然可表示为

$$p(\boldsymbol{D}|\breve{f})=\prod_{i=1}^{n}p(\delta_i) \tag{3.18}$$

式中，$p(\delta_i)\propto\exp[-\zeta L(\delta_i)]$，$L(\delta_i)$ 是损失函数，ζ 是一个常数。在标准的 GPR 中，损失函数是二次的，在贝叶斯支持向量回归中，特殊点在于使用一个新的损失函数，这个函数结合了标准 SVR 中的损失函数和可微 Huber 损失函数的优点，损失函数定义为

$$L_{\varepsilon,\beta}(\delta)=\begin{cases}-\delta-\varepsilon, & \delta\in(-\infty,-(1+\beta)\varepsilon),\\ \dfrac{(\delta+(1-\beta)\varepsilon)^2}{4\beta\varepsilon}, & \delta\in[-(1+\beta)\varepsilon,-(1-\beta)\varepsilon],\\ 0, & \delta\in[-(1-\beta)\varepsilon,(1-\beta)\varepsilon],\\ \dfrac{(\delta-(1-\beta)\varepsilon)^2}{4\beta\varepsilon}, & \delta\in[(1-\beta)\varepsilon,(1+\beta)\varepsilon],\\ \delta-\varepsilon, & \delta\in((1+\beta)\varepsilon,\infty).\end{cases} \tag{3.19}$$

且 $0<\beta\leqslant 1$，$\varepsilon>0$。

解决最大后验概率估计的问题需要解决基本问题，相关的对偶问题为

$$\min_{\boldsymbol{\alpha},\boldsymbol{\alpha}^*}\left(\begin{array}{l}\dfrac{1}{2}(\boldsymbol{\alpha}-\boldsymbol{\alpha}^*)^{\mathrm{T}}\boldsymbol{\Sigma}(\boldsymbol{\alpha}-\boldsymbol{\alpha}^*)-\displaystyle\sum_{i=1}^{n}y_i(\alpha_i-\alpha_i^*)+\\ \displaystyle\sum_{i=1}^{n}(\alpha_i+\alpha_i^*)(1-\beta)\varepsilon+\dfrac{\beta\varepsilon}{C}\sum_{i=1}^{n}y_i(\alpha_i^2-\alpha_i^{*2})\end{array}\right) \tag{3.20}$$

且 $0\leqslant\alpha_i,\alpha_i^*\leqslant C$，$i=1,2,\cdots,n$。在上面的对偶问题中，$\boldsymbol{\Sigma}$ 是一个 $n\times n$ 的矩阵，$\boldsymbol{\Sigma}_{ij}=k(u_i,u_j)$，$k(\dot{})$ 是核函数，具有 ARD 的高斯核函数为

$$k(u_i,u_j)=\sigma_{\mathrm{f}}^2\exp\left(-\frac{1}{2}\sum_{k=1}^{\boldsymbol{D}}\frac{(u_{ik}-u_{jk})^2}{\tau_k^2}\right) \tag{3.21}$$

式中，u_{ik} 和 u_{jk} 分别是第 i 个和第 j 个用于训练的输入向量的第 k 个元素。其中包括 $\sigma_{\mathrm{f}}^2,\tau_k,\beta,C,\varepsilon$ 的超参数向量 $\boldsymbol{\theta}$ 是由最小化负对数概率得出：

$$\begin{aligned}-\ln p(\boldsymbol{D}|\boldsymbol{\theta})=&\frac{1}{2}(\boldsymbol{\alpha}-\boldsymbol{\alpha}^*)^{\mathrm{T}}\boldsymbol{\Sigma}(\boldsymbol{\alpha}-\boldsymbol{\alpha}^*)\\&+C\sum_{i=1}^{n}L_{\varepsilon,\beta}(y_i-f_{\mathrm{MP}(x_i)})+\frac{1}{2}\ln\left|\boldsymbol{I}+\frac{C}{2\beta\varepsilon}\boldsymbol{\Sigma}_{\mathrm{M}}\right|+n\ln Z_{\mathrm{s}}\end{aligned} \tag{3.22}$$

式中，$\boldsymbol{\Sigma}_{\mathrm{M}}$ 是 $\boldsymbol{\Sigma}$ 的一个 $m\times m$ 的子矩阵；$f_{\mathrm{MP}}=\boldsymbol{\Sigma}(\alpha_i+\alpha_i^*)$。对于一个输入向量 $\boldsymbol{u}^*$ 的回归估计可以表示为:

$$f(\boldsymbol{u}^*)=\sum_{i=1}^{n}k(u_i,\boldsymbol{u}^*)(\alpha_i-\alpha_i^*) \tag{3.23}$$

符合 $|\alpha_i-\alpha_i^*|>0$ 的训练点作为支持向量 (SV)。通常，在损失函数中参数 β 越小，SV 的数量就越少；β 决定了与训练目标相关的相加噪声的密度函数。

对于建模所需的高保真数据引起的计算成本问题，早前针对微波建模中最优数据选择的方法包括各种适应性的采样技术，以此来减少为保证获得建模准确度所需要的采样次数。操作过程中，迭代鉴定模型并根据在选定区域实际模型的误差值加入新的训练模型。

此外，还有简化数据集的方法。以优化一个微波器件在一定频率范围内的回波损耗 $|S_{11}|$ 或插入损耗 $|S_{21}|$ 为例，一个模型的输入向量 $\breve{\boldsymbol{u}}$ 包括可调节的几何参数 $\boldsymbol{x}$ 和频率值 f，$\breve{\boldsymbol{u}}=[\boldsymbol{x}^{\mathrm{T}}\ f]$。该模型在特定频率的响应 (标量)$R_f$，它是精细离散化的全波仿真 S 参数，表示为 $R_f(\boldsymbol{u})$ 或 $R_f(\boldsymbol{x},f)$。训练 R_f 的 BSVR 代理

模型的计算成本昂贵。为了解决这个问题，首先，需要建立一个从粗糙离散化的全波仿真 (低保真度全波仿真模型 R_{c}) 收集的训练数据训练得到辅助 BSVR 模型 $R_{\mathrm{s.aux}}$，$R_{\mathrm{s.aux}}$ 的训练集包括由 n 个输入变量 x_i 组成的向量和相关的目标标量 $y_i = R_{\mathrm{c}}(\boldsymbol{u}_i)$，其中，$(\boldsymbol{u}_i)$ 包括几何参量和一个频率值，y_i 是相对应的仿真结果 $|S_{11}|$ 或 $|S_{21}|$。从辅助 BSVR 模型 $R_{\mathrm{s.aux}}$ 中得到的支持向量 SV 将被应用于高网格密度模型 R_f 的仿真，为 R_{s} 提供简化的高保真度训练集。

根据实验结果，粗糙仿真结果 R_{c} 和精细仿真结果 R_f 具有相关性，在输入空间中粗糙模型响应表面出现重要变化的区域，在精细模型响应表面也会具有相同的特征，因此，粗糙模型的支持向量在精细数据集中很大程度抓取重要的特征变化，以及相关联的目标值的变化，从而支撑训练集的简化。

以上讨论针对的是多目标全局优化模型，能够在整个输入空间做出精确的预测。对于在局部 (输入空间的特定区域) 定义的 BSVR 代理模型，可以使用与空间映射相结合的方法，其中 BSVR 用于建立器件结构的低保真度模型。首先，找到一个近似最优粗糙模型 R_{cd} (低保真度全波仿真模型)，然后建立 BSVR 代理模型 R_{c}，仅使用在最优解附近相对密集分布的训练数据，进一步提高计算效率。一旦建立 BSVR 代理模型，R_{c} 作为空间映射算法迭代优化的基础，不再涉及全波仿真求解器。高保真度的计算用于优化结果的评估验证。为了改善局部的收敛性能，这种方法在置信域架构下实施，新的设计方案仅在现有方案周围一定的区域内寻找，不能改善误差的方案将被筛除。

以上讨论用于微波元器件结构优化的贝叶斯支持向量回归，以及在训练模型所需要的数据计算成本较高时如何简化数据集。BSVR 的一个值得关注的优点是，它只有一个需要用户设置的参数 β。

3.3 最优化算法

各类智能优化算法 (例如，进化类算法、群智能算法等) 因其应用范围广，不要求优化问题的连续、可微、单峰等约束[26]，以及具有较强的搜索能力，已被广泛应用于各类天线、元器件的优化设计、阵列综合以及赋形波束等电磁优化问题中。代理模型的建立可以缓解单纯依靠全波仿真设计优化带来的计算压力，在此基础上智能化、自动化寻找符合优化目标的设计方案还需要结合各类智能优化算法。本节介绍比较常用的遗传算法、粒子群算法和差分进化算法[27]。

3.3.1 遗传算法

遗传算法 (genetic algorithm, GA) 是模仿自然界生物进化机制发展的元启发式算法，属于进化类算法的一种[28]。遗传算法通常利用选择、交叉、变异等生物启发算子，其算法流程如图 3.5 所示。

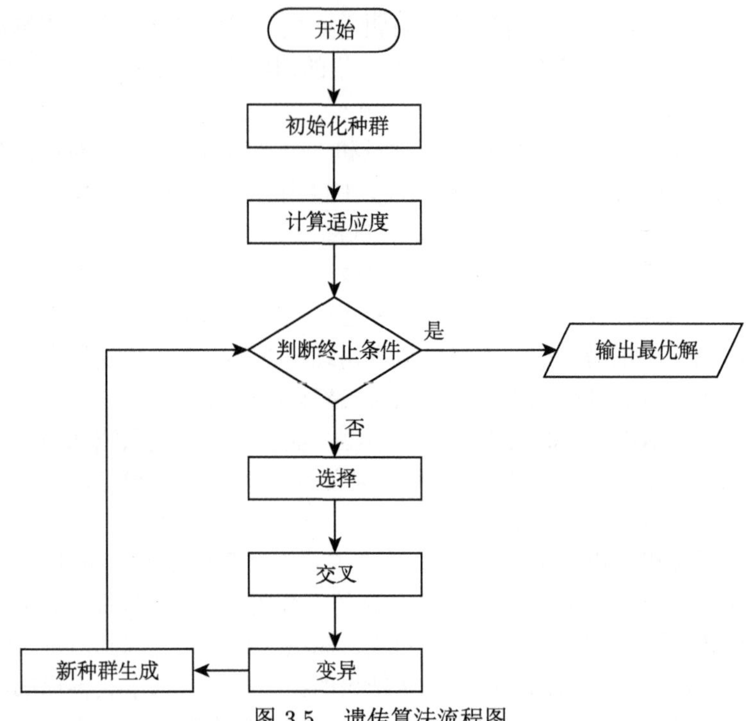

图 3.5　遗传算法流程图

1) **编码**

遗传算法通常根据问题本身进行编码，并将问题的有效解决方案转换为遗传算法的搜索空间。工业中常用的编码方法包括实数编码、二进制编码、整数编码和数据结构编码。

2) **适应度函数**

适应度函数也称为目标函数，是对整个个体与其适应度之间的对应关系的描述。高适应性的个体包含的高质量基因传递给后代的概率较高，而低适应性的个体的遗传概率则较低。

3) **遗传操作**

基本的遗传操作包括如下 3 种：

(1) **选择**，基于个体适应度评估，选择群体中具有较高适应度的个体，并且消除具有较低适应度的个体。不同的选择操作带来不同的结果，有效的选择操作可以显著地提高搜索的效率和速度，减少无用的计算量。

(2) **交叉**，在自然界生物进化过程中，两条染色体通过基因重组形成新的染色体。在遗传算法中，交叉算子的设计需要根据具体问题具体分析，交叉产生新的个体必须满足染色体的编码规律。父代染色体的优良性状最大程度地遗传给下一代染色体，在此期间也能够产生一些较好的染色体性状。

(3) **变异**，通过随机选择的方法改变染色体上的遗传基因。变异本身可以被视为随机算法，严格来说，是用于生成新个体的辅助算法。

4) **算法终止条件**

算法终止一般指适应度函数值的变化趋于稳定或者满足迭代终止的公式要求，也可以是迭代到指定代数后停止进化。

3.3.2 粒子群算法

群智能优化算法也属于一种生物启发式方法，主要模拟动物群集行为，群体按照一种合作的方式寻找食物，群体中的每个成员通过学习其自身的经验和其他成员的经验来不断地改变搜索的方向。群智能优化算法的突出特点就是利用种群的群体智慧进行协同搜索，从而在解空间内找到最优解。以粒子群 (particle swarm optimization，PSO)[29,30] 算法为例，粒子在群中的运动是由其当前位置、记忆以及群的合作或社会共识决定的。

将优化问题定义为在一个空间 S 中寻找一个向量 $\boldsymbol{x}$，使空间 S 中任意的向量 $\boldsymbol{y}$ 都存在 $f(\boldsymbol{x})<f(\boldsymbol{y})$，其中 $f(\cdot)$ 是目标函数，$S\subseteq R^D$ 是待搜索的 D 维空间。搜索空间 S 定义为 $\{\boldsymbol{y}:l_i\leqslant y_k\leqslant u_i\}$，其中，$y_k$ 是向量 $\boldsymbol{y}$ 的第 k 个元素，u_i 和 l_i 是这个元素的上下边界。

假设有一个包含 $K>1$ 个粒子的种群，每个粒子由 3 个 D 维的向量所定义：

(1) $\boldsymbol{x}_t^k$ 为位置向量，表示第 k 个粒子在第 t 次迭代时的位置，而粒子的质量由这个向量确定；

(2) $\boldsymbol{v}_t^k$ 为速度向量，表示第 k 个粒子在第 t 次迭代时的方向和运动长度；

(3) $\boldsymbol{p}_t^k$ 为个人最优向量，表示第 k 个粒子在第 t 次迭代时曾经到达的最佳位置。这个向量将存储当前所获得的最佳质量解。

对于每个粒子，每次迭代将更新以上 3 个向量。对于第 k 个粒子，第 $(t+1)$ 次迭代后，这 3 个向量可表示为

$$\boldsymbol{v}_{t+1}^k=\mu\left(\boldsymbol{x}_t^k,\boldsymbol{v}_t^k,N_t^k\right) \tag{3.24}$$

$$\boldsymbol{x}_{t+1}^k=\xi\left(\boldsymbol{x}_t^k,\boldsymbol{v}_{t+1}^k\right) \tag{3.25}$$

$$\boldsymbol{p}_{t+1}^k=\begin{cases}\boldsymbol{x}_{t+1}^k,\ f(\boldsymbol{x}_{t+1}^k)<f(\boldsymbol{p}_t^k)\text{ 且 }\boldsymbol{x}_{t+1}^k\in S,\\ \boldsymbol{p}_t^k,\ \text{其他}\end{cases} \tag{3.26}$$

在式 (3.24) 中，N_t^k 表示粒子 k 的相邻集合，是粒子处于最佳位置的子集，$N_t^k=\{\boldsymbol{p}_t^i|i\in\{T_t^k\subseteq\{1,2,\cdots,K\}\}\}$，其中，$T_t^k$ 是粒子 k 在第 t 次迭代的速度更新规则相关的粒子索引集合。显然，对于不同类型的 PSO 算法，确定 T_t^k 的策

略有所不同，它通常也被指为是群的拓扑。函数 $\mu(\cdot)$ 根据当前的位置、速度、相邻的集合来计算粒子 k 下一次迭代的速度向量。函数 $\xi(\cdot)$ 用来更新粒子 k 的位置，通常 $\xi\left(\boldsymbol{x}_t^k, \boldsymbol{v}_{t+1}^k\right) = \boldsymbol{x}_t^k + \boldsymbol{v}_{t+1}^k$。

3.3.3 差分进化算法

差分进化 (differential evolution, DE) 算法是一种基于群体差异的启发式随机搜索算法[31,32]。差分进化算法原理简单，受控参数少，鲁棒性强，该算法在连续空间优化问题中，求解质量和收敛速度优于其他进化算法，应用广泛。与 GA 算法相比，在遗传突变中，DE 算法突变不是小的基因改变，而是通过个体的组合进行的。

假设在 D 维空间中，有 N_p 个随机样本的数据集 $\{\boldsymbol{x}_i^t, i = 1, \cdots, N_p\}$，DE 算法主要的操作步骤包括：

1) **变异**

对于每个目标向量 $\boldsymbol{x}_i^t$，第 $(t+1)$ 代变异向量 $\boldsymbol{v}_i^{t+1}$ 表示为

$$\boldsymbol{v}_i^{t+1} = \boldsymbol{x}_{p_1}^t + F(\boldsymbol{x}_{p_2}^t - \boldsymbol{x}_{p_3}^t) \tag{3.27}$$

式中，$\boldsymbol{x}_{p_1}^t$，$\boldsymbol{x}_{p_2}^t$，$\boldsymbol{x}_{p_3}^t$ 是从 t 代种群中随机选择的 3 个互不相同的个体；$p_1, p_2, p_3 \in \{1, 2, \cdots, N_p\}$；$F$ 为缩放比例因子。

2) **交叉**

第 $(t+1)$ 代子个体 $\boldsymbol{c}_i^{t+1}$ 是由 $(t+1)$ 代变异个体 $\boldsymbol{v}_i^{t+1}$ 与上一代个体 $\boldsymbol{x}_i^t$ 交叉得到，交叉公式为

$$\boldsymbol{c}_i^{t+1} = [c_{i,1}^{t+1}, c_{i,2}^{t+1}, \cdots, c_{i,n}^{t+1}] \tag{3.28}$$

$$c_{i,j}^{t+1} = \begin{cases} v_{i,j}^{t+1}, \ \text{rand}(j) \leqslant \text{CR}, \\ x_{i,j}^t, \ \text{其他}. \end{cases} \tag{3.29}$$

式中，$i = 1, 2, \cdots, N_p$；$j = 1, 2, \cdots, n$；$\text{rand}(\cdot)$ 函数产生一个 0~1 之间的随机数，当其小于交叉概率 CR 时，$\boldsymbol{c}_i^{t+1}$ 中对应参数来自变异个体 $\boldsymbol{v}_i^{t+1}$，否则该参数来自上一代个体 $\boldsymbol{x}_i^t$。

3) **选择**

经过变异和交叉后的 $(t+1)$ 代子个体 $\boldsymbol{c}_i^{t+1}$ 与上一代个体 $\boldsymbol{x}_i^t$ 竞争，产生第 $(t+1)$ 代个体，

$$\boldsymbol{x}_i^{t+1} = \begin{cases} \boldsymbol{v}_i^{t+1}, & U(R(\boldsymbol{v}_i^{t+1})) < U(R(\boldsymbol{x}_i^t)), \\ \boldsymbol{x}_i^t, & \text{其他} \end{cases} \tag{3.30}$$

最后，差分进化算法的终止条件一般是达到最大进化代数或适应度函数小于目标值。

DE 算法的控制参数包括尺度因子 F，交叉概率 CR 和种群规模 P_N。尺度因子 F 在区间 $[0.4, 1]$ 中选取；而交叉概率 CR 在区间 $[0.5, 0.95]$ 中选取比较有效；种群规模根据所优化参数的个数而定，假设要优化的参数为 n 个，则 P_N 在 $[4n, 10n]$ 范围内选取比较合适。

3.4 应用实例

利用上文所述的机器学习辅助优化技术框架，对两款天线和一个带通滤波器进行优化设计，设计目标包括 $|S_{11}|$、$|S_{21}|$、增益等。通过应用实例说明机器学习辅助优化的优越性和通用性。

3.4.1 基片集成波导背腔缝隙天线

图 3.6 给出一个四模谐振器的毫米波基片集成波导背腔缝隙天线 (cavity-backed slot antenna, CBSA) 模型。设计变量为 $\boldsymbol{x} = [l_1, l_m, l_{54}, l_4, l_{s1}, w_{s1}, l_{s2}, w_{s2}, l_3]$，单位都为 mm。设计变量的设置下界为 $\boldsymbol{x}_\text{L} = [5.2, 1.2, 0, 1.08, 4.6, 0.365, 3.9, 0.19, 1.38]$，上界为 $\boldsymbol{x}_\text{U} = [5.4, 1.4, 0.3, 1.12, 4.7, 0.385, 4.1, 0.21, 1.42]$。将优化目标设为在 38GHz~47.5GHz 频率范围内 $|S_{11}| < -10\text{dB}$。

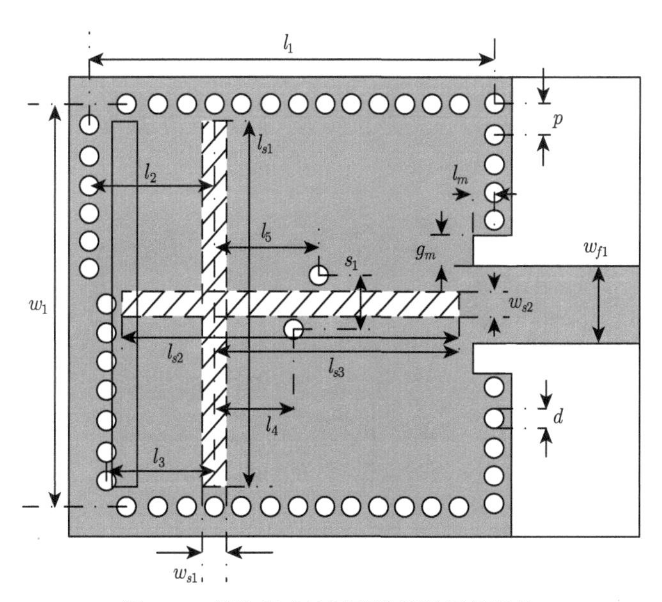

图 3.6　基片集成波导背腔缝隙天线结构

在建立代理模型时，将频率信息作为特征维度加入到训练集，可以更大程度地利用精确模型提供的信息，从而使用较少的全波仿真次数实现较高的代理模型精度[33]。选取 $\Delta f = 0.1\text{GHz}$ 作为间隔，对模型进行训练，并将加特征维度的单目标机器学习辅助优化方法 (single-objective machine-learning-assisted optimization method with additional feature，SO-MLAO-FA) 与没有特征维度的机器学习辅助优化 (SO-MLAO) 进行对比。

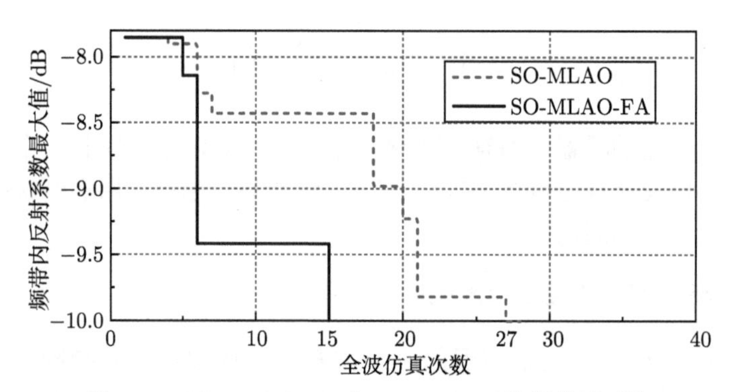

图 3.7　SO-MLAO-FA 和 SO-MLAO 迭代曲线对比

图 3.7 给出在 SO-MLAO-FA 下，设计带宽内驻波最差点的值随迭代次数的变化情况。采用 SO-MLAO-FA 算法，能够在 15 次迭代内就达到设计目标，而只对单一目标进行建模的 SO-MLAO 则需要 27 次迭代。图 3.8 给出采用 SO-MLAO-FA 算法和 SO-MLAO 算法进行优化的 $|S_{11}|$ 性能对比，以及在找到最优点

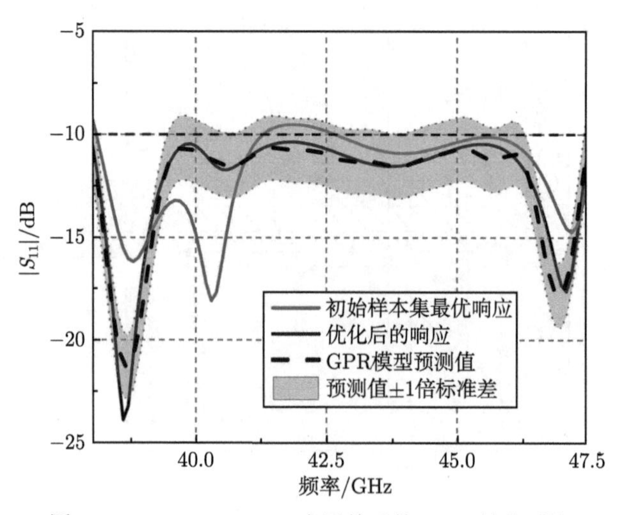

图 3.8　SO-MLAO-FA 应用前后的 $|S_{11}|$ 性能对比

时，GPR 模型给出的预测值及其标准差。可见此时预测值能够很好地与最终仿真值吻合。图 3.9 给出采用 SO-MLAO 算法和 SO-MLAO-FA 算法后的 $|S_{11}|$ 性能对比，可见，SO-MLAO-FA 算法仅用 15 次迭代就达到 SO-MLAO 算法应用 27 次迭代相近的优化效果 (图 3.7)。

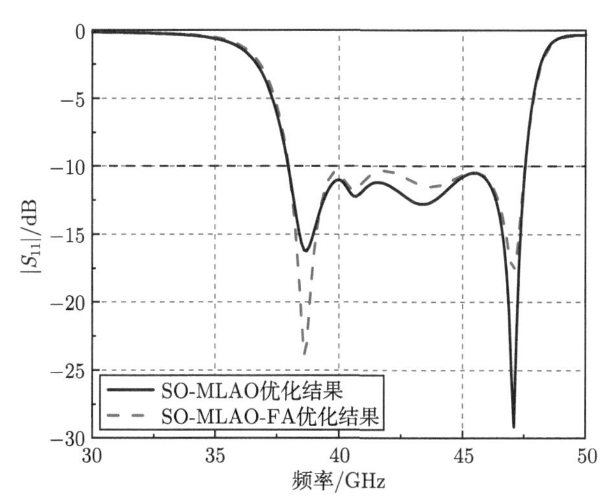

图 3.9 采用 SO-MLAO 算法和 SO-MLAO-FA 算法后的 $|S_{11}|$ 性能对比

3.4.2 分形贴片天线

如图 3.10 所示，在 2.6GHz 的双极化基站阵列天线中采用 T 形邻近耦合馈电的一驱三的子阵, 图中浅灰色部分为位于介质基板上表面的辐射贴片，3 个天线单元形状完全一致，深灰色部分为同样位于介质基板上表面的馈电网络，是 3 个输出端口幅度相等的一分三空气微带线功分网络，单元之间的间距为 77mm。天线单元的结构参数如图 3.11(a) 所示，下方的金属接地板设置为一整个高度为 $(d_{\mathrm{a}}+d_{\mathrm{g}})$ 的实心金属板，对应金属背腔的部分做一个高度为 d_{c} 的下凹处理，即下凹高度为 d_{c} 的金属背腔。

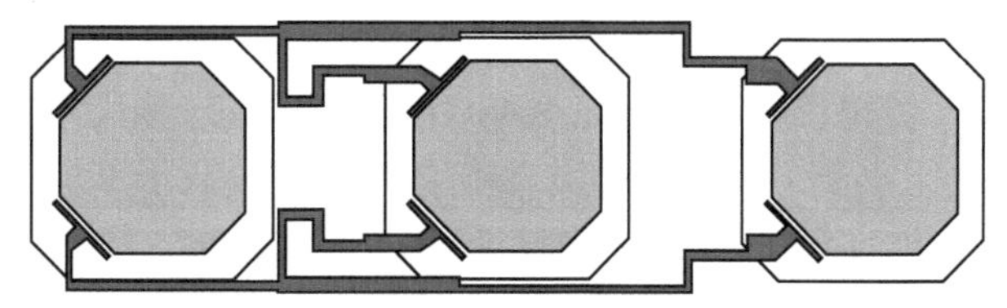

图 3.10 双极化基站阵列天线中采用 T 形邻近耦合馈电的一驱三的子阵

如图 3.11(b) 所示，在此模型的边缘进行网格化建模，图中八边形部分为其中一个辐射贴片，标号部分为边缘剖分出来的网格。对于天线模型而言，这是在贴片的基础上对网格组成的形状做一个布尔减运算，其中两条垂直边上的 1~16 号网格水平方向是网格长度，垂直方向是网格宽度，水平边上的 17~28 号网格垂直方向是网格长度，水平方向是网格宽度。在优化过程中，对 28 个网格的长度进行优化，即网格向贴片内部伸入的程度，可以获得不同的边缘形状。

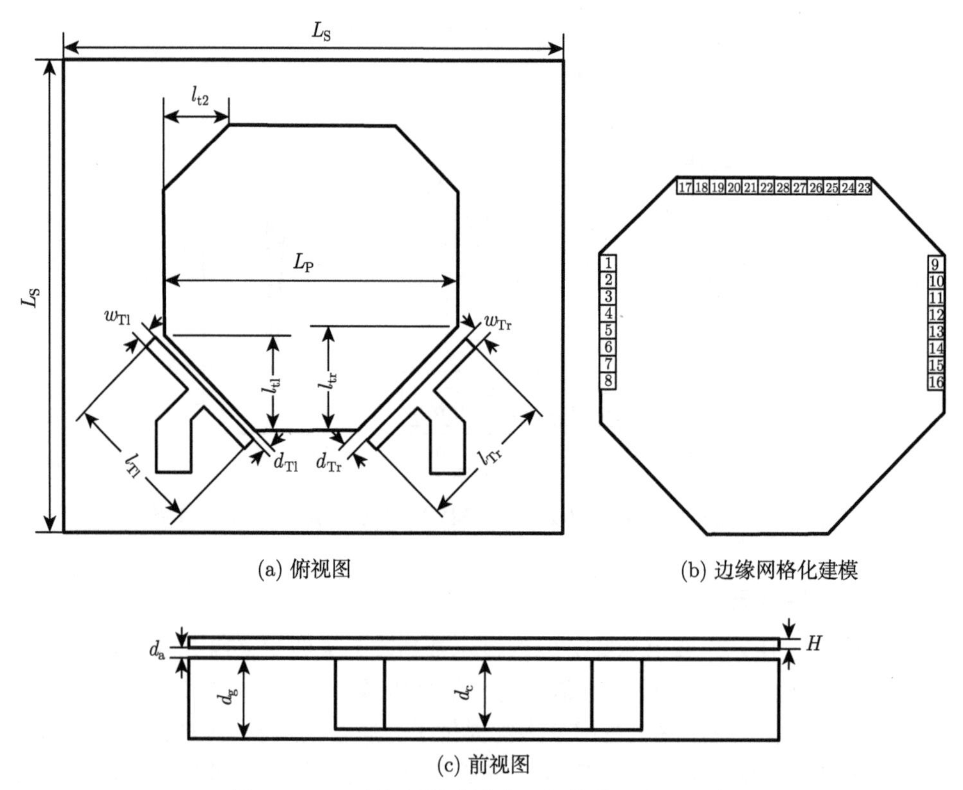

(a) 俯视图　(b) 边缘网格化建模

(c) 前视图

图 3.11　T 形邻近耦合馈电双极化基站阵列天线

在此次优化中,用来优化的输入参数除了上述 28 个网格的长度,还已指:+45° 极化端口的 T 形结构参数 l_{Tl}、w_{Tl} 和 d_{Tl}，$-45°$ 极化端口的 T 形结构参数 l_{Tr}、w_{Tr} 和 d_{Tr}，左下角的切角长度 l_{Tl}，右下角的切角长度 l_{tr}，贴片长度 L_{P} 以及下方金属背腔高度 d_{c}。优化目标设置为在 2.48GHz~2.72GHz 频段内 $|S_{11}|$ 和 $|S_{22}|$ 都小于 -14dB，$|S_{21}|$ 小于 -20dB，两个端口的增益均要高于 9.5dB 及两个端口中心频率处交叉极化比高于 18dB，也就是说，采用 MLAO 方法，进行 38 个输入变量和 7 个目标的优化。对于每个优化目标，适应度函数设置为 2.48GHz~2.72GHz 频段内距离目标最远的值和目标值的差值，总的适应度函数设置为各个目标的适应度函数乘以相应的权重后进行累加。同样地，通过这样的适应度函数设置，当适应度函数为 0 时，即所有目标都满足指标。迭代过程如图 3.12 所示，本次优化

设置的最大迭代次数为1000，在第 877 次迭代之后适应度函数收敛到 0，即所有的优化目标都已经满足，触发终止条件，从而结束迭代。图 3.13 是优化后的天线模型。

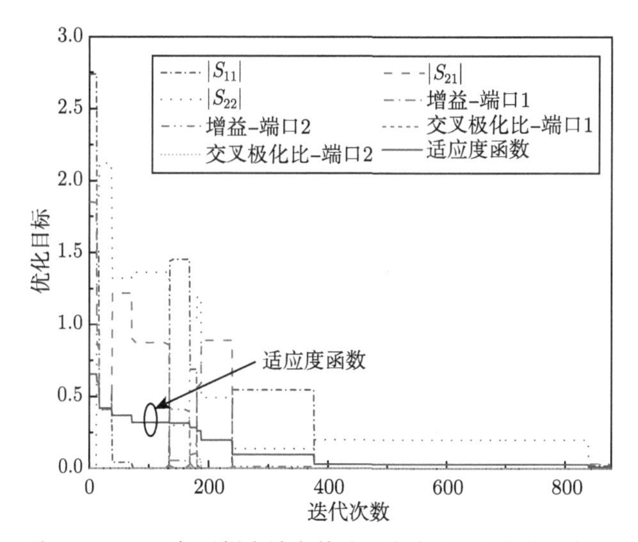

图 3.12 T 形邻近耦合馈电基站天线边缘形状优化迭代图

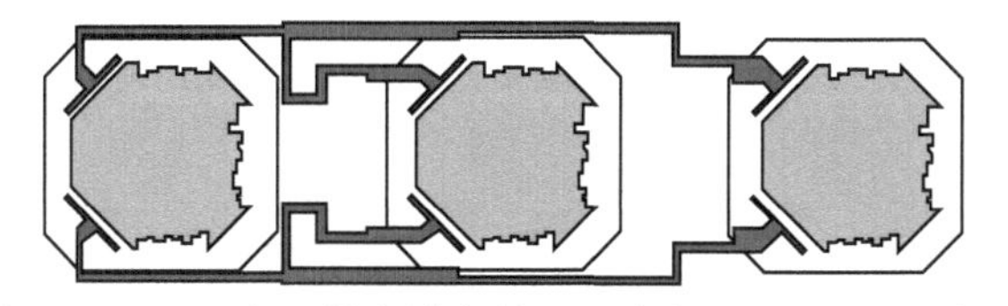

图 3.13 T 形邻近耦合馈电基站天线边缘形状优化后模型

图 3.14 为优化前后辐射贴片及 +45° 极化端口馈电枝节上的电流分布，−45° 极化端口即左下角的端口对贴片进行馈电。图 3.14(a) 为边缘形状优化前的电流分布，图 3.14(b) 为边缘形状优化后的电流分布，可以看到优化后的贴片边缘电流更强，能量相对集中在边缘进行辐射，可以改善辐射贴片的增益，并且在 −45° 极化端口处的表面电流强度更弱，即进入到 −45° 极化端口的能量更少，隔离度 $|S_{21}|$ 有所提升，这也是边缘形状优化最主要的优化目标。

图 3.15 为 T 形邻近耦合馈电基站天线边缘形状优化前后 S 参数对比，优化前 $|S_{11}|$ 和 $|S_{22}|$ 的 −10dB 阻抗带宽为 2.40GHz~2.95GHz，但是 −14dB 阻抗带宽只覆盖了 2.65GHz~2.83GHz，优化后的 −14dB 阻抗带宽覆盖了 2.48GHz~2.77GHz，完全覆盖了 n41 频段。对于 $|S_{21}|$，优化前在 2.68GHz~2.88GHz 频段内高于 −20dB，即不满足小于 −20dB 的指标，而优化后在 2.21GHz~2.93GHz 频段内均

低于 −20dB。图 3.16 为优化前后两个端口增益的结果对比，优化前后增益变化也较大，无论是优化前还是优化后在 n41 频段内两个端口的增益均高于优化预设指标 9.5dBi。图 3.17(a) 为 2.6GHz 处优化前后 +45° 极化端口的主极化和交叉极化的增益方向图，优化前交叉极化比为 14.5dB，优化后交叉极化比为 18.5dB。图 3.17(b) 为 2.6GHz 处优化前后 −45° 极化端口的主极化和交叉极化的增益方向图，优化前交叉极化比为 14.5dB，优化后交叉极化比为 23.3dB。通过对边缘形状和其他的一些结构参数进行进一步优化，在 n41 频段内，成功将 $|S_{11}|$ 和 $|S_{22}|$ 降到 −14dB 以下，将 $|S_{21}|$ 降到 −20dB 以下，两个极化的交叉极化比均大于 18dB，同时保证频段内两个端口各自激励时的增益均高于 9.5dBi。

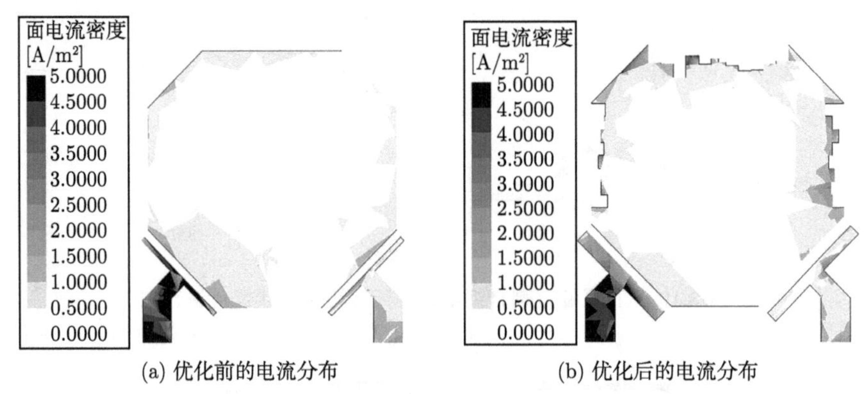

图 3.14　T 形邻近耦合馈电基站天线边缘形状优化前后电流分布

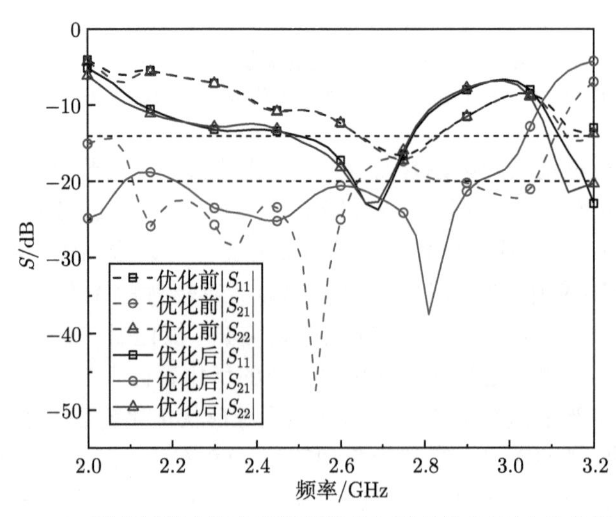

图 3.15　T 形邻近耦合馈电基站天线边缘形状优化前后 S 参数对比

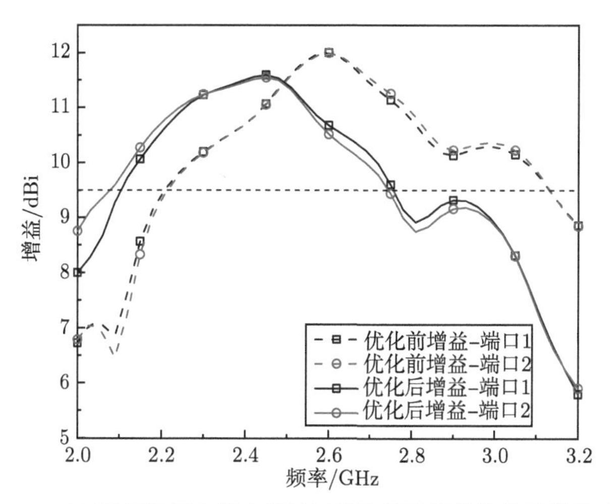

图 3.16 T 形邻近耦合馈电基站天线边缘形状优化前后增益对比

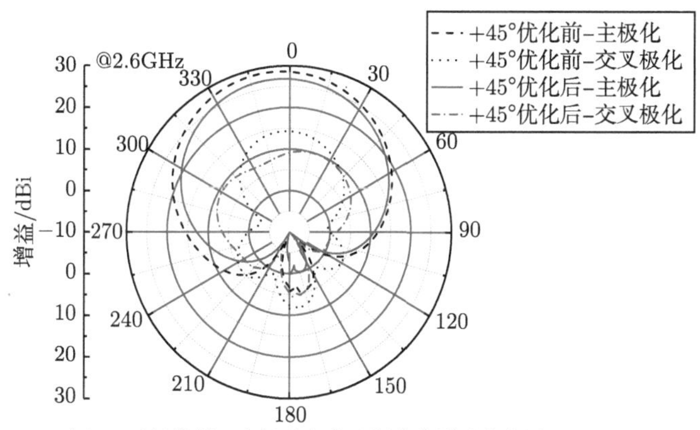

(a) +45°极化端口主极化和交叉极化的增益方向图

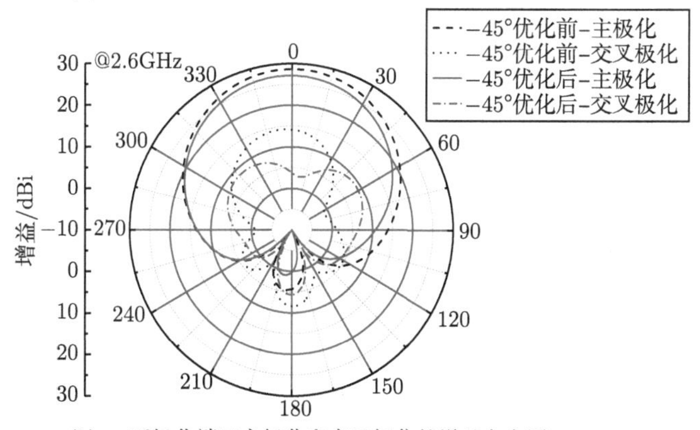

(b) −45°极化端口主极化和交叉极化的增益方向图

图 3.17 T 形邻近耦合馈电基站天线边缘形状优化前后结果对比

3.4.3 带通滤波器

如图 3.18 所示，带通射频滤波器采用典型的微带交指滤波器结构。设计变量为 $\boldsymbol{x}=[l_{1l},l_{2l},l_{3l},l_{4l},l_{12y},l_{23y},l_{34y}]$，单位为 in (1in = 2.54cm)。设计变量的下界设为 $\boldsymbol{x}_{\mathrm{L}}=[1.6,1.6,1.6,1.6,0.2,0.26,0.26]$，上界设为 $\boldsymbol{x}_{\mathrm{U}}=[1.9,1.9,1.9,1.9,0.22,0.3,0.3]$。优化目标设置为在 1.08GHz 至 2GHz 内的 $|S_{11}|<-15\text{dB}$，同时频带外 0.6GHz~1GHz 和 2.1GHz~2.4GHz 范围内的 $|S_{21}|<-15\text{dB}$。利用高斯过程回归对 S_{11} 和 S_{21} 分别建立代理模型，代理模型的输出为目标频带内 $|S_{11}|$ 和 $|S_{21}|$ 的最大值。本例是多目标优化，将适应度函数设为

$$y=\arg\max_{\boldsymbol{x}}\left(\frac{\left|\tilde{S}_{11}(\boldsymbol{x})\right|-\left|\check{S}_{11}\right|}{\left|\check{S}_{11}\right|},\frac{\left|\tilde{S}_{21}(\boldsymbol{x})\right|-\left|\check{S}_{21}\right|}{\left|\check{S}_{21}\right|}\right) \tag{3.31}$$

式中，$\left|\tilde{S}_{11}(\boldsymbol{x})\right|$ 和 $\left|\tilde{S}_{21}(\boldsymbol{x})\right|$ 分别表示 $|S_{11}|$ 和 $|S_{21}|$ 的预测值；$\check{S}$ 表示 S 参数的目标值。在这个例子中，将多个优化目标转换为单个目标。

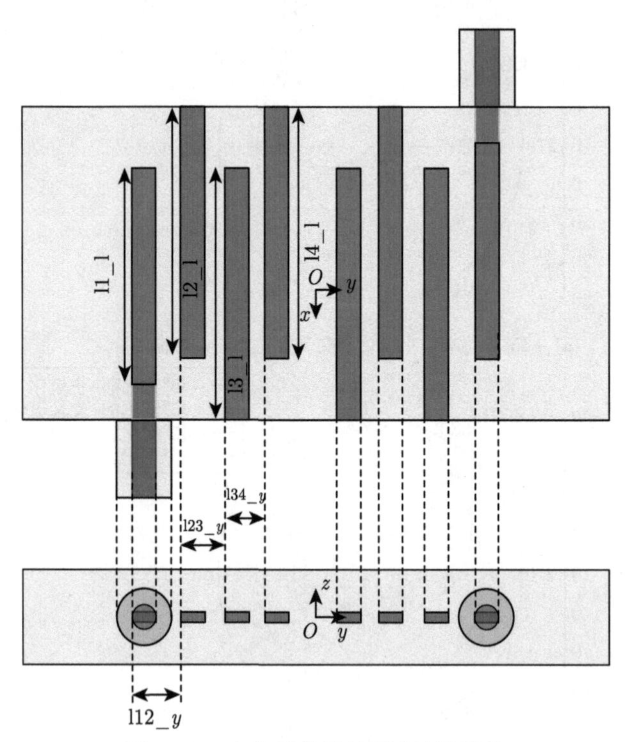

图 3.18　交指型带通射频滤波器结构

在这个例子中，机器学习辅助优化的初始样本数设为 35。图 3.19 给出利用

机器学习辅助优化算法和仅利用遗传算法进行优化的对比结果。利用遗传算法需要 456 次迭代，$|S_{11}|$ 在频带内才能满足目标，此时目标频带内的 $|S_{21}|$ 最大值为 -13.6dB，优化时间为 12.7h。利用机器学习辅助优化在 44 次迭代后，达到了相似的效果，在对应目标频带内，$|S_{11}|$ 的最大值为 -16.2dB，$|S_{21}|$ 的最大值为 -14.3dB，机器学习辅助优化包括采样时间在内的总优化时间为 2.3h。这个例子说明，与传统的方法相比，对于滤波器设计，机器学习辅助优化算法大幅提高了效率。带通虑波器程序源代码参加附录 A。

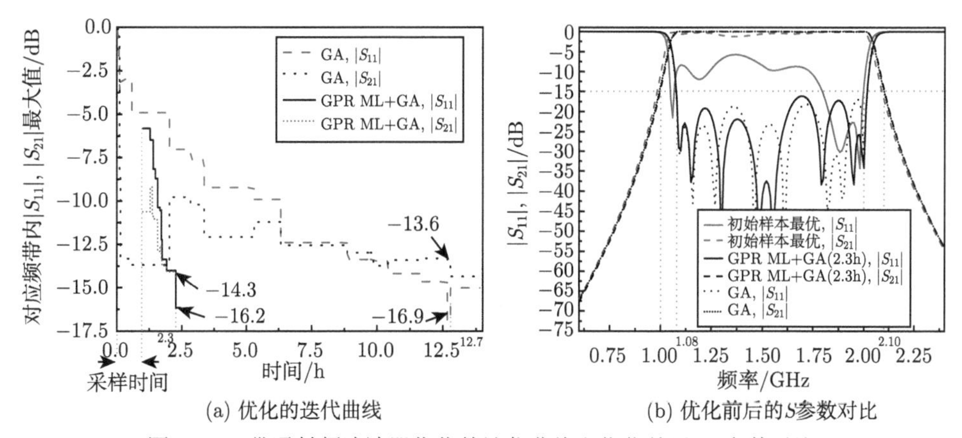

(a) 优化的迭代曲线

(b) 优化前后的S参数对比

图 3.19 带通射频滤波器优化的迭代曲线和优化前后 S 参数对比

3.5 本章小结

本章首先介绍了机器学习辅助优化算法的基本框架，详细阐述常用的机器学习训练代理模型的算法和全局优化算法；通过 3 个典型的例子说明机器学习辅助优化 (MLAO) 算法相较于传统优化算法的优越性。

第 4 章
天线智能设计

在机器学习辅助优化 (MLAO) 的框架下，为了进一步降低计算量，多保真度机器学习方法被引入到天线等微波器件的设计优化中。低保真度模型可为经验公式、等效电路模型等。对于结构复杂的天线，低保真度模型一般为粗糙网格设置的全波仿真模型，这类模型的精度不够高，但与高保真度全波仿真模型相比，所需计算时间更短。多保真度机器学习算法能够挖掘不同保真度之间的关系，利用少量的高保真度数据和大量的低保真度数据建立代理模型，显著降低样本获取所需时间并保证代理模型的精度。在在线更新代理模型的迭代优化框架下，每轮优化过程的迭代后，都会将一定数量的全波仿真结果加入训练集，对代理模型进行更新，从而提升代理模型的精度。每次迭代中，新增样本点的选择是重要的，设计者需在局部的预测较好区间和全局的未知区间进行权衡。预测较好的区间是当前代理模型最接近优化目标的区域。未知的区间是指样本点稀疏的区域，由于对该区间缺乏探索，预测不准确。对未知区间的衡量可根据预测点和样本点的距离或代理模型提供的预测不确定信息。高斯过程回归的机器学习算法不仅能提供预测值，而且能够提供预测的不确定度，在天线优化领域得到广泛应用。多种依据预测值和预测不确定性的预筛选策略被应用到优化中，其中，置信下限 (lower confidence bound, LCB) 预筛选策略对预测值和预测不确定度进行线性组合，将组合后的结果作为进化算法中的适应度函数值来平衡全局和局部搜索。

本章首先介绍多精度电磁仿真方法、协作式机器学习辅助建模方法，然后对多路径机器学习方法的原理及主要步骤进行详细介绍，同时介绍置信下限预筛选策略以及多保真度机器学习算法，最后给出测试函数和实际天线的仿真结果对比。

4.1 多精度电磁仿真

低保真度模型是多保真度机器学习辅助优化的关键组成部分。在微波滤波器设计领域中，等效电路模型常被用作低保真度模型[34]。但对于结构复杂的天线，往往难以得到等效电路模型，低保真度模型一般为精度较低但计算速度较快的全波仿真模型[35]。低保真度全波仿真模型可通过如下 4 种方法获得：

(1) 减少网格密度，放松全波仿真的收敛条件；

(2) 减小电磁仿真分析区域，如减小空气盒子；

(3) 用理想导体 (perfect electric conductor, PEC) 代替金属，并忽略金属厚度；

(4) 忽略介质损耗和色散等。

低保真度模型的选择十分重要，原因主要是两个方面：一方面，越粗糙的模型仿真越快，但精度不够高。这当然会影响多保真度代理模型的精度，可能需要大量迭代才能达到设计目标。而每一轮迭代都会对应一次昂贵的全波仿真，导致优化过程中的计算开销增大。另一方面，精细的模型计算成本更昂贵，但可能会在较少的迭代次数内优化到满足指标要求的设计[35]。一般高保真度模型的仿真时间为低保真度模型的 10~50 倍[36]，同时低保真度模型的响应必须捕捉高保真度模型的重要特征[35]。

4.2 协作式机器学习辅助建模

本节详细介绍一种利用多级协作式机器学习的天线快速多目标建模方法[37]。该方法首先通过低保真度仿真获得大量样本点处的天线第一设计目标的响应数据集，通过高保真度仿真获得少量样本点处的天线第一设计目标、第二设计目标或其他设计目标的响应数据集；然后利用多种机器学习方法，学习不同保真度模型间及不同设计目标间的联系，并预测获得保真度较高的辅助数据集；最后利用得到的高保真度辅助数据集学习，建立天线设计参数和各设计目标之间的代理模型，实现对多目标天线设计的快速建模。该方法的流程如图 4.1 所示。

采用多级协作式机器学习建立代理模型的方法包括 4 个步骤：

步骤 1. 构建训练数据集。利用第一种仿真方法获得第一类样本点处的天线第一设计目标的响应数据集 $\boldsymbol{D}^1_{\text{coarse}}$；利用第二种仿真方法获得第二类样本点处的天线第一设计目标的响应数据集 $\boldsymbol{D}^1_{\text{fine}}$ 和第二设计目标的响应数据集 $\boldsymbol{D}^2_{\text{fine}}$。其中第一种仿真方法的耗时少于第二种仿真方法，但得到的数据保真度低于第二种仿真方法，第二类样本点从第一类样本点中随机选取，并且第二类样本点数量少于第一类样本点数量。

步骤 2. 利用不同保真度的数据集之间的关系，构建针对第一设计目标保真度较高的辅助数据集。利用机器学习方法学习针对天线第一设计目标保真度较高的响应数据集 $\boldsymbol{D}^1_{\text{fine}}$ 与保真度较低的响应数据集 $\boldsymbol{D}^1_{\text{coarse}}$ 之间的联系，得到第一代理模型 R^1_{AMGP}。此处的第一代理模型代表了不同保真度的数据集之间的关系。利用该代理模型，预测出步骤 1 中使用的用于计算天线第一设计目标的保真度较低的响应数据集 $\boldsymbol{D}^1_{\text{coarse}}$ 的样本点处预测的高保真度值 $\boldsymbol{D}^1_{\text{pre,fine}}$。此处得到的辅助数据集 $\boldsymbol{D}^1_{\text{pre,fine}}$ 的保真度较高。

步骤 3. 利用不同设计目标之间的关系，构建针对第二设计目标保真度较高的辅助数据集。利用机器学习方法学习步骤 1 得到的、针对天线第二设计目标的保真度较高的响应数据集 $\boldsymbol{D}_{\text{fine}}^2$ 和步骤 2 得到的针对天线第一设计目标的预测的保真度较高的响应数据集之间的联系，得到第二代理模型 $R_{\text{SMGP}}^{1,2}$。利用第二代理模型预测出步骤 1 中使用的用于计算天线第一设计目标的保真度较低的响应数据集 $\boldsymbol{D}_{\text{coarse}}^1$ 的样本点处的第二设计目标的高保真度值 $\boldsymbol{D}_{\text{pre,fine}}^2$。此处得到的辅助数据集 $\boldsymbol{D}_{\text{pre,fine}}^2$ 的保真度较高。

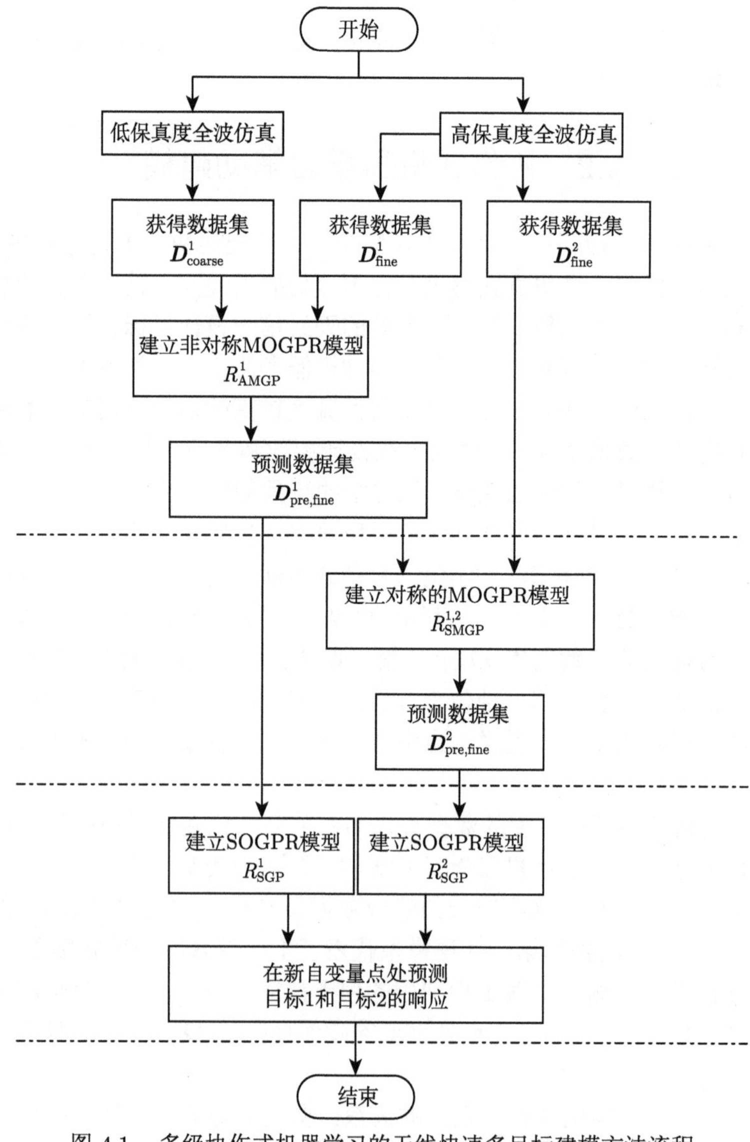

图 4.1　多级协作式机器学习的天线快速多目标建模方法流程

步骤 4. 利用所得的辅助数据集，建立天线尺寸参数和设计目标之间的代理模型。利用步骤 2 和步骤 3 得到的辅助数据集 $\boldsymbol{D}^1_{\text{pre,fine}}$ 和 $\boldsymbol{D}^2_{\text{pre,fine}}$，学习天线设计参数和两个设计目标之间的关系，得到相应的廉价代理模型 R^1_{SGP}、R^2_{SGP}。此处得到的廉价代理模型，可以用于对新的设计点的两个天线设计目标的响应进行精准预测。

在具体的实施方式中，所述的设计目标可以为天线的 S 参数、增益、天线方向图的 3dB 增益波瓣宽度、天线方向性、圆极化天线的轴比或圆极化增益等。在具体的实施方法中，步骤 1 中的第一种仿真方法可采用低保真度全波仿真、经验或理论公式，或者电路模型仿真等；第二种仿真方法可采用高保真度全波仿真；样本点在天线参数的设计区间内随机取样得到。在具体的实施方式中，在步骤 2 中可采用非对称的多目标高斯过程回归 (MOGPR) 机器学习或人工神经网络方法学习数据集 $\boldsymbol{D}^1_{\text{fine}}$ 与 $\boldsymbol{D}^1_{\text{coarse}}$ 之间的联系，并预测得到 $\boldsymbol{D}^1_{\text{pre,fine}}$；在步骤 3 中采用对称的多目标高斯过程回归机器学习方法或人工神经网络方法学习数据集 $\boldsymbol{D}^2_{\text{fine}}$ 和 $\boldsymbol{D}^1_{\text{pre,fine}}$ 之间的联系，并预测得到 $\boldsymbol{D}^2_{\text{pre,fine}}$；在步骤 4 中利用单目标高斯过程回归机器学习方法或人工神经网络方法学习得到数据集 $\boldsymbol{D}^1_{\text{pre,fine}}$ 和 $\boldsymbol{D}^2_{\text{pre,fine}}$ 学习天线设计参数和设计目标之间的关系。

与现有的机器学习相比，多级协作式机器学习具有如下优点：

(1) 由于高保真度训练数据集的建立需要占用大量的计算和时间，多级协作式机器学习通过建立不同保真度的数据集之间和不同设计目标之间的关系，大大减少了所需的高保真度训练数据集的个数，快速建立足够高保真度的代理模型。

(2) 分别建立不同保真度的数据集之间和不同设计目标之间的关系，由此得到较为高保真度的辅助数据集，利用得到的辅助数据集，建立天线设计参数和设计目标之间的代理模型，实现对天线不同设计目标的精准预测。

4.3 多路径机器学习辅助优化

4.3.1 置信下限预筛选

由于初始代理模型是通过少量样本建立的，难以在优化时得到高精度的代理模型，需要通过迭代的方式新增样本点来得到或逼近优化目标。这类序贯加点的优化方式通常采用数据预筛选技术，指导迭代中样本点的新增区域。其中置信下限 (low confidence bound, LCB) 预筛选策略是将预测值和预测不确定性进行线性组合。对于最小化问题，预测点的 LCB 值可表示为[38, 39]

$$y_{\text{LCB}}(\boldsymbol{x}^*) = \tilde{y}(\boldsymbol{x}^*) - \omega s(\boldsymbol{x}^*),\ 0 \leqslant \omega \leqslant 3 \tag{4.1}$$

式中，

$$\tilde{y}(\boldsymbol{x}^*) = \hat{\mu} + \boldsymbol{r}^{\mathrm{T}}\boldsymbol{C}^{-1}(\boldsymbol{y} - \boldsymbol{1}\hat{\mu}) \tag{4.2}$$

$$s^2(\boldsymbol{x}^*) = \hat{\sigma}^2 \left[1 - \boldsymbol{r}^{\mathrm{T}}\boldsymbol{C}^{-1}\boldsymbol{r} + \frac{(1 - \boldsymbol{1}^{\mathrm{T}}\boldsymbol{C}^{-1}\boldsymbol{r})^2}{\boldsymbol{1}^{\mathrm{T}}\boldsymbol{C}^{-1}\boldsymbol{1}}\right] \tag{4.3}$$

$$[\boldsymbol{C}]_{i,j} = \mathrm{corr}\left(\boldsymbol{x}_i, \boldsymbol{x}_j\right) \tag{4.4}$$

$$\boldsymbol{r} = \left[\mathrm{corr}(\boldsymbol{x}^*, \boldsymbol{x}_1), \cdots, \mathrm{corr}(\boldsymbol{x}^*, \boldsymbol{x}_N)\right]^{\mathrm{T}} \tag{4.5}$$

式中，$[\boldsymbol{C}]_{i,j}$ 为矩阵 $\boldsymbol{C}$ 的第 (i,j) 个元素；$\tilde{y}(\boldsymbol{x}^*)$ 是高斯过程回归在 $\boldsymbol{x}^*$ 处的预测值；$s(\boldsymbol{x}^*)$ 是预测的不确定性；$\boldsymbol{C}$ 是相关系数矩阵，在高斯过程回归中通常用观测点之间的距离来衡量其相关性[40]，可被定义为

$$\mathrm{corr}\left(\epsilon\left(\boldsymbol{x}_i\right), \epsilon(\boldsymbol{x}_j)\right) = \exp\left(-\sum_{k=1}^{K}\theta_k |x_{i,k} - x_{j,k}|^{p_k}\right) \tag{4.6}$$

式中，K 是变量的维度；$\boldsymbol{\theta} = \{\theta_k \,|\theta_k > 0, k = 1, \cdots, K\}$ 和 $\boldsymbol{p} = \{p_k|1 \leqslant p_k \leqslant 2, k = 1, \cdots, K\}$ 是需要训练的超参数。参数 θ_k 用来衡量变量第 k 个维度的重要程度，其中所谓的**“维度的重要程度”**是指，即使 $|x_{i,k} - x_{j,k}|$ 很小，仍然导致在 $\boldsymbol{x}_i$ 和 $\boldsymbol{x}_j$ 处的函数值相差很大。参数 p_k 描述函数在 k 方向的平滑程度。在优化的进程中，$y_{\mathrm{LCB}}(\boldsymbol{x}^*)$ 取代 $\tilde{y}(\boldsymbol{x}^*)$ 作为该预测点的函数值，通过对 LCB 常数 ω 的控制来平衡算法的全局和局部的搜索性能。增大 ω 可以扩大搜索范围，减小 ω 可以让算法重点搜索最优解附近的区域，增加算法收敛的速度，但却有陷入局部最优解的可能。

下面对两种极限情况进行讨论[40]：

(1) 预测点 $\boldsymbol{x}^*$ 与每个观测点都相距很远，由式 (4.5) 和式 (4.6) 可知，$\boldsymbol{r} \approx \boldsymbol{0}$，此时预测的不确定性为 $s \approx \hat{\sigma}$。

(2) 预测点 $\boldsymbol{x}^*$ 与样本集中的一个观测点相同，假设 $\boldsymbol{x}^* = \boldsymbol{x}_i$，$\boldsymbol{r} = \boldsymbol{r}(\boldsymbol{x}^*, \boldsymbol{X}) = \boldsymbol{r}(\boldsymbol{x}_i, \boldsymbol{X})$。$\boldsymbol{r}(\boldsymbol{x}_i, \boldsymbol{X})$ 是相关系数矩阵 $\boldsymbol{C}$ 的第 i 列，可以表示为

$$\boldsymbol{r}(\boldsymbol{x}_i, \boldsymbol{X}) = \boldsymbol{C}\boldsymbol{e}_i \tag{4.7}$$

式中，$\boldsymbol{e}_i$ 是单位向量。在式 (4.7) 的等号两边同时乘以 $\boldsymbol{C}^{-1}$，得到 $\boldsymbol{C}^{-1}\boldsymbol{r}(\boldsymbol{x}_i, \boldsymbol{X}) = \boldsymbol{e}_i$。式 (4.3) 等号右侧中的第二项为

$$\boldsymbol{r}^{\mathrm{T}}\boldsymbol{C}^{-1}\boldsymbol{r} = \boldsymbol{r}^{\mathrm{T}}\boldsymbol{e}_i \equiv \mathrm{corr}(\epsilon(\boldsymbol{x}_i), \epsilon(\boldsymbol{x}_i)) = 1 \tag{4.8}$$

式 (4.3) 等号右侧中最后一项可表示为

$$1 - \boldsymbol{1}^{\mathrm{T}}\boldsymbol{C}^{-1}\boldsymbol{r} = 1 - \boldsymbol{1}^{\mathrm{T}}\boldsymbol{e}_i = 0 \tag{4.9}$$

此时，$s=0$。

预测不确定性 s 的大小取决与预测点与样本点的距离。在 LCB 预筛选方法中，一方面，较小的 LCB 常数倾向于在当前代理模型最优区间进行搜索，可以增加算法收敛的速度，但却有陷入局部最优的可能；另一方面，较大的 LCB 常数指导算法探索未知区域，即样本点稀疏的区域。

4.3.2 多保真度高斯过程回归

介绍两种在高斯过程回归基础上扩展的多保真度机器学习算法。

1. 协同克里金算法

文献 [41] 提出协同克里金 (co-Kriging) 算法，挖掘不同保真度模型之间的相关性，在较低的采样成本下建立精度相近的代理模型。本节只考虑两个保真度的数据。高、低保真度全波仿真模型分别记为 U_{H} 和 U_{L}。高、低保真度数据样本集分别为 $\boldsymbol{X}_{\mathrm{H}}=\{\boldsymbol{x}_{\mathrm{H},1},\boldsymbol{x}_{\mathrm{H},2},\cdots,\boldsymbol{x}_{\mathrm{H},N_{\mathrm{H}}}\}$ 和 $\boldsymbol{X}_{\mathrm{L}}=\{\boldsymbol{x}_{\mathrm{L},1},\boldsymbol{x}_{\mathrm{L},2},\cdots,\boldsymbol{x}_{\mathrm{L},N_{\mathrm{L}}}\}$，$N_{\mathrm{H}}$ 和 N_{L} 分别为高、低保真度样本的数量，并且 $N_{\mathrm{H}}<N_{\mathrm{L}}$，$\boldsymbol{X}_{\mathrm{H}}\subset\boldsymbol{X}_{\mathrm{L}}$*。经过高、低保真度全波仿真模型分别得到 $\boldsymbol{y}_{\mathrm{H}}=U_{\mathrm{H}}(\boldsymbol{X}_{\mathrm{H}}),\ \boldsymbol{y}_{\mathrm{L}}=U_{\mathrm{L}}(\boldsymbol{X}_{\mathrm{L}})$。

对于两个保真度的 co-Kriging，需建立两个 GPR 模型。首先，利用低保真度数据建立第一 GPR 模型 U_1^s，该模型的训练与预测过程与常规的 GPR 模型相同；然后，利用高保真度数据和低保真度数据的残差构造第二 GPR 模型。残差表示为

$$\boldsymbol{y}_{\mathrm{D}}=U_{\mathrm{H}}\left(\boldsymbol{X}_{\mathrm{H}}\right)-\rho U_{\mathrm{L}}\left(\boldsymbol{X}_{\mathrm{H}}\right) \tag{4.10}$$

式中，ρ 是需要估计的超参数，通过最大化式 (4.11) 得到超参数的估计值

$$\hat{\boldsymbol{\theta}},\hat{\boldsymbol{P}},\hat{\rho}=\arg\max\left(-\frac{N_{\mathrm{H}}}{2}\ln\hat{\sigma}_{\mathrm{D}}^2-\frac{1}{2}\ln\left|\det\left(\boldsymbol{C}_{\mathrm{D}}\left(\boldsymbol{X}_{\mathrm{H}},\boldsymbol{X}_{\mathrm{H}}\right)\right)\right|\right) \tag{4.11}$$

式中，N_{H} 是高保真度数据的数量；$\boldsymbol{C}_{\mathrm{D}}$ 为残差数据的相关系数矩阵。高保真度模型的预测值可表示为

$$\hat{\boldsymbol{y}}_{\mathrm{H}}\left(\boldsymbol{x}^*\right)=\hat{\mu}+\boldsymbol{r}^{\mathrm{T}}\boldsymbol{C}^{-1}\left(\boldsymbol{y}-\mathbf{1}\hat{\mu}\right) \tag{4.12}$$

式中，

$$\hat{\mu}=\frac{\mathbf{1}^{\mathrm{T}}\boldsymbol{C}^{-1}\boldsymbol{y}}{\mathbf{1}^{\mathrm{T}}\boldsymbol{C}^{-1}\mathbf{1}} \tag{4.13}$$

---

* 对于 $\boldsymbol{X}_{\mathrm{H}}\not\subset\boldsymbol{X}_{\mathrm{L}}$ 的元素，可利用低保真度代理模型得到该元素低保真度的预测值。

$$\boldsymbol{y}=\begin{bmatrix}\boldsymbol{y}_{\mathrm{L}}\\ \boldsymbol{y}_{\mathrm{H}}\end{bmatrix} \tag{4.14}$$

$$\boldsymbol{C}=\begin{bmatrix}\boldsymbol{C}_{\mathrm{L}}\left(\boldsymbol{X}_{\mathrm{L}},\boldsymbol{X}_{\mathrm{L}}\right) & \hat{\rho}\boldsymbol{C}_{\mathrm{L}}\left(\boldsymbol{X}_{\mathrm{L}},\boldsymbol{X}_{\mathrm{H}}\right)\\ \hat{\rho}\boldsymbol{C}_{\mathrm{L}}\left(\boldsymbol{X}_{\mathrm{H}},\boldsymbol{X}_{\mathrm{L}}\right) & \hat{\rho}^{2}\boldsymbol{C}_{\mathrm{L}}\left(\boldsymbol{X}_{\mathrm{H}},\boldsymbol{X}_{\mathrm{H}}\right)+\dfrac{\hat{\sigma}_{\mathrm{D}}^{2}}{\hat{\sigma}_{\mathrm{L}}^{2}}\boldsymbol{C}_{\mathrm{D}}\left(\boldsymbol{X}_{\mathrm{H}},\boldsymbol{X}_{\mathrm{H}}\right)\end{bmatrix} \tag{4.15}$$

预测的不确定性为

$$s^{2}\left(\boldsymbol{x}^{*}\right)=\hat{\sigma}_{\mathrm{L}}^{2}\left(\hat{\rho}^{2}+\frac{\hat{\sigma}_{\mathrm{D}}^{2}}{\hat{\sigma}_{\mathrm{L}}^{2}}-\boldsymbol{r}^{\mathrm{T}}\boldsymbol{C}^{-1}\boldsymbol{r}\right) \tag{4.16}$$

式中，

$$\boldsymbol{r}=\begin{bmatrix}\hat{\rho}\boldsymbol{r}_{\mathrm{L}}\left(\boldsymbol{x}^{*},\boldsymbol{X}_{\mathrm{L}}\right)\\ \hat{\rho}^{2}\boldsymbol{r}_{\mathrm{L}}\left(\boldsymbol{x}^{*},\boldsymbol{X}_{\mathrm{H}}\right)+\dfrac{\hat{\sigma}_{\mathrm{D}}^{2}}{\hat{\sigma}_{\mathrm{L}}^{2}}\boldsymbol{r}_{\mathrm{D}}\left(\boldsymbol{x}^{*},\boldsymbol{X}_{\mathrm{H}}\right)\end{bmatrix} \tag{4.17}$$

而 $\boldsymbol{r}_{(\cdot)}(\boldsymbol{x}^{*},\boldsymbol{X}_{(\cdot)})$ 由式 (4.5) 定义。

2. 非线性信息融合的多保真度高斯过程回归算法

在深度学习的启发下，非线性信息融合的多保真度高斯过程回归算法被提出[42]，该算法能够学习相关高、低保真度数据的之间复杂非线性的关系。本节仍只考虑两个保真度的数据，即高保真度和低保真度。

高、低保真度的全波仿真模型分别记为 U_{H} 和 U_{L}；高、低保真度数据集分别为 $\mathbb{D}_{\mathrm{L}}=[\boldsymbol{X}_{\mathrm{L}},\boldsymbol{Y}_{\mathrm{L}}],\mathbb{D}_{\mathrm{H}}=[\boldsymbol{X}_{\mathrm{H}},\boldsymbol{Y}_{\mathrm{H}}],\boldsymbol{X}_{\mathrm{H}}\subset\boldsymbol{X}_{\mathrm{L}}$；总的样本集 $\mathbb{D}=\mathbb{D}_{\mathrm{L}}\cup\mathbb{D}_{\mathrm{H}}$。

该算法的训练过程同样是构建两个 GPR 代理模型：首先通过对低保真度数据集 $\mathbb{D}_{\mathrm{L}}$ 进行学习，得到第一代理模型 U_1^s，其训练过程、预测过程均与常规的 GPR 模型相同。然后对数据集 $\tilde{\mathbb{D}}_{\mathrm{H}}=\left[\tilde{\boldsymbol{X}}_{\mathrm{H}},\boldsymbol{Y}_{\mathrm{H}}\right]$ 进行学习，得到第二代理模型 U_2^s，此训练过程与常规 GPR 训练相同，其中 $\tilde{\boldsymbol{X}}_{\mathrm{H}}=[\boldsymbol{X}_{\mathrm{H}},U_1^s(\boldsymbol{X}_{\mathrm{H}})]$，$U_1^s(\boldsymbol{X}_{\mathrm{H}})$ 是利用第一代理模型对样本 $\boldsymbol{X}_{\mathrm{H}}$ 进行预测的预测值。其预测过程分为以下三步：

步骤 1. 利用第一代理模型 U_1^s 对待预测点 $\boldsymbol{x}^*$ 进行预测，得到预测值 $\hat{y}_{\mathrm{L}}$ 和预测的不确定性 $\hat{s}_{\mathrm{L}}$；

步骤 2. 生成长度 I 的列向量 $\boldsymbol{v}$，其中每个元素 v_i，$i=1,2,\cdots,I$，均服从均值为 0，方差为 1 的高斯分布，即 $v_i\sim\mathcal{N}(0,1)$；

步骤 3. 利用第二代理模型 U_2^s 对 $[\boldsymbol{x}^*, \hat{y}_{\rm L} + v_i\hat{s}_{\rm L}]$ 进行预测，得到

$$[\tilde{y}_{\rm H}, \tilde{s}_{\rm H}] = \begin{bmatrix} U_2^s(\boldsymbol{x}^*, \hat{y}_{\rm L} + v_1\hat{s}_{\rm L}) \\ \vdots \\ U_2^s(\boldsymbol{x}^*, \hat{y}_{\rm L} + v_1\hat{s}_{\rm L}) \end{bmatrix}. \tag{4.18}$$

最终的预测值为

$$\hat{y}_{\rm H} = {\rm mean}(\tilde{\boldsymbol{y}}_{\rm H}). \tag{4.19}$$

而预测值的不确定性为

$$\hat{s}_{\rm H}^2 = {\rm mean}(\tilde{\boldsymbol{s}}_{\rm H}^2) + {\rm var}(\tilde{\boldsymbol{y}}_{\rm H}) \tag{4.20}$$

式中，mean(·) 表示取均值；var(·) 表示求方差。

4.3.3 多路径机器学习辅助优化

本节介绍多路径机器学习辅助优化 (MB-MLAO) 算法。该算法利用多保真度机器学习算法降低计算时间，利用自适应 LCB 变量、再训练和再预测的策略来平衡算法进行局部和全局搜索的能力。该算法的流程图如图 4.2 所示，具体包括以下步骤：

步骤 1. 初始化设置。定义设计变量，优化目标，优化空间 $[a,b]^K$，高、低保真度样本的数量分别为 $N_{\rm H}$ 和 $N_{\rm L}$，以及 LCB 常数的个数 M 和对应值 $\boldsymbol{\omega} = \{\omega_i, i = 1, 2, \cdots, M\}$。利用拉丁超立方采样在优化空间中采样得到 $N_{\rm L}$ 个样本点，记为 $\boldsymbol{X}_{\rm L}$。

步骤 2. 初始样本获取。利用低保真度全波仿真模型对 $\boldsymbol{X}_{\rm L}$ 进行仿真，得到低保真度响应 $\boldsymbol{R}_{\rm L} = U_{\rm L}(\boldsymbol{X}_{\rm L})$；从 $\boldsymbol{X}_{\rm L}$ 随机抽取 $N_{\rm H}$ 个样本，记为 $\boldsymbol{X}_{\rm H}$，并利用高保真度全波仿真模型对 $\boldsymbol{X}_{\rm H}$ 进行仿真得到高保真度响应 $\boldsymbol{R}_{\rm H} = U_{\rm H}(\boldsymbol{X}_{\rm H})$。

步骤 3. 代理模型训练。利用上一节中介绍的非线性信息融合的多保真度高斯过程回归算法对样本进行训练，得到廉价的代理模型 $U_{\rm S}$。

步骤 4. 基于代理模型进行优化。利用如遗传算法等全局优化算法对步骤 3 中构建的代理模型进行优化，适应度函数设置为

$$F(\boldsymbol{x}_i) = \min_{\boldsymbol{x}_i}\{\tilde{y}(\boldsymbol{x}_i) - \omega_i\hat{s}(\boldsymbol{x}_i)\},\ i = 1, 2, \cdots, M \tag{4.21}$$

得到 M 组不同路径下适应度函数最优值对应的参数组合 $\boldsymbol{X}_{\rm S} = \{\boldsymbol{x}_i | i = 1, \cdots, M\}$。

步骤 5. 低保真度全波仿真并再训练。为了降低计算开销，先利用低保真度全波仿真模型对步骤 4 中得到的 M 组参数组合 $\boldsymbol{X}_{\rm S}$ 进行全波仿真，再把这 M 组数据加入到样本集中并进行再训练，从而得到新的代理模型。

步骤 6. 再预测并验证。利用步骤 5 中再训练的代理模型对步骤 4 中得到的 M 组参数组合进行再预测，由于这 M 组参数组合有对应的低保真度数据的存在，其再预测值的精度很有可能得到改善，并对这 M 组再预测数据中的最优预测值所对应的参数组合 $\boldsymbol{X}_b$ (1 组参数组合) 进行高保真度全波仿真，$\boldsymbol{X}_b$ 是算法自适应的从 $\boldsymbol{X}_\mathrm{S}$ 进行选择。然后判断是否满足终止条件，如最大迭代次数或优化目标，如果是则终止循环；如果否则更新数据集并重复步骤 3。

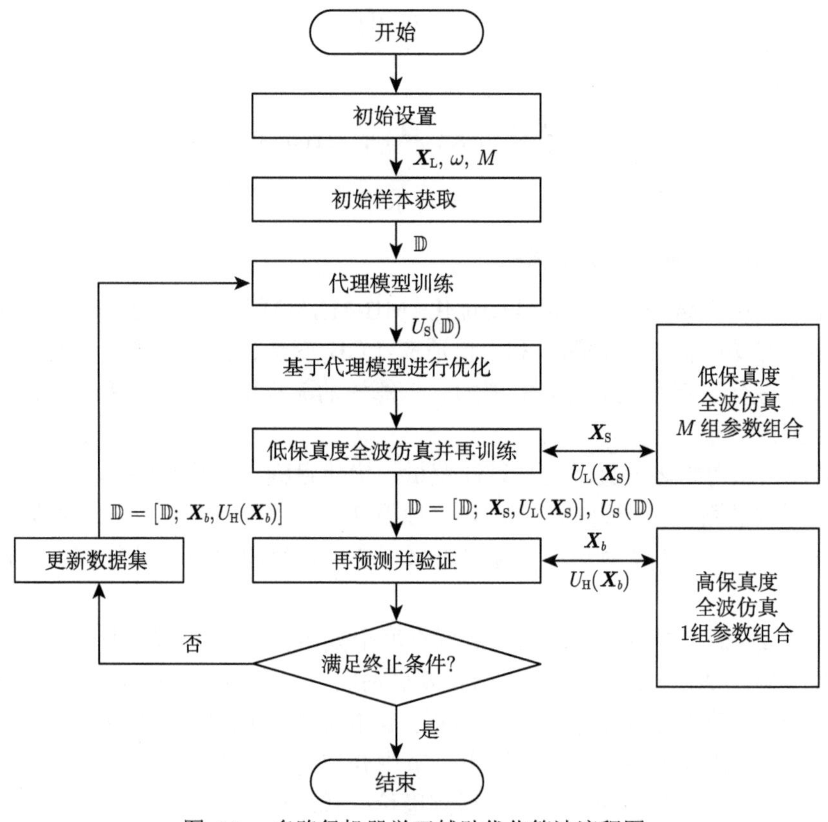

图 4.2　多路径机器学习辅助优化算法流程图

4.4　测试函数实验

利用两个测试函数来说明 MB-MLAO 算法相较于传统单路径机器学习辅助优化 (SB-MLAO) 算法的优越性。第一个函数是 K 维多模态多保真度的 Ackley 函数，记为函数 1；第二个函数是 K 维单模态多保真度的 Ellipsoid 函数，记为函数 2。

函数 1 定义为

$$\begin{cases} y_{\mathrm{H}} = -20\exp\left\{-\frac{1}{5}\sqrt{\frac{1}{K}\sum_{k=1}^{K}(x_k - a_k)^2}\right\} - \exp\left\{\frac{1}{K}\sum_{k=1}^{K}\cos\left(2b\pi(x_k - a_k)\right)\right\} \\ \qquad +20 + \exp\{1\} \\ y_{\mathrm{L}} = -20\exp\left\{-\frac{1}{5}\sqrt{\frac{1}{K}\sum_{k=1}^{K}x_k^2}\right\} - \exp\left\{\frac{1}{K}\sum_{k=1}^{K}\cos 2\pi x_k\right\} + 20 + \exp\{1\} \end{cases} \tag{4.22}$$

式中，$K = \{5, 10, 20\}$；$b = 1.3$；$\boldsymbol{a} = [1.2,\ 0.2,\ 1.4,\ 0.8,\ 1.8,\ 1.0,\ 1.6,\ 0.6,\ 2.0,\ 0.4,\ 1.3,\ 0.3,\ 1.5,\ 0.9,\ 1.9,\ 1.1,\ 1.7,\ 0.7,\ 2.1,\ 0.5]$。

函数 2 定义为

$$\begin{cases} y_{\mathrm{H}} = \sum_{k=1}^{K} k(x_k - a_k)^2 \\ y_{\mathrm{L}} = \sum_{k=1}^{K} kx_k^2 \end{cases} \tag{4.23}$$

式中，$K = \{5, 10\}$；$\boldsymbol{a} = [0.1, 0.4, 0.5, 0.3, 0.2, 0.6, 0.6, 0.2, 0.8, 1.0]$。

文献 [43] 对一些测试函数进行仿真实验验证，实验结果表明，对于 4.3.2 节所述的 co-Kriging 算法，大量的低保真度数据有助于提升低保真度代理模型的精度，并且当高、低保真度数据线性相关性强时，低保真度代理模型精度的提高有助于提升最终多保真度代理模型的精度。但如果高、低保真度数据间相关性较弱，低保真度代理模型精度的提升对多保真度代理模型精度没有帮助，甚至有可能导致更差的预测。而 4.3.2 节所提到的多保真度机器学习算法对高低保真度数据非线性相关时仍有较好的学习能力。对于预测点 $\boldsymbol{x}^*$，为了比较有无 $\boldsymbol{x}^*$ 对应的低保真度数据对最终预测值的差异，测试了 5 维、10 维、20 维的函数 1。每组实验均独立运行 10 次，每次实验有 200 个测试样本。

表 4.1 给出函数 1 的相关设置以及 10 组独立实验归一化均方误差的平均值。在建立代理模型以后，案例 1 表示直接对待预测样本进行预测，案例 2 表示先获得每个待预测样本的低保真度数据，更新数据集再重新训练代理模型，并对该样本进行再预测。对于每个待预测样本，案例 2 只比案例 1 多了一个低保真度样本。一组典型的实验结果如图 4.3 所示，案例 1 和案例 2 分别用圆点和方块表示。图中浅阴影区域和深阴影区域分别表示案例 1 和案例 2 覆盖 95% 预测点的区域。如图 4.3 所示，方块比圆点更集中于中间的虚线，这表明，案例 2 的预测精度比

案例 1 高，但也有可能出现案例 2 预测精度比案例 1 差的情况，如图 4.3(b) 和图 4.3(e) 中虚线圈住的点所示。10 组实验的统计结果如表 4.1 所示，案例 2 的归一化均方误差的平均值比案例 1 的小，说明低保真度对应数据进行再训练再预测的精度有可能得到改善。

表 4.1　函数 1 的相关设置以及 10 组独立实验归一化均方误差的平均值

维度与搜索范围	N_{H}	N_{L}	MNRMSE	
			案例 1	案例 2
$[-3,3]^5$	20	100 (101)	0.1082	0.0942
$[-3,3]^{10}$	20	100 (101)	0.0769	0.0702
$[-3,3]^{20}$	50	100 (101)	0.0626	0.0446

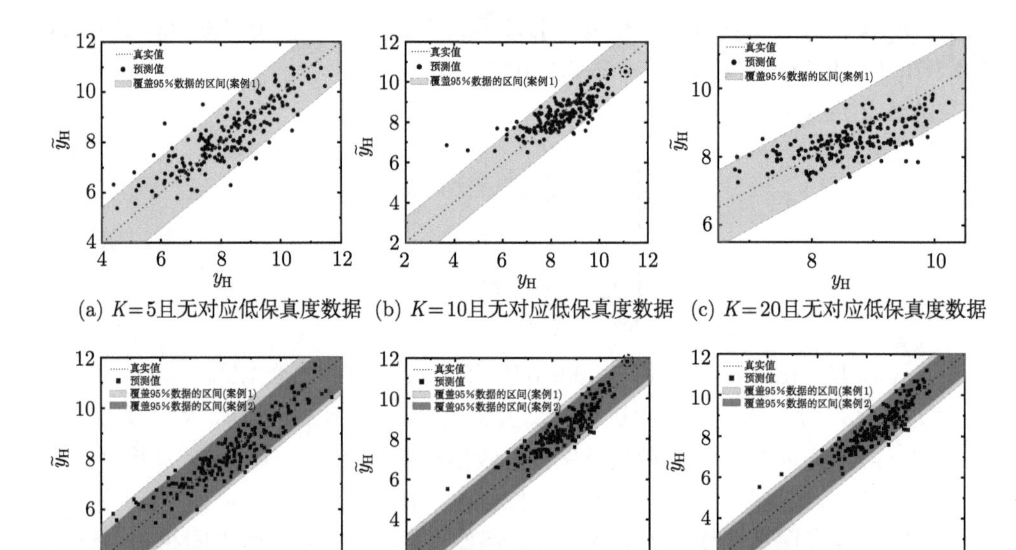

(a) $K=5$且无对应低保真度数据　(b) $K=10$且无对应低保真度数据　(c) $K=20$且无对应低保真度数据

(d) $K=5$且对应低保真度数据　(e) $K=10$且对应低保真度数据　(f) $K=20$且对应低保真度数据

图 4.3　函数 1 的真实值和预测值

接下来，利用测试函数对 MB-MLAO 算法和 SB-MLAO 算法进行对比，把高保真度模型的计算时间记为 τ_{HF}，模型训练时间为 τ_{train}，优化时间为 τ_{opti}，与低保真度模型的计算时间 τ_{LF} 假设服从以下关系：

$$\tau_{\mathrm{HF}}=20\tau_{\mathrm{LF}},\ \tau_{\mathrm{train}}=0.2\tau_{\mathrm{LF}},\ \tau_{\mathrm{opti}}=0.5\tau_{\mathrm{LF}} \tag{4.24}$$

总的计算时间 τ_{total} 可表示为

$$\tau_{\mathrm{total}}=\tau_{\mathrm{initial}}+I(M\tau_{\mathrm{LF}}+\tau_{\mathrm{HF}}+\rho\tau_{\mathrm{train}}+M\tau_{\mathrm{opti}}) \tag{4.25}$$

式中，

$$\rho=\begin{cases}1, & \text{SB-MLAO 算法} \\ 2, & \text{MB-MLAO 算法}\end{cases} \tag{4.26}$$

τ_{initial} 为初始样本的采样时间；M 为 LCB 变量的个数；I 为迭代次数。对于 SB-MLAO 算法，$M=1$，$\tau_{\text{total,S}}=\tau_{\text{initial}}+21.7I_{\text{S}}\tau_{\text{LF}}$；对于 MB-MLAO 算法，$\tau_{\text{total,M}}=\tau_{\text{initial}}+(20.4+1.5M)I_{\text{M}}\tau_{\text{LF}}$。为了对 SB-MLAO 算法与 MB-MLAO 算法进行相对公平的比较，将二者总的计算时间设置为相同的。对于函数 1，设置 $I_{\text{S}}=100$，$M=\{3,4,5\}$，为满足 $\tau_{\text{total,S}}\geqslant\tau_{\text{total,M}}$，则 $I_{M=3}\leqslant 87$, $I_{M=4}\leqslant 82$ 和 $I_{M=5}\leqslant 77$；对于函数 2，设置 $I_{\text{S}}=50$，$M=\{3,4,5\}$，则 $I_{M=3}\leqslant 43$, $I_{M=4}\leqslant 41$ 和 $I_{M=5}\leqslant 38$。

MB-MLAO 算法和 SB-MLAO 算法的结果如图 4.4 所示，其中对于函数 1

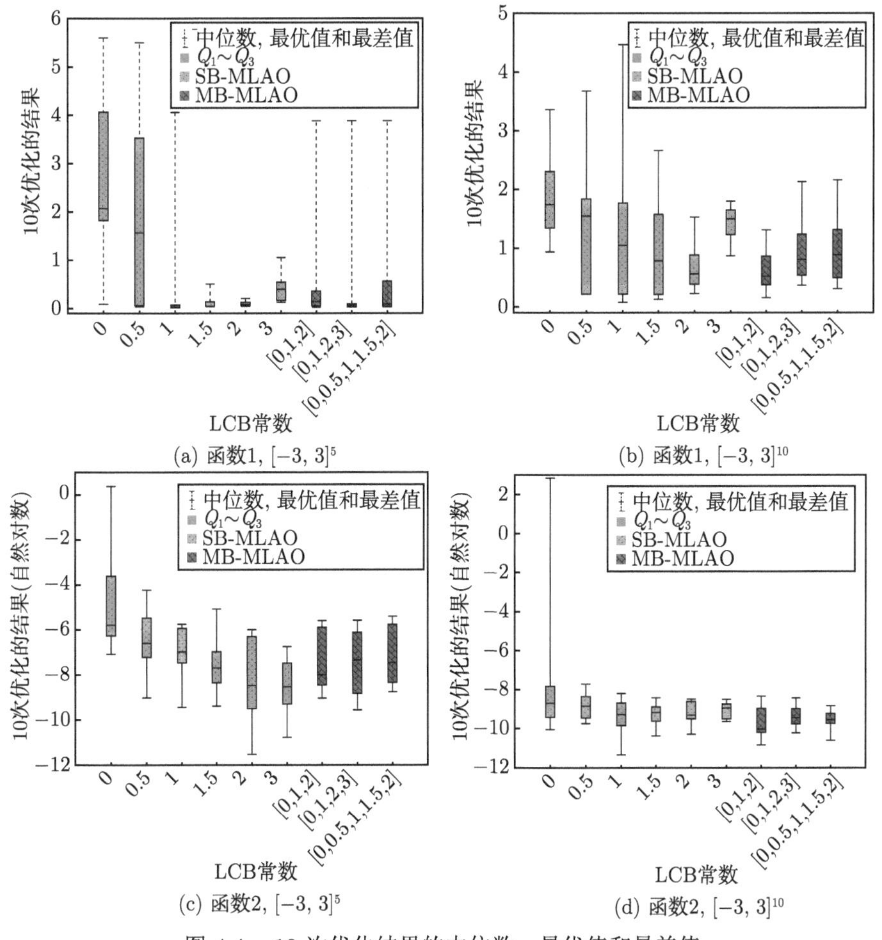

(a) 函数1, $[-3, 3]^5$

(b) 函数1, $[-3, 3]^{10}$

(c) 函数2, $[-3, 3]^5$

(d) 函数2, $[-3, 3]^{10}$

图 4.4 10 次优化结果的中位数、最优值和最差值

和函数 2，都进行 10 次独立的实验。Q_1 和 Q_3 分别是第一四分位数和第三四分位数。由表 4.2 和表 4.3 可知，对于 10 维问题，MB-MLAO 算法基本优于 SB-MLAO 算法；对于 5 维问题，在 LCB 常数 $\omega = 1.5, 2$ 和 3 时，有较好的结果。但 MB-MLAO 算法与 $\omega = 1$ 有相似的优化效果，并且优于 $\omega = 0$ 和 0.5 的情况。LCB 常数 ω 的选择会影响 SB-MLAO 算法的优化性能，不合适的 LCB 常数会导致算法收敛慢或者陷入局部最优，算法的鲁棒性下降。MB-MLAO 算法免去对 LCB 常数的选取，对于不同维度和复杂度的测试问题，MB-MLAO 算法保持优化效率的同时具有鲁棒性。

表 4.2　函数 1 进行 10 次优化结果的平均值和标准差

ω	$[-3,3]^5$		$[-3,3]^{10}$	
	平均值	标准差	平均值	标准差
0	2.75	1.77	1.87	7.08×10^{-1}
0.5	2.08	1.90	1.46	1.12
1	4.71×10^{-1}	1.27	1.38	1.36
1.5	1.30×10^{-1}	1.56×10^{-1}	1.01	9.15×10^{-1}
2	$\mathbf{9.79\times10^{-2}}$	$\mathbf{5.02\times10^{-2}}$	6.67×10^{-1}	4.07×10^{-1}
3	4.13×10^{-1}	2.88×10^{-1}	1.46	$\mathbf{2.79\times10^{-1}}$
$[0,1,2]$	6.21×10^{-1}	1.21	$\mathbf{6.23\times10^{-1}}$	3.51×10^{-1}
$[0,1,2,3]$	4.39×10^{-1}	1.21	9.75×10^{-1}	5.99×10^{-1}
$[0,0.5,1,1.5,2]$	5.78×10^{-1}	1.18	1.01	6.25×10^{-1}

表 4.3　函数 2 进行 10 次优化结果的平均值和标准差

ω	$[-3,3]^5$		$[-3,3]^{10}$	
	平均值	标准差	平均值	标准差
0	2.95×10^{-1}	6.09×10^{-1}	1.82	5.37
0.5	3.09×10^{-3}	4.25×10^{-3}	1.69×10^{-4}	1.16×10^{-4}
1	1.38×10^{-3}	1.15×10^{-3}	1.08×10^{-4}	7.79×10^{-5}
1.5	1.15×10^{-3}	1.89×10^{-3}	1.05×10^{-4}	5.60×10^{-5}
2	7.71×10^{-4}	1.02×10^{-3}	1.13×10^{-4}	6.02×10^{-5}
3	$\mathbf{3.91\times10^{-4}}$	$\mathbf{4.24\times10^{-4}}$	1.26×10^{-4}	4.96×10^{-5}
$[0,1,2]$	1.23×10^{-3}	1.48×10^{-3}	7.96×10^{-5}	7.15×10^{-5}
$[0,1,2,3]$	1.19×10^{-3}	1.39×10^{-3}	9.72×10^{-5}	5.55×10^{-5}
$[0,0.5,1,1.5,2]$	1.66×10^{-3}	1.73×10^{-3}	$\mathbf{7.84\times10^{-5}}$	$\mathbf{3.46\times10^{-5}}$

4.5 应用实例

结合前文研究内容，将 MB-MLAO 算法应用到实际的天线设计中，包括超宽带平面偶极子天线、三频贴片天线和毫米波车载雷达天线阵列。

4.5.1 超宽带平面偶极子天线

超宽带平面偶极子天线 (天线 1) 的结构如图 4.5 所示，设计变量为 $\boldsymbol{x}=[l_0, w_0, a_0, l_\text{p}, w_\text{p}, s_0]$，单位为 mm。设计变量下界为 $\boldsymbol{x}_\text{L}=[18, 12, 0.3, 12, 5, 0.8]$，上界为 $\boldsymbol{x}_\text{U}=[20, 14, 0.7, 14, 7, 1.2]$。对于超宽带天线来说，低保真度模型一般为粗糙网格设置的全波仿真模型。不同网格数量对应的反射系数和仿真时间如图 4.6 所示。

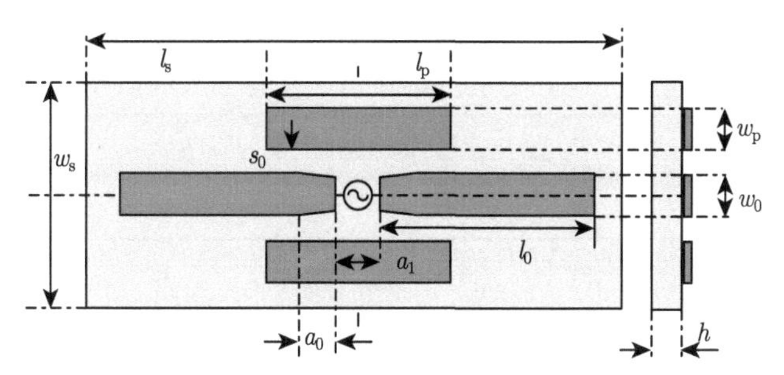

图 4.5 超宽带平面偶极子天线 (天线 1) 的结构[44]

高保真度全波仿真模型为 U_H，所需仿真时间为 1600s。U_L1 过于粗糙，不能捕捉 U_H 的特征。U_L3 和 U_L4 响应曲线相似，均能很好表示 U_H 的特征，但 U_L4 的仿真时间是 U_L3 的 2 倍，选择 U_L3 作为低保真度模型是更合适的选择。U_L2 比 U_L3 粗糙，但仿真时间更短。在接下来的优化中，U_L2 和 U_L3 均被作为低保真度模型。优化目标为 3GHz~11GHz 频率范围内的 $|S_{11}|$ 最大值小于 -10dB。

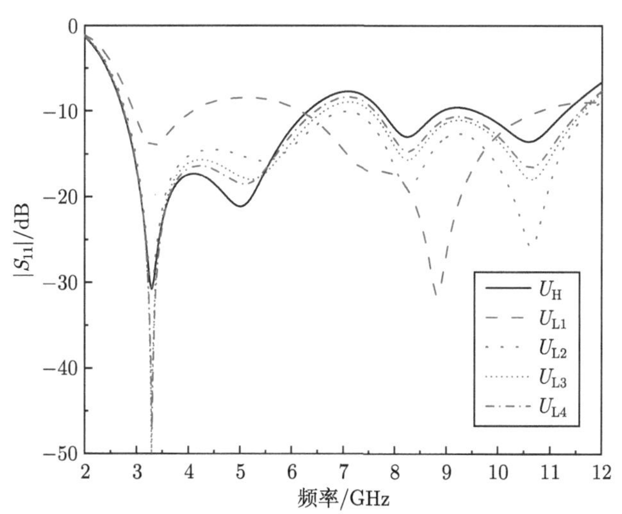

(a) 不同网格数量全波仿真模型的 $|S_{11}|$ (U_H: 9596580个网格; U_L1: 22176个网格; U_L2: 126360个网格; U_L3: 404040个网格; U_L4: 1058400个网格)

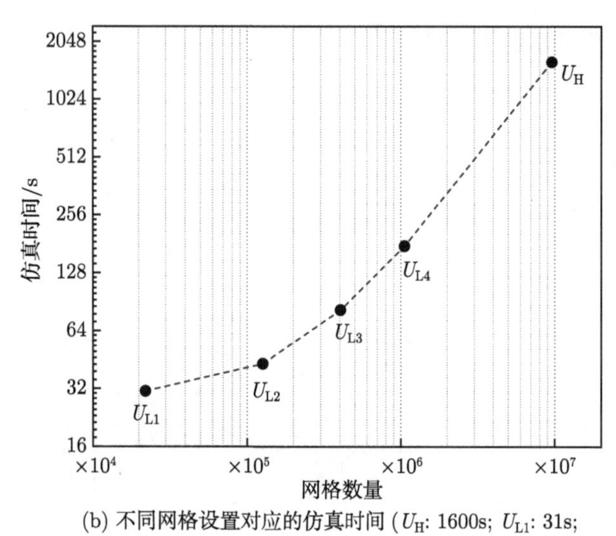

(b) 不同网格设置对应的仿真时间 ($U_{\rm H}$: 1600s; $U_{\rm L1}$: 31s; $U_{\rm L2}$: 43s; $U_{\rm L3}$: 82s; $U_{\rm L4}$: 176s)

图 4.6　超宽带平面偶极子天线在全波仿真软件 CST[45] 中的仿真结果

首先通过拉丁超立方采样 $N_{\rm L}=40$ 个低保真度初始样本 $\boldsymbol{X}_{\rm L}$，然后从 $\boldsymbol{X}_{\rm L}$ 中选择 $N_{\rm H}=5$ 个样本，作为高保真度样本。将初始样本代入全波仿真得到对应的反射系数，并将频带内反射系数的最大值作为代理模型的输出，对代理模型进行训练。优化算法中的适应度函数为

$$f\left(\boldsymbol{x}_i\right)=\min_{\boldsymbol{x}_i}\{\tilde{R}_{\rm S}(\boldsymbol{x}_i)-\omega_i R_{\rm S}^{s}(\boldsymbol{x}_i)\},\quad i=1,2,\cdots,M \tag{4.27}$$

式中，$\tilde{R}_{\rm S}(\boldsymbol{x}_i)$ 为预测值；$R_{\rm S}^{s}(\boldsymbol{x}_i)$ 为预测的不确定度。优化终止条件为达到优化目标或者进行 50 次迭代。

图 4.7(c)，图 4.7(f) 和图 4.7(i) 给出 MB-MLAO 算法在每次迭代中，进行高保真度全波仿真验证所对应的 LCB 变量值。在 MB-MLAO 算法中，多 LCB 变量被定义为 $\omega=[0,1,2]$，并与传统的 SB-MLAO 方法进行对比，其 LCB 常数 $\hat{\omega}$ 分别取 $0,1,2$。图 4.7 为不同初始样本集、不同低保真度模型的收敛曲线和对应的 $|S_{11}|$。图 4.7(a)∼ 图 4.7(c) 和图 4.7(d)∼ 图 4.7(f) 的低保真度模型均为 $U_{\rm L2}$，初始样本分别为 $\boldsymbol{X}_{\rm L}^{1}$、$\boldsymbol{X}_{\rm H}^{1}$ 和 $\boldsymbol{X}_{\rm L}^{2}$、$\boldsymbol{X}_{\rm H}^{2}$。在图 4.7(g)∼ 图 4.7(i) 中，低保真度模型为 $U_{\rm L3}$，初始样本为 $\boldsymbol{X}_{\rm L}^{1}$、$\boldsymbol{X}_{\rm H}^{1}$。如图 4.7(a) 所示，最优的优化结果为将 LCB 常数为 2 时的 SB-MLAO 方法，但在图 4.7(d) 和图 4.7(g) 中，LCB 常数为 2 得到是最差的结果。在本例中，在不同初始样本、不同低保真度模型的情况下，MB-MLAO 算法均可以在 9h 内满足优化目标。SB-MLAO 算法的优化性能严重依赖于 LCB 常数的选择，也就是说，采用自适应选择 LCB 变量的 MB-MLAO 算法比 SB-MLAO 算法收敛更加稳定。

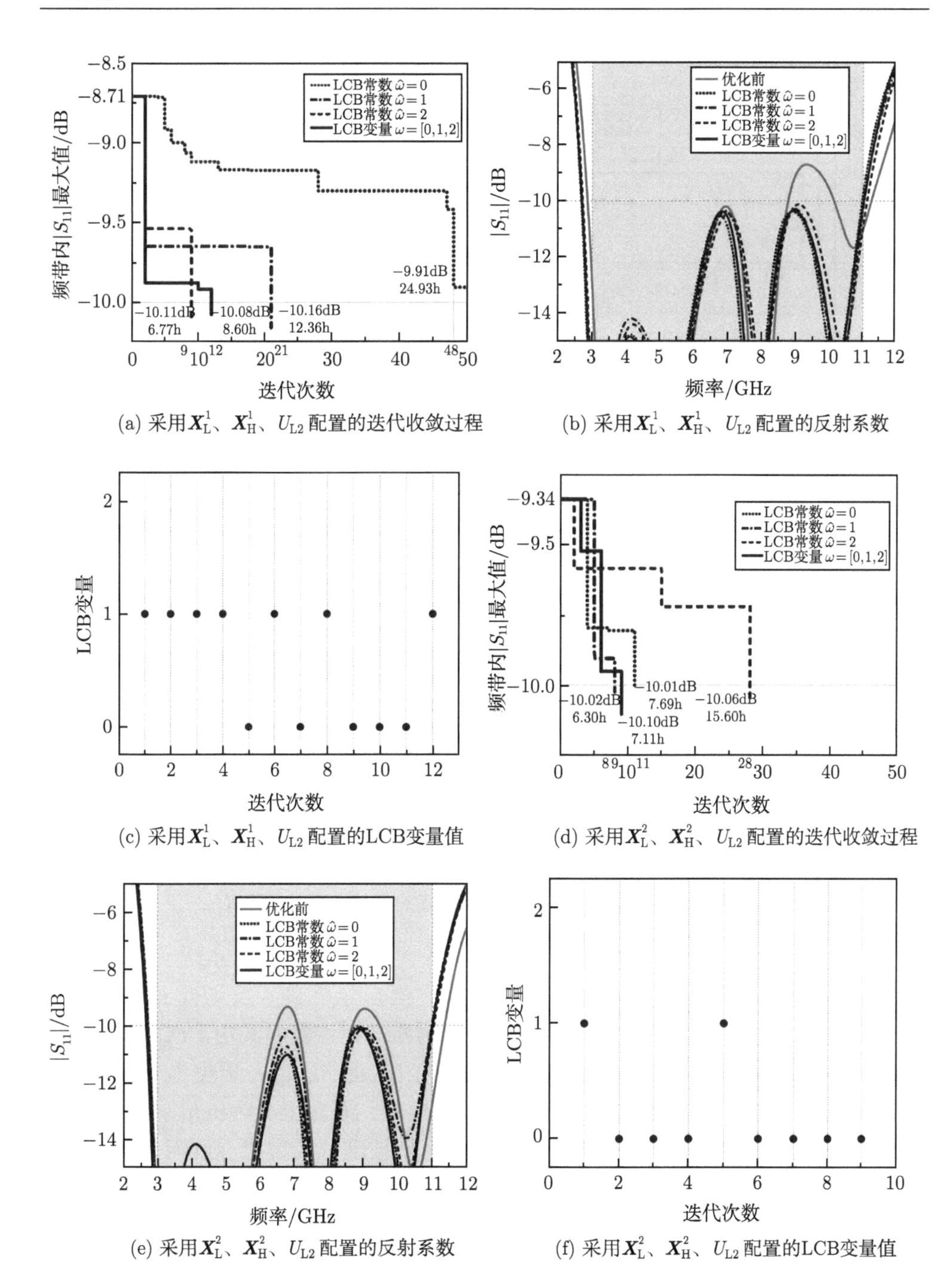

(a) 采用$\boldsymbol{X}_{\mathrm{L}}^{1}$、$\boldsymbol{X}_{\mathrm{H}}^{1}$、$U_{\mathrm{L2}}$配置的迭代收敛过程

(b) 采用$\boldsymbol{X}_{\mathrm{L}}^{1}$、$\boldsymbol{X}_{\mathrm{H}}^{1}$、$U_{\mathrm{L2}}$配置的反射系数

(c) 采用$\boldsymbol{X}_{\mathrm{L}}^{1}$、$\boldsymbol{X}_{\mathrm{H}}^{1}$、$U_{\mathrm{L2}}$配置的LCB变量值

(d) 采用$\boldsymbol{X}_{\mathrm{L}}^{2}$、$\boldsymbol{X}_{\mathrm{H}}^{2}$、$U_{\mathrm{L2}}$配置的迭代收敛过程

(e) 采用$\boldsymbol{X}_{\mathrm{L}}^{2}$、$\boldsymbol{X}_{\mathrm{H}}^{2}$、$U_{\mathrm{L2}}$配置的反射系数

(f) 采用$\boldsymbol{X}_{\mathrm{L}}^{2}$、$\boldsymbol{X}_{\mathrm{H}}^{2}$、$U_{\mathrm{L2}}$配置的LCB变量值

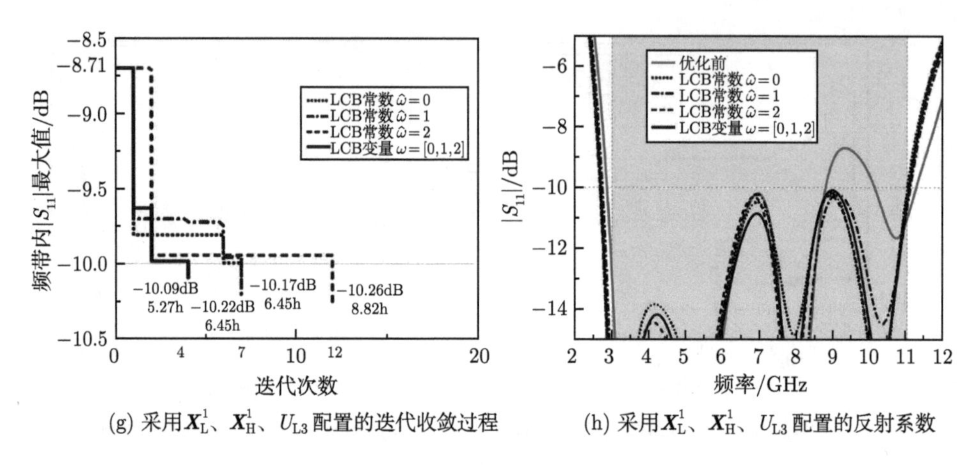

(g) 采用$\boldsymbol{X}_{\mathrm{L}}^1$、$\boldsymbol{X}_{\mathrm{H}}^1$、$U_{\mathrm{L3}}$配置的迭代收敛过程　(h) 采用$\boldsymbol{X}_{\mathrm{L}}^1$、$\boldsymbol{X}_{\mathrm{H}}^1$、$U_{\mathrm{L3}}$配置的反射系数

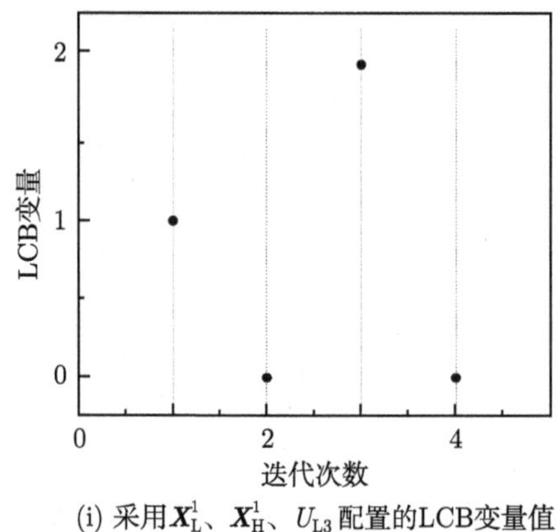

(i) 采用$\boldsymbol{X}_{\mathrm{L}}^1$、$\boldsymbol{X}_{\mathrm{H}}^1$、$U_{\mathrm{L3}}$配置的LCB变量值

图 4.7　利用不同优化方法对天线 1 进行优化的收敛曲线和反射系数，以及 MB-MLAO 算法每次迭代中进行高保真度全波仿真对应的 LCB 变量值

4.5.2　三频贴片天线

图 4.8 给出三频贴片天线 (天线 2) 的结构和几何参数，其中，$w_{\mathrm{stub}} = 2\mathrm{mm}$，设计变量设置为 $\boldsymbol{x} = [l_2, l_{\mathrm{s1}}, l_{\mathrm{s2}}, l_{\mathrm{s3}}, w_{\mathrm{s1}}, w_{\mathrm{s2}}, l_{\mathrm{p}}, w_{\mathrm{p}}, l_{\mathrm{stub}}]$，单位为 mm。设计变量的下界为 $\boldsymbol{x}_{\mathrm{L}} = [5, 19, 20, 5, 0.2, 1.5, 32, 31, 16]$，上界为 $\boldsymbol{x}_{\mathrm{U}} = [9, 26, 25, 7.5, 2.2, 2.5, 35, 34, 20]$。高保真度全波仿真模型被剖分为大约 200 万个网格，所需的仿真时间约为 960s。低保真度全波仿真模型约有 10.9 万个网格，所需的仿真时间约为 94s。两种保真度的 $|S_{11}|$ 曲线如图 4.9 所示。低保真度样本的数量为 $N_{\mathrm{L}} = 50$。高保真度样本数量的选择会影响代理模型的精度，将高、低保真度样本个数之比定义为 $R_{\mathrm{H,L}} = (N_{\mathrm{H}}/N_{\mathrm{L}}) \times 100\%$。本例取 $R_{\mathrm{H,L}} \in \{10\%, 20\%\}$，即 $N_{\mathrm{H}} \in \{5, 10\}$ 来对比 MB-MLAO 算法和 SB-MLAO 算法的性能。

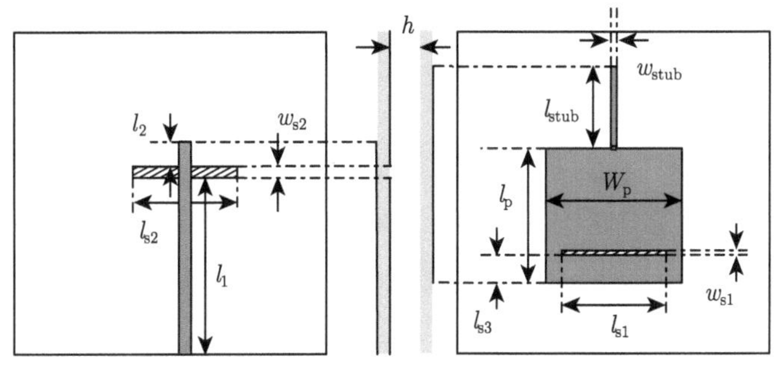

图 4.8 三频贴片天线 (天线 2) 的结构[46]

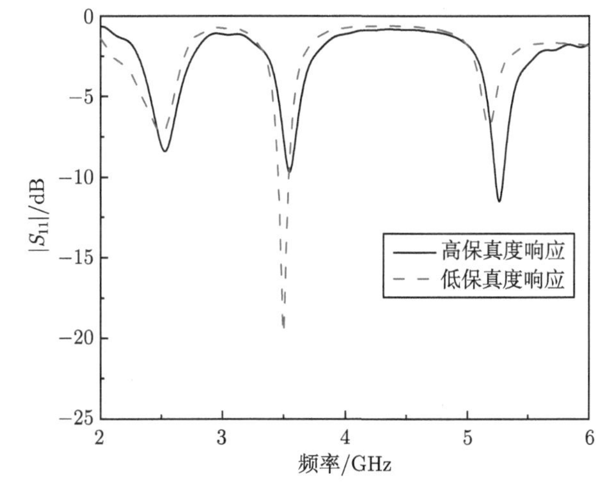

图 4.9 三频贴片天线 (天线 2) 高低保真度的反射系数曲线

本案例的优化目标为在 2.5GHz、3.5GHz、5.2GHz 共 3 个频点处的 $|S_{11}|$ 都小于 -10dB。为每个频点建立一个代理模型，记为 U_j，其中 $j=1,2,3$。每个代理模型的输出为对应频点的 $|S_{11}|$ 响应值。该优化问题的适应度函数可设为

$$f\left(\boldsymbol{x}_i\right)=\min_{\boldsymbol{x}_i}\{\max_{j}\{\tilde{R}_{\text{S},j}(\boldsymbol{x}_i)-\omega_i R_{\text{S},j}^{s}(\boldsymbol{x}_i)\}\}, \tag{4.28}$$

式中，$i=1,2,\cdots,M$；$\tilde{R}_{\text{S},j}(\boldsymbol{x}_i)$ 是利用代理模型 U_j 在 $\boldsymbol{x}_i$ 处的预测值；$R_{\text{S},j}^{s}(\boldsymbol{x}_i)$ 为预测的不确定性。

典型的实验结果如图 4.10 所示。当 $N_{\text{L}}=50$，$N_{\text{H}}=5$ 时，在规定的 100 次迭代中，只有 $\hat{\omega}=0$ 和 $\omega=[0,1,2]$ 满足设计目标，如图 4.10(a) 所示。当 $N_{\text{L}}=50$，$N_{\text{H}}=10$ 时，$\hat{\omega}=0$，$\hat{\omega}=1$ 和 $\omega=[0,1,2]$ 均在规定的 100 次迭代内满足设计目标。在两组对比实验中，MB-MLAO 算法的优化性能与 $\hat{\omega}=0$ 时的 SB-MLAO

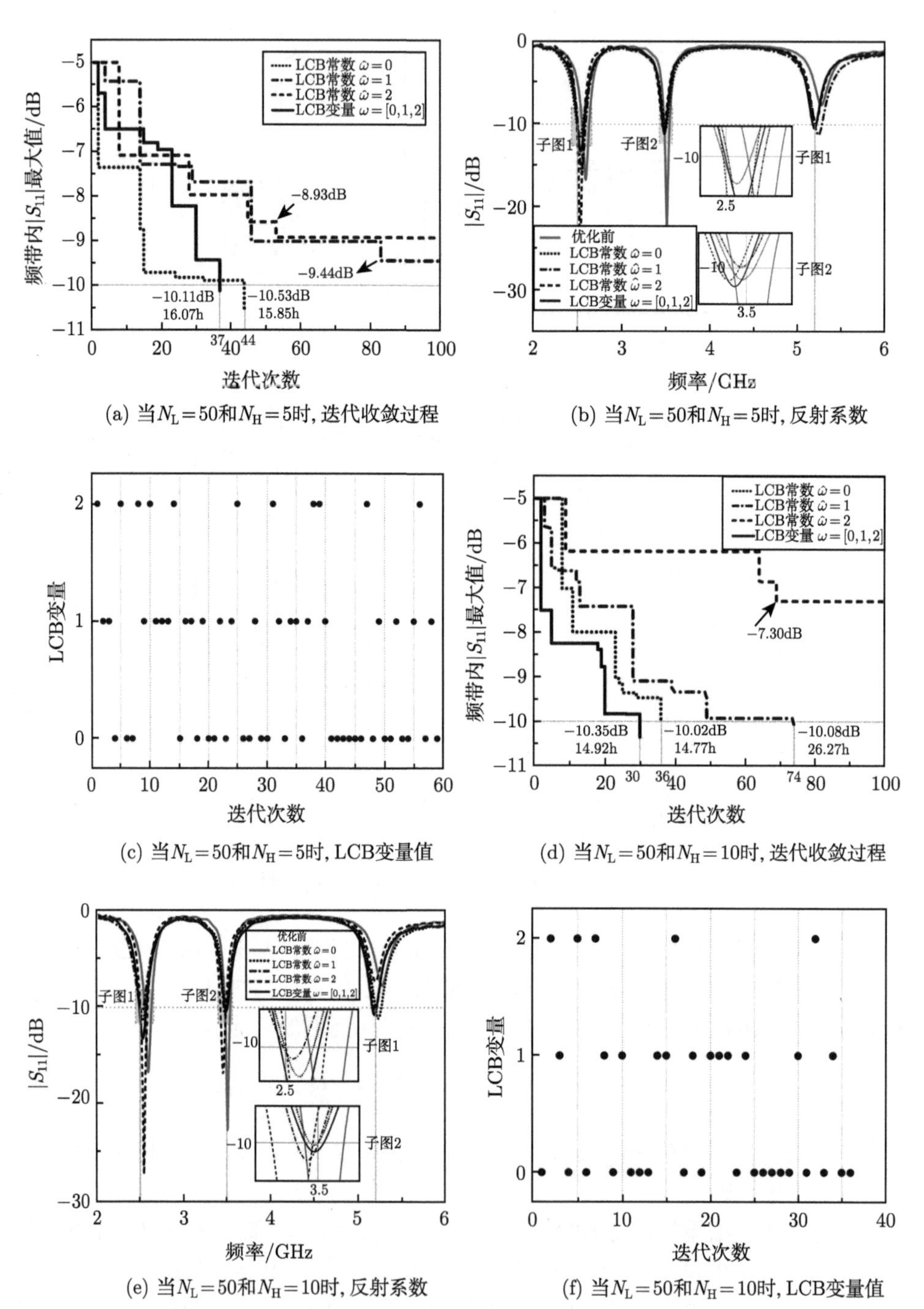

(a) 当$N_{\mathrm{L}}=50$和$N_{\mathrm{H}}=5$时, 迭代收敛过程

(b) 当$N_{\mathrm{L}}=50$和$N_{\mathrm{H}}=5$时, 反射系数

(c) 当$N_{\mathrm{L}}=50$和$N_{\mathrm{H}}=5$时, LCB变量值

(d) 当$N_{\mathrm{L}}=50$和$N_{\mathrm{H}}=10$时, 迭代收敛过程

(e) 当$N_{\mathrm{L}}=50$和$N_{\mathrm{H}}=10$时, 反射系数

(f) 当$N_{\mathrm{L}}=50$和$N_{\mathrm{H}}=10$时, LCB变量值

图 4.10 利用不同优化方法对天线 2 进行优化的收敛曲线和反射系数，以及 MB-MLAO 算法每次迭代中进行高保真度全波仿真对应的 LCB 变量值

算法相近。但在优化开始之前，最优的 LCB 变量是先验未知的，而 LCB 变量的选择显然会影响优化的结果。例如，$\hat{\omega}=2$ 在本例的两次实验中均未满足目标。另外，当高、低保真度数据配比不同时，相较于 SB-MLAO 算法，MB-MLAO 算法具有更稳定的收敛特性。三频贴片天线程序源代码参见附录 B。

4.5.3 毫米波车载雷达天线阵列

图 4.11 给出毫米波车载雷达天线阵列 (天线 3) 的结构和几何参数[47]。这个例子将利用 MB-MLAO 算法进行最差情况搜索。工作在毫米波频段的天线尺寸更小，对加工安装的容差要求更严格。最差情况分析是只给定设计点以及设计参数的加工容差，寻找天线某一性能指标的最差情况[48]。在本例中，设计变量设置为 $\boldsymbol{x}=[w_1,w_2,w_3,w_4,w_5,w_6,w_7,w_8,w_9,w_{10},w_{11},w_{12}]$，单位为 mm。设计点为 $\boldsymbol{x}_0=[0.56,0.7,0.84,1.12,1.19,1.4,1.47,1.47,1.47,0.84,0.7,0.21]$，单位为 mm，输入容差为 $\delta=[0.1,0.1,0.1,0.2,0.2,0.2,0.2,0.2,0.2,0.1,0.1,0.05]$，单位为 mm。最差情况对应的自变量搜索范围定义为 $\boldsymbol{x}_0\pm\delta$。高保真度模型约有 500 万个网格，所需的仿真时间约为 0.5h；低保真度模型约有 20.1 万个网格，仿真时间约为 163s。采用两种保真度配置进行全波仿真获得的归一化方向图曲线如图 4.12 所示。

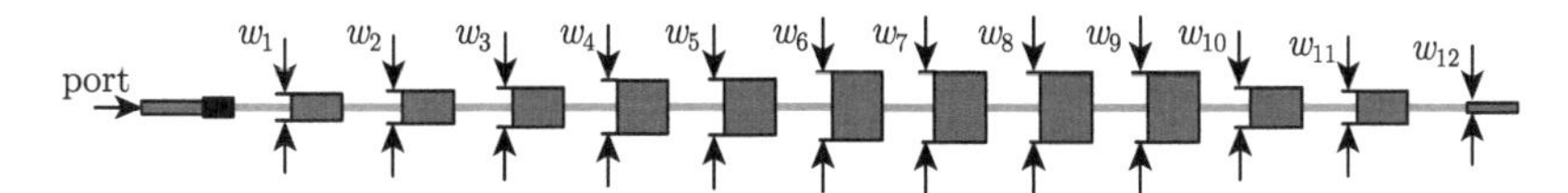

图 4.11 毫米波车载雷达天线阵列 (天线 3) 的结构[46]

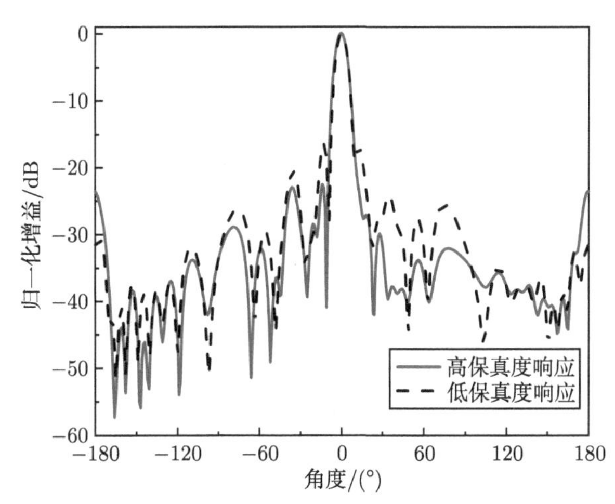

图 4.12 对天线 3 采用两种保真度配置进行全波仿真获得的归一化方向图曲线

优化目标是寻找在输入容差范围内旁瓣电平 (sidelobe level, SLL) 的最大值。

该问题可以取负值后转换为最小化问题，优化中适应度函数可设为

$$f(\boldsymbol{x}_i)=\min_{\boldsymbol{x}_i}\{-\{\tilde{R}_{\mathrm{S}}(\boldsymbol{x}_i)+\omega_i R_{\mathrm{S}}^{s}(\boldsymbol{x}_i)\}\},\quad i=1,2,\cdots,M. \tag{4.29}$$

首先采用 LHS 采样，在设计点附近采集 $N_{\mathrm{L}}=50$ 个低保真度初始样本，高保真度数据从低保真度样本中随机抽取 $N_{\mathrm{H}}=10$ 个；然后将设计点高、低保真度数据也加入到初始样本集中。图 4.13(c) 是在最差情况搜索过程中利用高保真度全波仿真模型进行验证时所对应 LCB 变量的值。不同搜索方法的结果如图 4.13 所示。其中，当 $\omega=[0,1,2]$ 的 MB-MLAO 算法和 $\hat{\omega}=2$ 的 SB-MLAO 算法优化结

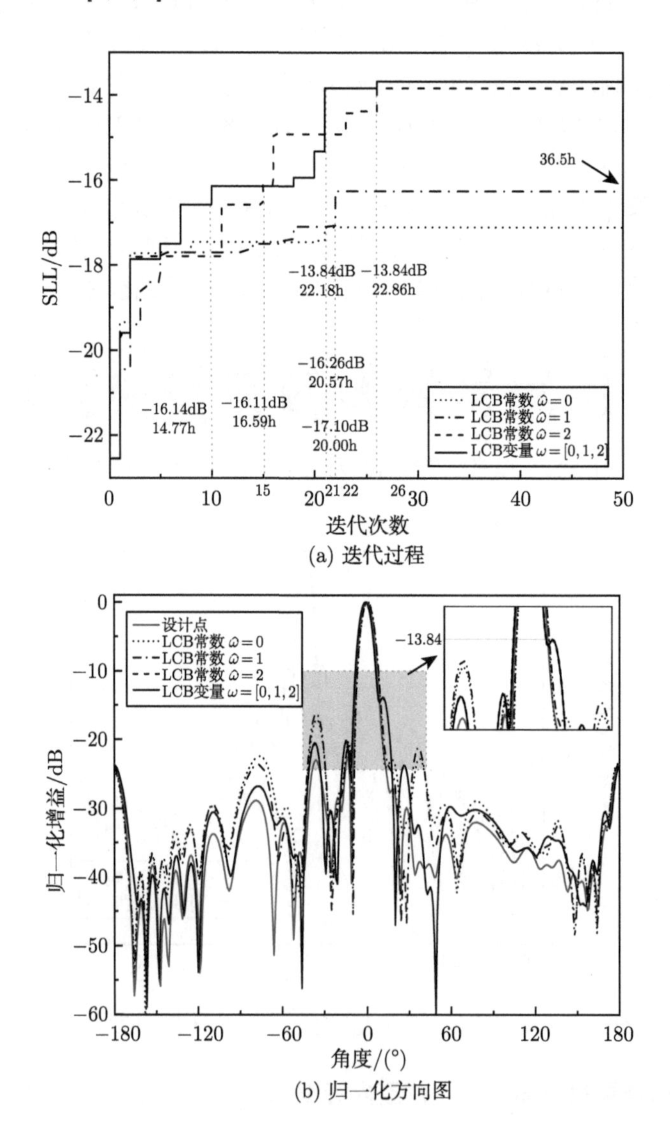

(a) 迭代过程

(b) 归一化方向图

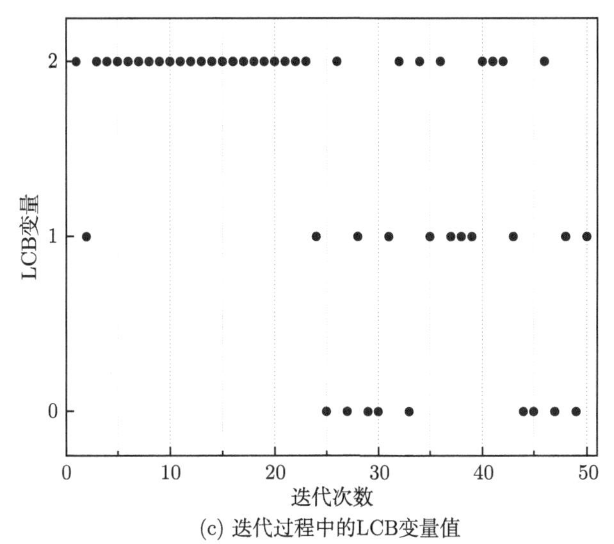

(c) 迭代过程中的LCB变量值

图 4.13 利用不同方法对天线 3 进行最差情况搜索的收敛曲线和归一化方向图，以及 MB-MLAO 算法每次迭代中进行高保真度全波仿真对应的 LCB 变量值

果相似，在 22.86h 时搜索到的最差结果为 −13.84dB。在本次实验中，当 $\hat{\omega}=0$，SB-MLAO 算法搜索性能最差，在规定的 50 次迭代中，搜索到的最差结果为 −17.10dB。当 $\hat{\omega}=1$，SB-MLAO 算法所能找到的最差结果为 −16.26dB，搜索时间为 20.57h。而 MB-MLAO 算法可以在 14.77h 获得与 $\hat{\omega}=1$ 的 SB-MLAO 算法相近的值，为 −16.14dB。对于传统的 SB-MLAO 方法，LCB 变量的选择会影响算法的性能，在本例中，LCB 变量设为 2 的搜索性能明显优于设为 0 和 1 的情况。而且，MB-MLAO 算法的优化结果与 SB-MLAO 算法的最好性能相近，这说明 MB-MLAO 算法有更强的收敛稳定性。

4.6 本 章 小 结

首先对多精度建模方法、多保真度机器学习方法以及置信下限预筛选策略进行介绍，随后详细介绍多级协作式机器学习方法和多路径机器学习方法的思想和主要步骤，并通过两个测试函数和三个天线的案例验证 MB-MLAO 算法的优越性。MB-MLAO 算法能够平衡算法在局部和全局的搜索能力。在优化中，利用 LCB 变量实现多路径优化，在当前最优区域和稀疏采样区域进行权衡，并且利用多保真度机器学习方法降低计算时间。进一步，利用再训练再预测的策略，再预测后的精度有可能得到提升，并指导算法自适应地选择一组参数组合利用高保真度全波仿真模型进行验证。测试函数和天线的实验结果表明，对于不同特征、不同复杂度的问题，MB-MLAO 算法具有好的优化效果且收敛稳定性强。

第 5 章

阵列智能设计

本章探讨一种知识和数据混合驱动 (hybrid knowledge-guided and data-driven technology, HKDT) 的天线阵列设计方法。区别于传统的知识驱动的阵列综合方法或数据驱动的阵列综合方法，HKDT 可以快速有效地建立阵列中天线单元的位置排布、考虑到单元间互耦以及平台效应下的天线阵列性能间的联系，从而实现高效的实际天线阵列设计。通过引入先验的物理知识和假设，HKDT 将数据驱动的过程限制在理论模型无法提供精确而快速响应的场景下，从而在最大程度上缓解了数据驱动方法所带来的对计算资源的需求。首先，HKDT 方法将天线阵列视为以单独的有源元单元 (active base element, ABE) 构成的整体，从而将处在不同阵列位置、不同电磁环境下的天线单元统一，便于采用机器学习方法进行学习；其次，为了缓解天线阵列综合，特别是平面阵列综合中所面临的针对大量不同角度下的方向图信息数据处理所需庞大计算量的困境，HKDT 方法引入了对 ABE 的辐射特性的平面虚拟子阵模拟的优化方法，从而大幅度降低了对 ABE 的辐射特性进行精确表征的难度。本章将 HKDT 方法与经典的 MLAO 方法协同，对一系列线阵及面阵进行建模与设计，验证了该方法的有效性及优势。

5.1 经典的阵列设计方法

天线阵列由一系列相邻的天线单元组成，通过其协同工作对电磁波进行发射或接收。与单独的天线单元相比，天线阵列可以对波束的形状进行自由操控，从而在所设计的方向上形成特定的波束指向或形状，提升通信系统的性能。常见的天线阵列设计任务包括高定向性设计、宽角域波束扫描设计、自适应波束成型设计、多波束设计等。近年来，随着包括 5G 等的大规模商用部署以及 B5G 和 6G 的研究的蓬勃开展，天线阵列设计日趋复杂。现代无线通信系统通常工作在复杂的电磁环境下，其电路及天线的设计受到包括尺寸在内的方方面面的制约，并需要同时满足包括多频段或宽频段、增益、方向图、反射系数、互耦等多方面的设计要求。在这样的背景下，天线阵列的综合和设计方法正在经历深刻的革新。

在过去的半个多世纪中，研究人员提出了一系列包括阵列综合理论[49–51]、启发式优化方法[52–55]、压缩感知[56]、凸优化[57,58]、迭代式傅里叶方法[59] 等精妙的天线阵列综合、优化、设计方法。这些方法大多数基于对天线阵列分析与综合中存在的物理内涵的探索、分析，可以被归类为基于物理知识的阵列天线设计方法。传统的天线阵列综合理论可以有效地解决规则阵的低副瓣或波束成型问题，但在不规则阵的设计中效率不高。启发式优化方法最大的优势是其灵活性，可以在任意的限制条件和设计任务下工作，然而，其相对较慢的收敛速度制约了它在更大的天线阵列综合任务中的适用度。近年来，一些研究通过将特定的天线阵列综合问题转化为凸优化问题进行快速求解。凸优化方法收敛速度快，但其灵活性和扩展性存疑。

大多数基于物理知识的天线阵列设计和优化方法都忽略阵元间互耦和平台效应对阵列性能的影响。然而，对现代无线通信及雷达中的阵列设计而言，上述效应会严重影响天线阵列的波束质量。全波电磁仿真可以在考虑到上述效应的前提下，提供对现实状况的精确模拟，其代价是高昂的计算复杂度。近年来涌现了一系列将全波电磁仿真与基于物理知识的阵列天线优化和设计方法相结合的混合方法，以期实现更优越的阵列性能[60–73]。其中，对于单元位置固定的阵列综合问题，可以采用基于有源单元方向图 (active element pattern, AEP) 的设计方法处理阵元间互耦和平台效应下的阵列设计问题。文献 [68, 73] 中提出了一种针对线阵的迭代式快速傅里叶变换方法，通过采用最小二乘 AEP 展开方法，实现了高效的单元位置固定下的阵列综合。文献 [60, 63, 69] 采用迭代式的响应纠正方法，将后续的阵列设计中的单元的 AEP 近似视为已采用全波仿真计算得到的单元中与其最近的单元的 AEP，从而实现了对线阵和面阵的激励和单元位置的同时优化。总而言之，在考虑阵元间互耦和平台效应的前提下，现有的阵列设计算法仍然难以对阵元的位置及激励进行“自由”地调控以实现设计目标：该过程依赖于对阵元在不同位置、不同电磁环境下的 AEP 进行快速且精确的预测。

近年来，机器学习 (machine learning, ML) 在电磁领域得到广泛研究和应用，并常被用来加速设计和优化流程[66,74–81]。这类 MLAO 方法采用 ML 电磁仿真数据，试图在设计变量和设计目标之间建立计算复杂度低的代理模型，从而加速设计收敛，可被视为一种数据驱动的方法。电磁领域常用的机器学习方法包括 ANN[82]、GPR[8,83] 和 SVM[84] 等。利用上述的机器学习方法，基于机器学习建立的代理模型，MLAO 对优化算法中潜在的采样点所对应的响应进行相对可靠的预测。

在天线阵列的设计和优化中，引入 ML，用来建立阵列位置参数和激励与阵列性能间的联系[7,62,67,70,79,85–89]，从而获得相较于传统方法更优的系统性能或更高的设计效率。在前期的研究中，机器学习直接学习阵列设计参数和互耦效应下的阵列性能间的联系[7]，这种思路可以被看作为纯数据驱动。近期的研究倾向于将天线单元的 AEP 而非阵列的辐射特性作为机器学习模型的输出，同时利用单元的 AEP 与阵列辐射特性间存在的先验的阵列综合知识，从而降低对计算资源的需求[62,67,70]。文献 [62] 采用 ANN 对可变阵元位置下的天线单元的 AEP 进行精确建模，从而实现包括单波束及平顶波束等的微带天线设计。一方面，虽然 ML 的引入为天线阵列的设计和优化带来更高的设计自由度，但其数据驱动的本质对计算资源的需求提出更高的要求。在文献 [62,70] 中，算法需要将近 1000 次对 10 阵元的微带天线阵列的全波仿真以建立足够精确的代理模型。文献 [67] 针对一个 5 阵元的天线阵列，采用了 286 次全波仿真用以建立 ML 代理模型。对 ML 能够建立的代理模型而言，对计算资源的消耗和模型的精确度构成了一对天然的矛盾。另一方面，现有的数据驱动方法很难被拓展到更为实用的平面阵的综合问题中：相较于线阵的优化问题，平面阵中的天线单元所处的阵列电磁环境更为复杂；相对于线阵综合问题通常只需要考虑一个面的设计优化，面阵的阵列综合所需要考虑的角度数据将远远增长。

考虑一种常用的平面阵列形式，其结构参数如图所示 5.1。天线阵元位于 xOy 平面上，天线阵列设计的目的即为优化阵元位置与激励，以实现定向波束、多波束、波束成型等。

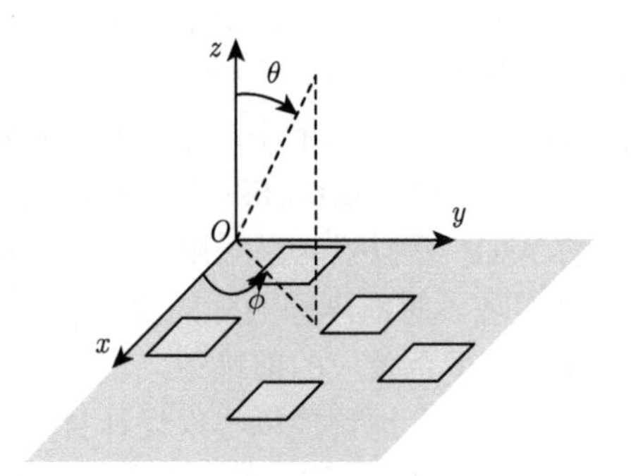

图 5.1　一种常用的平面阵列形式

在实际的阵列环境下，每个阵元的辐射特性将会受到包括周围阵元的互耦及平台效应等各种因素的影响，可以通过有源单元方向图 AEP 即 $g_n(\theta,\phi)$ 进行定义，其代表在方位角 ϕ 和俯仰角 θ 处阵元的辐射场强，其中 $n=1,\cdots,N$ 代表不同阵元的序号。每个阵元所受到的激励可以由 ω_n 表示。阵列远场的方向图可以被描述为

$$f(u,v)=\sum_{n=1}^{N}g_n(u,v)\omega_n\mathrm{e}^{\mathrm{j}(ux_n+vy_n)} \tag{5.1}$$

式中，$u=2\pi\sin\theta\cos\phi$；$v=2\pi\sin\theta\sin\phi$；而 x_n 和 y_n 为由波长归一化后的阵元 n 的坐标。在实际的天线阵列设计中，如何在给定的设计参数下快速地获得可靠的阵列辐射响应 $f(u,v)$ 是问题的关键。由于阵元激励的变化不会对其 AEP 构成影响，上述问题可以转化为如何在给定的阵元位置分布下快速地获得可靠的 AEP。如图 5.2 所示，现有的知识驱动的阵列设计方法倾向于忽略阵元间互耦和

平台效应的影响以保证算法的效率；而现有的数据驱动的方法通过引入全波仿真和 ML 等方法，在阵列综合和优化中考虑阵元间互耦和平台效应的影响，但具有相当高的对计算资源的需求。相较于现有的知识驱动和数据驱动方法，本章所提出的 HKDT 方法可以在保证精度的前提下提升效率，从而达到效率和性能的平衡。

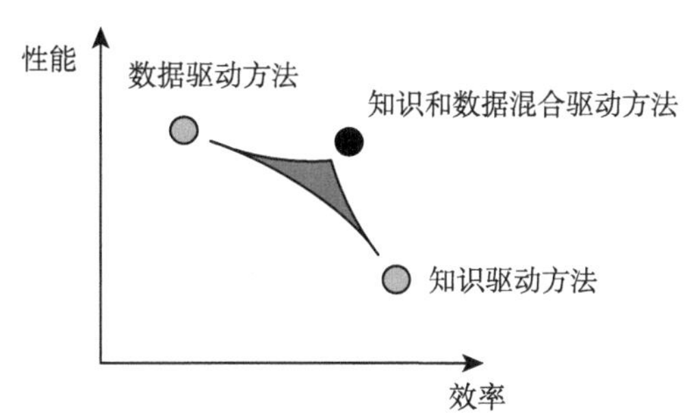

图 5.2 相较于现有的知识驱动方法和数据驱动方法，HKDT 方法可以在保证精度的前提下提升效率

5.2 有源元单元建模

本节将首先描述基于有源元单元建模 (ABE modeling, ABEM) 方法，并将其与传统的基于阵元分布的建模方法进行比较，展示了该方法的有效性。继而引入包括平面耦合区域分割和平面虚拟阵列拟合等基于知识驱动方法，将其与数据驱动方法相结合，即通过知识和数据混合驱动方法对 ABE 进行建模，并与前述的 ABEM 进行比较，进一步提升建模的精度、效率和适用范围。

5.2.1 基于有源元单元的建模

考虑到传统的基于 MLAO 和 AEP 的阵列综合方法均局限于线阵的情况，这里以线阵为例，阐述 ABEM 所使用的 ABE 的思想与传统方法的区别。如图 5.3 所示，传统的基于阵元分布的建模 (array distribution modeling, ADM) 方式将阵元的位置排布视作一个整体作为数据驱动方法的输入，而将包括各阵元 AEP 及有源 S 参数等信息作为对应阵元位置下的数据驱动方法的输出。这种方法存在两个方面的限制：

(1) 由于训练集中阵元的个数是固定的，代理模型只能对与训练集中阵元个数相同的阵列的性能进行预测。

(2) 由于处在同一阵列中不同位置的阵元的信息无法共享，代理模型实际上并未获得足够的信息，从而导致其预测性能的瓶颈。在全波仿真次数受限的情况下，代理模型的预测精度无法得到保证。

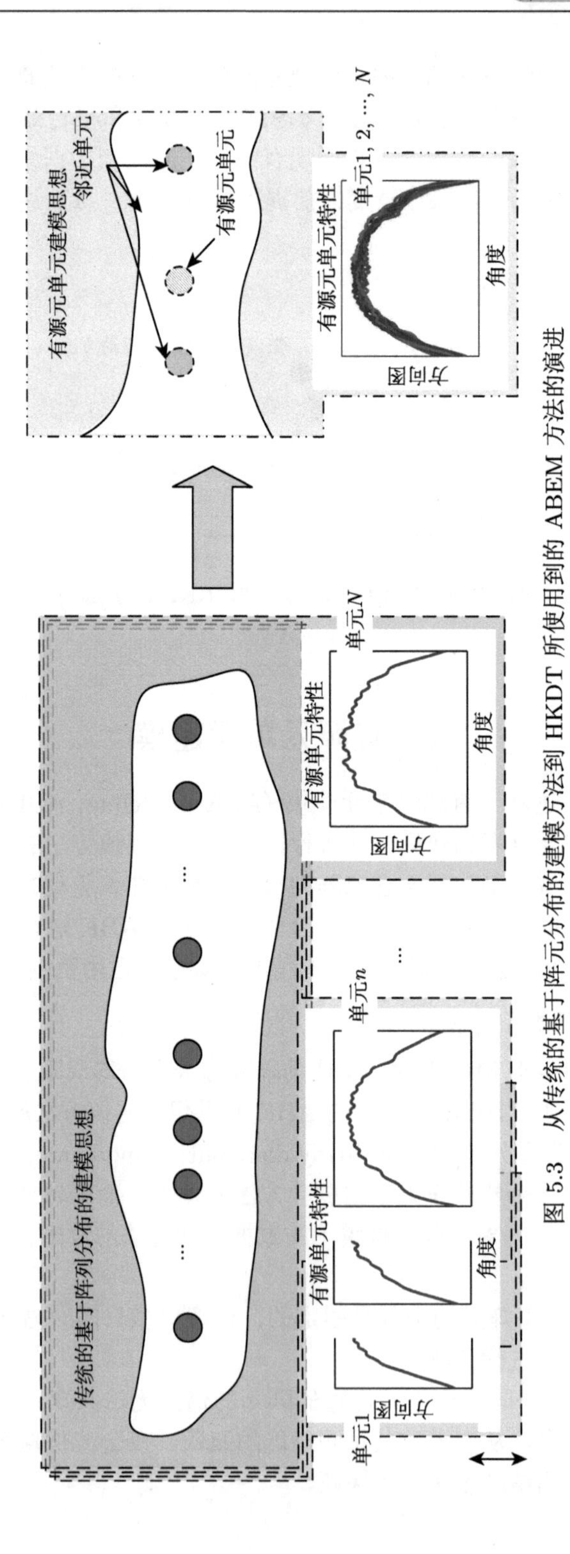

图 5.3　从传统的基于阵元分布的建模方法到 HKDT 所使用到的 ABEM 方法的演进

与上述 ADM 的建模方法不同，ABEM 将阵列中的各个单元都视作具有类似性质的 ABE。这些 ABE 具有不同的设计参数，即其所处的位置及其周围的电磁环境等；这些不同的设计参数导致具有不同的 AEP。考虑具体的线阵情况，ABEM 的输入即为阵元的绝对位置、与周边阵元的相对位置及平台参数，其输出为 AEP 的幅度、相位以及有源 S 参数。在线阵中，单元的绝对位置 $\boldsymbol{x}_{\mathrm{a}}$ 和平台的参数 $\boldsymbol{x}_{\mathrm{p}}$ 可以直接作为模型的输入，而单元的相对位置可以通过下式表示：

$$\boldsymbol{x}_{\mathrm{r},k}=\begin{cases}1/\boldsymbol{l}_{\mathrm{r},k}, & \text{如相邻的第 } k \text{ 个单元存在}\\ 0, & \text{如上述单元不存在}\end{cases} \tag{5.2}$$

式中，$\boldsymbol{l}_{\mathrm{r},k}$ 表示所考虑的阵元与其相邻的第 k 个单元间的距离，$k=1,2,\cdots,K$。对于线阵，需要同时考虑左边和右边相邻的单元。一方面，随着阵元与其相邻阵元距离的增大，式 (5.2) 所表示的相对位置信息逐渐减小；对处在阵列边缘的阵元，其仅有一侧具有相邻阵元，另一侧可将对应的 $x_{\mathrm{r},k}$ 值设置为 0，与此侧具有一个相距无限远的相邻单元的情况等效。采取上述策略，可以将处在阵列内部和边缘的阵元在代理模型的视角下进行统一，从而可以最大程度地利用全波仿真得到信息。另一方面，通过控制参数 K 的大小，控制代理模型所需要考虑的相邻单元的个数，从而在计算复杂度和模型的精度间获得平衡。通过全波仿真等方法，构建 M 项向量构成的训练集：

$$\boldsymbol{D}=\{(\boldsymbol{u}_m,\boldsymbol{y}_m)|m=1,2,\cdots,M\} \tag{5.3}$$

其中每一项训练集数据包括 P 维的输入向量为

$$\boldsymbol{u}_m=[\boldsymbol{x}_{\mathrm{a},m}\ \boldsymbol{x}_{\mathrm{p},m}\ \boldsymbol{x}_{\mathrm{r},m,1}\ \boldsymbol{x}_{\mathrm{r},m,2}\ \ldots\ \boldsymbol{x}_{\mathrm{r},m,K}\ f_m\ \theta_m]^{\mathrm{T}} \tag{5.4}$$

以及相应的输出向量为

$$\boldsymbol{y}_m=[E_{\mathrm{mag},m}\ E_{\mathrm{pha},m}\ S_m]^{\mathrm{T}} \tag{5.5}$$

式中，f_m 和 θ_m 分别代表所需考虑的频率和角度值。输入向量的维度 $P=N_{\mathrm{a}}+N_{\mathrm{p}}+2K+2$，其中 N_{a} 和 N_{p} 分别代表阵元绝对坐标的个数和平台参数的个数。所收集的输入向量的个数 $M=NM_{\mathrm{fre}}M_{\mathrm{ang}}M_{\mathrm{sam}}$，其中 M_{fre}、M_{ang} 和 M_{sam} 分别表示所关心的频点个数、角度点数和所采样的阵列分布的个数。训练集的大小为 $M\times P$。

考虑到阵列综合中相对较小的训练集，此处采用单输出的 GPR 作为建立代理模型的数据驱动方法。以如图 5.4 所示的具有不规则形状地板结构的微带天线阵列结构模型为例，提出的 ABEM 方法的参数设置对算法性能的影响。该微带天线阵列工作在 10GHz，阵元数目 N 在 6 和 16 之间变化，阵列设计在不规则形状地板上，并通过塑料螺栓固定。由于不规则形状地板和单元间互耦的影响，天线单元的 AEP 相互之间差别较大，采用所提出的 ABEM 对单元的 AEP 进行建模。

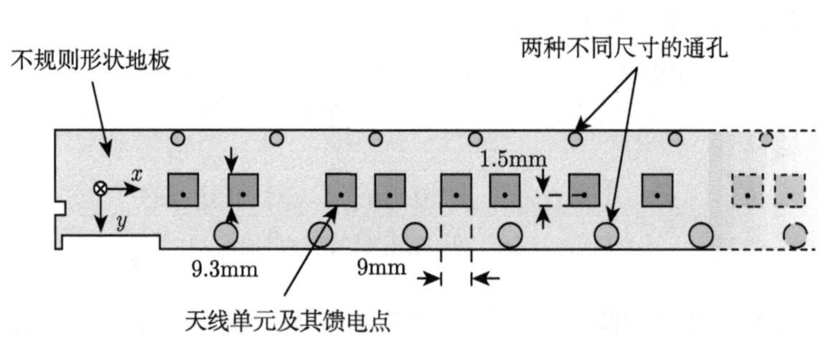

图 5.4　带有不规则形状地板结构的微带天线阵列模型

首先，研究参数 K 对算法建模能力的影响。参数 K 代表模型需考虑的与 ABE 相邻的在一侧的天线单元个数，即在模型建立中考虑与 ABE 最近的 $2K$ 个天线单元的互耦对单元 AEP 的影响。在研究中，将其他相关参数设置为 $M_{\text{sample}} = 5$ 及 $N = 6, 7, \cdots, 16$，对设计范围内的阵列结构进行随机采样构建数据集，并将其中的 $r_{\text{t}} = 80\%$ 设置为训练集，$r_{\text{v}} = 20\%$ 设置为验证集。需要注意的是，在训练集和验证集中，天线阵列中的阵元个数皆是可变的。采用 GPR 方法对天线单元的 AEP 和 S 参数进行建模，并采用 5/2 Martin 函数作为核函数。使用均方根误差 (root mean square error, RMSE) 评估代理模型的预测与验证值间的差距。表 5.1 给出 ABEM 算法在不同的 K 值下采用 RMSE 描述的预测能力的比较，而图 5.5 给出 ABEM 算法的预测值与验证值的对比。可以看到，当 $K = 0$，即不考虑周围单元的互耦影响时，机器学习所建立的代理模型无法对所考虑的 ABE 的 AEP 进行很好预测；而当 K 从 0 增大至 1 后，机器学习所建立的代理模型的预测能力有很大提升；当 K 进一步增长时，代理模型的性能提升不明显。由此，在后续的 ABEM 方法中，采用 $K = 1$ 以在较少的计算资源需求下获得优良的代理模型的性能。

表 5.1　在不同的 K 值下 ABEM 算法的 RMSE 比较

K	AEP (幅度)	AEP (相位)	S 参数
0	1.0690	0.1222	0.2450
1	0.2592	0.0409	0.1040
2	0.2413	0.0418	0.1022
3	0.2418	0.0405	0.0828
4	0.2494	0.0397	0.0828

其次，考虑对训练集中数据的采样稀释操作对算法建模能力的影响。相较于传统的 ADM 方法，ABEM 算法可以有效地降低对训练集数目的需求。然而，ABEM

算法仍不可避免地需要学习大量不同方向上的天线辐射信息，由此带来的对计算资源的需求相较于天线参数设计优化成倍增加。为了缓解计算压力，ABEM 算法在训练前对训练集数据以采样系数 r_s 进行稀释。考虑实际的微带天线阵列，其

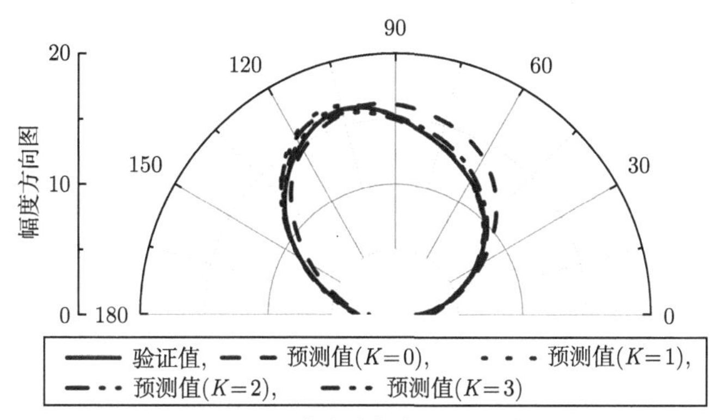

(a) 电场幅度方向图的典型值一

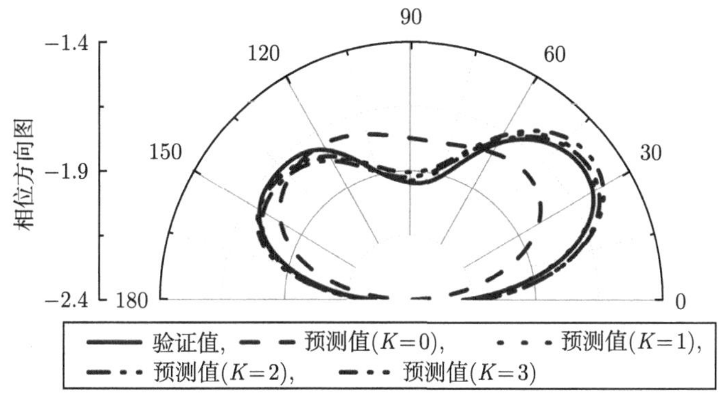

(b) 电场相位方向图的典型值一

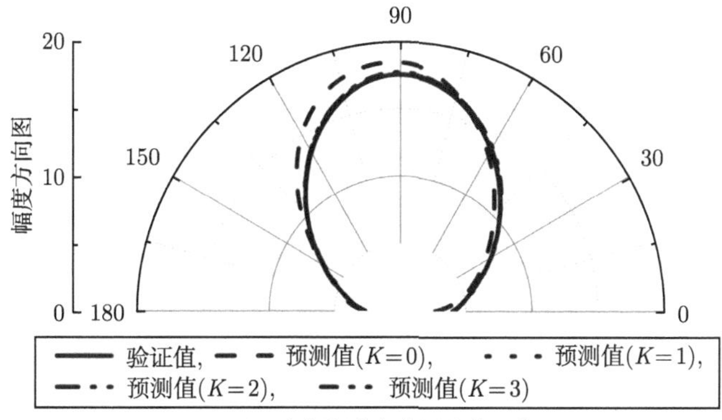

(c) 电场幅度方向图的典型值二

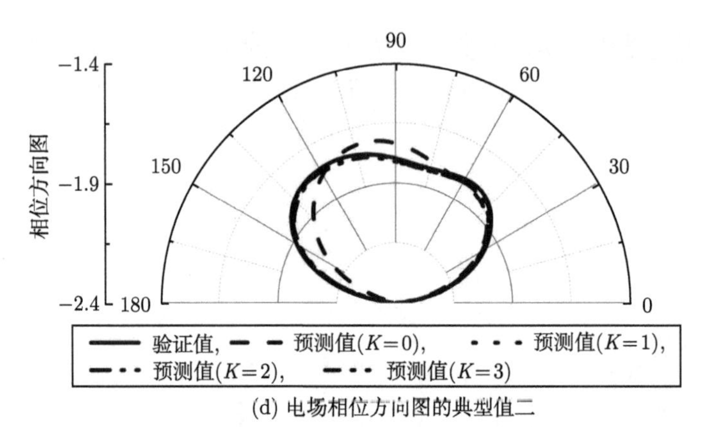

(d) 电场相位方向图的典型值二

图 5.5　在不同的 K 值下，ABEM 算法预测值与验证值的比较

参数为 $M_{\mathrm{ang}}=181$、$N=15$、$M_{\mathrm{sample}}=5$、$r_{\mathrm{t}}=0.8$ 及 $r_{\mathrm{v}}=0.2$，使用不同的 r_{s} 对训练集的数据进行随机采样稀释，并对稀释后的训练集的数据进行学习从而对验证集进行预测，通过比较预测结果与实际值的 RMSE 对不同 r_{s} 下的 ABEM 算法的学习能力进行评估，其结果体现在表 5.2 中。可以看出，随着 r_{s} 的减小，模型的预测能力呈现缓慢恶化的趋势。可以通过选取适当的 r_{s} 来获得模型的计算复杂度与预测能力间的平衡。

表 5.2　在不同的 r_{s} 值下 ABEM 算法的 RMSE 比较

r_{s}	AEP (幅度)	AEP (相位)	r_{s}	AEP (幅度)	AEP (相位)
0.500	0.3590	0.0444	0.020	0.3355	0.0444
0.200	0.3224	0.0439	0.010	0.4381	0.0683
0.100	0.3275	0.0438	0.005	0.5117	0.0818
0.050	0.2320	0.0317	0.002	0.5621	0.1020

接下来，讨论在训练数据与所需预测的设计的天线阵元数不同的情况下，ABEM 算法的性能相较于 ADM 方法，ABEM 算法的一大优势在于可以处理不同阵元数据的情况。此处，通过对两个大小相同、阵元数情况不同的训练集进行训练，并通过比较其在固定阵元数目 M_{p} 的验证集上预测值与实际值间的 RMSE，对其精度进行评估。表 5.3 给出在不同情形下的 ABEM 预测值的 RMSE 的比较：案例 1，训练集中不含有阵元数目为 M_{p} 的阵列；案例 2，训练集中含有阵元数目为 M_{p} 的阵列。其中，$M_{\mathrm{p}}=8$，在案例 1 中包含的训练数据中的阵元个数为 $\boldsymbol{M}_{\mathrm{t1}}=[6,7,9,10]$，在案例 2 中包含的训练数据中的阵元个数为 $\boldsymbol{M}_{\mathrm{t2}}=[6,7,8,9,10]$。可以看出，在两种情况下，训练集具有类似的预测精度，即验证了 ABEM 算法可以预测在训练数据中不包含的阵元个数的设计点。

最后，比较传统的 ADM 方法与所提出的 ABEM 算法的建模能力的差异。传统的 ADM 方法将阵列的整体排布作为机器学习方法的输入，从而建立对 AEP 的代理模型。与 ADM 方法相比，ABEM 算法不仅可以对在训练数据中不包含的阵元个数的设计点的性能进行预测，还可以在相似的计算资源消耗下，提供更好的预测精度。考虑 $N = 16$ 的微带天线阵列，采用 ABEM 算法和 ADM 方法分别对同一训练集进行学习，并利用 RMSE 比较其学习得到的代理模型在验证集下的性能，其结果如图 5.6 所示。可以看出，ABEM 算法得到的代理模型的

表 5.3　不同情形下的 ABEM 预测值的 RMSE 的比较：案例 1，训练集中不含有阵元数目为 M_p 的阵列；案例 2，训练集中含有阵元数目为 M_p 的阵列

实验序号	幅度		相位	
	案例 1	案例 2	案例 1	案例 2
1	0.3842	0.4815	0.0624	0.0537
2	0.3833	0.3325	0.0633	0.0435
3	0.4305	0.2900	0.0712	0.0467
4	0.4035	0.3325	0.0657	0.0461
5	0.4462	0.3086	0.0693	0.0453

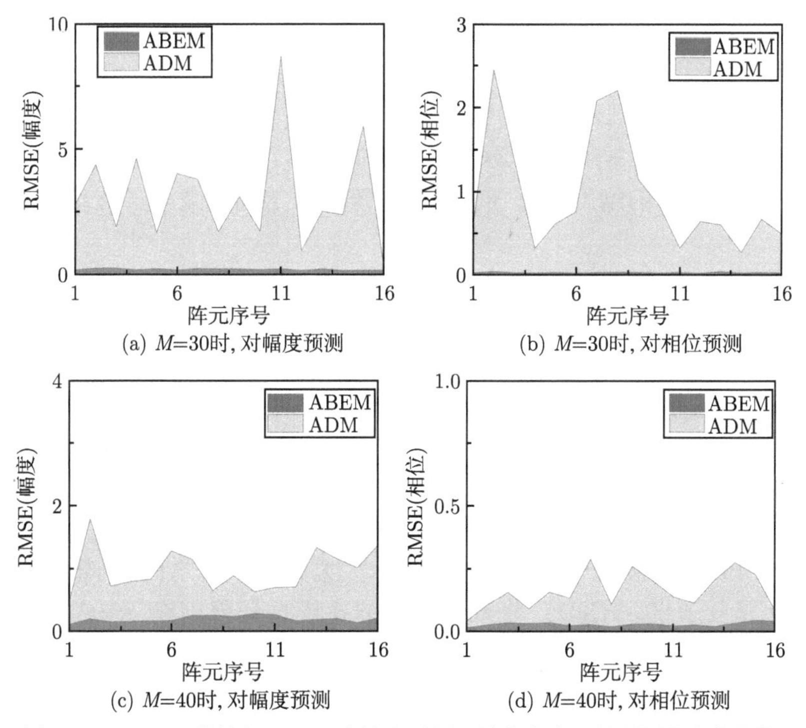

(a) M=30时, 对幅度预测　(b) M=30时, 对相位预测
(c) M=40时, 对幅度预测　(d) M=40时, 对相位预测

图 5.6　ABEM 算法与 ADM 方法在不同训练集大小下的预测能力的比较

预测精度明显高于 ADM 方法。其原因在于 ABEM 算法将所有的阵元皆视为在不同输入特性下的 ABE，从而充分利用了全波仿真数据给出的信息。在训练集大小 $M=30$ 时，ADM 方法对幅度和相位的学习平均花费时间分别为 80.85s 和 80.85s；而 ABEM 算法的平均花费时间分别为 86.57s 和 77.02s。对 $M=40$，ADM 方法对幅度和相位的学习平均花费时间分别为 93.63s 和 93.63s；而 ABEM 算法的平均花费时间分别为 87.19s 和 95.16s。由此可见，ABEM 算法可以在相似的计算资源需求下，实现更优越的对潜在设计点的预测精度。

5.2.2　结合先验知识的有源元单元建模

在 5.2.1 节中，通过将所有的天线阵元视为具有不同输入及输出特征的 ABE, ABEM 算法获得要比传统的 ADM 方法更优越的性能，包括更高的设计自由度和更高的预测精度。然而，ABEM 仍然存在一定的缺陷。首先，ABEM 的建模方法建立在对每个需要关注的辐射角度的辐射特性学习的基础上，随着优化过程中数据量的增大，ABEM 的建模及预测速度将会相应地迅速增长，从而严重影响算法的性能。更加重要的是，ABEM 在二维面阵的设计及优化中的直接应用将会受到两个方面的限制：

(1) 相较于线阵，二维面阵中 ABE 的输入参数的定义将会更加复杂，影响 ABE 的其他天线单元与 ABE 的相对位置，难以通过少量的参数进行量化。

(2) 相较于线阵，二维面阵中的 AEP 涉及更多的角度，线阵的阵列综合通常仅关注一个面上不同俯角处的辐射特性，而面阵则需要关注不同俯仰角和方位角上的辐射特性。对常用的机器学习方法如 GPR，其计算复杂度为 $\mathcal{O}(n_d^3)$，其中 n_d 代表训练集的维度。面阵相较于线阵更大的训练集将严重地制约算法的效率。

为了解决 ABEM 算法存在的上述问题，引入包括平面耦合区域分割和平面虚拟子阵拟合在内的多种基于知识驱动的方法，将其与数据驱动的机器学习方法相结合，从而构建一种全新的知识和数据混合驱动 (hybrid knowledge-guided and data-driven technology, HKDT) 建模方法对二维面阵下的有源元单元进行建模，从而在很大程度上解决了 ABEM 所存在的一系列问题。如图 5.7 所示，对给定的天线阵列，通过引入平面耦合区域分割的方法对 ABE 进行定义；再通过平面虚拟子阵拟合方法，将 ABE 的辐射信息的表征从以角度表征的辐射特性转换为平面虚拟子阵的激励信息，大大降低了对 ABE 的学习和预测所需要的计算复杂度。HKDT 将数据驱动的建模过程限制在 ABE 的输入特征和平面虚拟子阵的激励信息之间，最大程度利用已有的电磁学知识和假设，由此带来非常有效地对计算复杂度的削减。下面将给出 HKDT 建模方法的具体步骤：

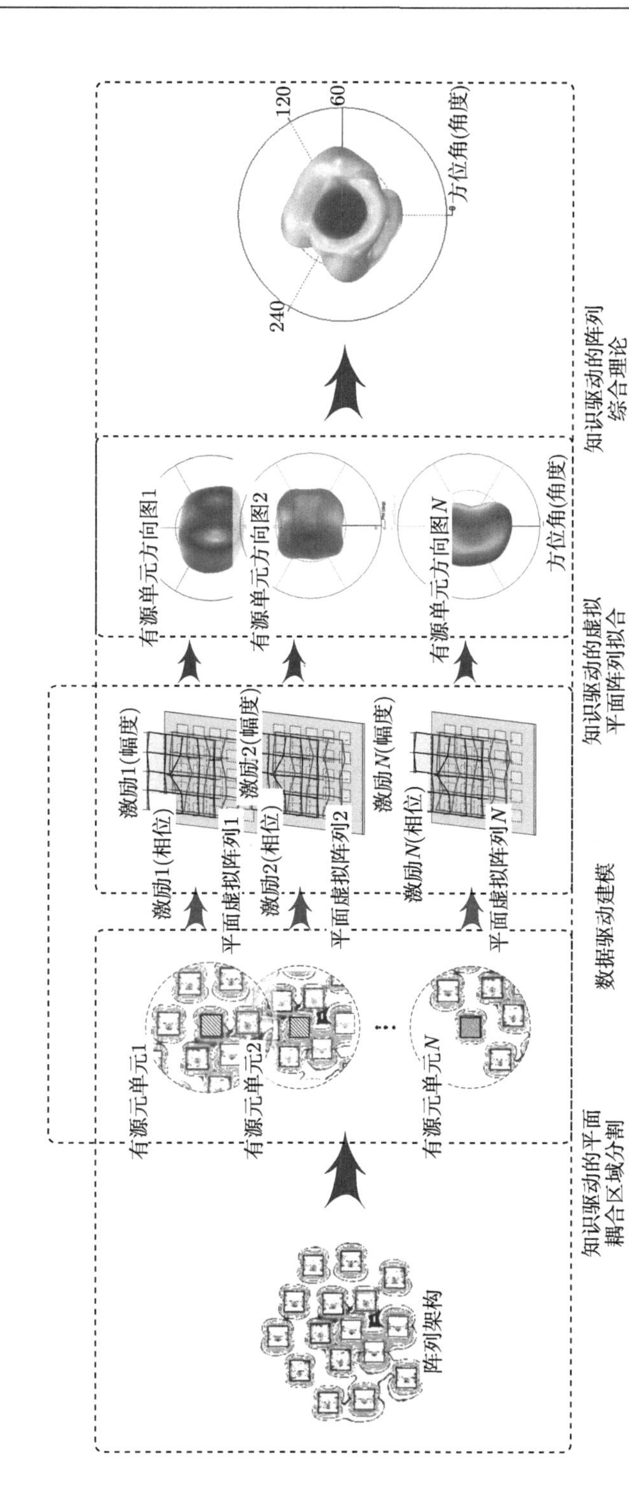

图 5.7 知识和数据混合驱动的建模方法对二维线阵下的有源元单元进行建模

在 HKDT 方法中，第一步是将所考虑的阵元作为 ABE，继而在其周围划分出一系列区域用以定义周围阵元的互耦对其 AEP 的影响。如图 5.8 所示，对所考虑的 ABE，将其周围半径为 R_c 的区域定义为会对 ABE 的 AEP 造成影响的互耦区域，继而将此区域根据方位角 ϕ 划分成 M 个区域。对每个区域，将于满足下列条件的相邻单元列入需要考虑的范围：

$$\begin{cases} r_{m,1} < \ldots < r_{m,k-1} < r_{m,k} < R_c, \ k = 1, 2, \cdots, K \\ \phi_{m,k} \in [2(i_m - 1)\pi/M, 2i_m\pi/M), \ i_m = 1, 2, \cdots, M \end{cases} \tag{5.6}$$

式中，i_m 代表所划分的耦合区域的序号，而 $[r_{m,k}, \phi_{m,k}]$ 则定义相应的邻近单元在极坐标下与 ABE 的相对位置，其中 k 代表该邻近单元与 ABE 在区域 m 中的欧氏距离为第 k 近。对那些耦合区域中，存在的相邻单元个数小于 K 个的情况，采用虚拟的相对距离为无穷大的相邻单元对该区域进行补全。由此定义的 ABE 的输入参数为

$$\boldsymbol{l}_n = [\boldsymbol{x}_n, 1/\boldsymbol{r}_n]^{\mathrm{T}} \tag{5.7}$$

式中，$\boldsymbol{x}_n$ 代表第 n 个 ABE 的绝对位置；而 $\boldsymbol{r}_n$ 代表其相对位置，可被表示为

$$\boldsymbol{r}_n = [\boldsymbol{r}_{1,1,n}, \cdots, \boldsymbol{r}_{1,k,n}, \cdots, \boldsymbol{r}_{1,K,n}, \cdots, \boldsymbol{r}_{m,k,n}, \cdots, \boldsymbol{r}_{M,K,n}]^{\mathrm{T}} \tag{5.8}$$

与 ABEM 中的处理类似，式 (5.7) 对 $\boldsymbol{r}_n$ 的倒数处理确保相对位置参数的连续性，即将无限远处的相邻单元的相对位置参数视作 $1/\boldsymbol{r}_n = 0$。通过恰当地设置包括 K、M 和 R_c 在内的设计参数，该平面耦合区域划分方法固定了 ABE 的输入参数的个数。

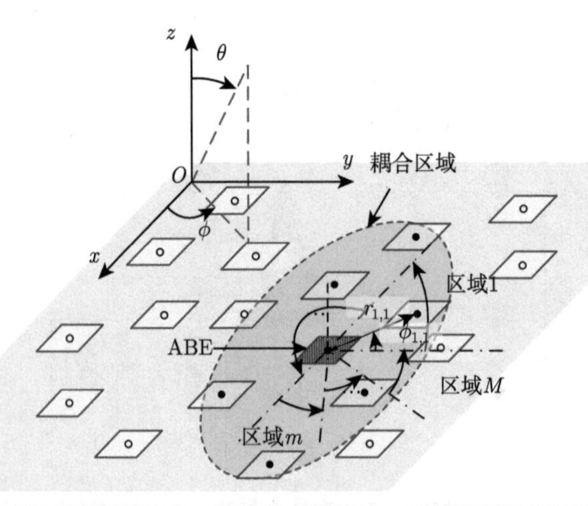

图 5.8 一种典型的平面阵列形式，针对考虑的阵元，在其周围进行区域划分的示意图

所提出的 ABEM 算法将角度信息作为训练和预测的输入特征，是一种直接对 AEP 进行建模的方法。一个具有 W_{tra} 个单元的训练数据集可以表示为

$$D_{\text{tra}} = \{(\boldsymbol{u}_w, \boldsymbol{y}_{\text{tra},w})|w = 1, \cdots, W_{\text{tra}}\} \tag{5.9}$$

式中，输入数据的维度为 $W_{\text{tra}} \times X_{\text{tra}}$，可表示为

$$\boldsymbol{u}_w = [\boldsymbol{l}_w \ f_{\text{obj},w} \ u_{\text{obj},w} \ v_{\text{obj},w}]^{\text{T}} \tag{5.10}$$

输出数据为 $\boldsymbol{y}_{\text{tra},w} = [\text{Mag}\{g_{\text{AEP}}\}_w \ \text{Pha}\{g_{\text{AEP}}\}_w]$；$f_{\text{obj},w}$、$u_{\text{obj},w}$ 及 $v_{\text{obj},w}$ 分别代表所关注的频率及角度点；训练数据的列数为 $X_{\text{tra}} = KM + 5$，而行数为 $W_{\text{tra}} = W_{\text{ABE}}W_f W_u W_v$，其中 W_{ABE}、W_f、W_u 和 W_v 分别代表训练集中的 ABE 的数量、频率点和角度点的数量。如之前所述，当 W_{ABE} 随着设计过程增长时，W_{tra} 亦会随之增长；更重要的是，处理二维面阵的设计问题时，所需要处理的角度点数会急剧增长。考虑一个典型的二维面阵设计问题，假设算法需要 5 次迭代以达到设计目标，每次迭代需要处理 20 个阵元的全波仿真数据，考虑 1 个设计频点和上半球面内的间隔为 1° 的角度点，训练数据集将最终会增长至 $W_{\text{tra}} = 3240000$ 维，从而很难在需要快速迭代的工程问题中进行学习及预测。

文献 [90] 提出了一种针对固定阵元位置的线阵综合问题的 AEP 展开的方法。在 HKDT 方法中，将上述方法扩展至二维面阵的应用中，并创造性地将其拟合得到的特征值用来代表不同输入参数下的 ABE 的特征，相较于前述的通过角度特征描述的 ABEM，取得相当大的计算复杂度的削减。在 HKDT 的平面虚拟子阵拟合方法中，将给定 ABE 的 AEP 拟合为一个等间距的平面虚拟子阵的辐射：

$$g_n(u,v) \approx g_{\text{ave}}(u,v) \sum_{q=-\frac{Q-1}{2}}^{\frac{Q-1}{2}} \sum_{p=-\frac{P-1}{2}}^{\frac{P-1}{2}} c_{n,p,q} \mathrm{e}^{\mathrm{j}\beta(qdu+pdv)} \tag{5.11}$$

式中，$c_{n,p,q}$ 代表该平面虚拟子阵在第 p 行第 q 列处的虚拟阵元 n 的激励；d 代表该平面虚拟子阵的阵元间距；$g_{\text{ave}}(u,v)$ 是实际阵列中阵元 AEP 的平均值。平面虚拟子阵的激励 $c_{n,p,q}$ 可表示为

$$\min_{\boldsymbol{c}_n} ||\boldsymbol{G}\boldsymbol{E}_n\boldsymbol{c}_n - \boldsymbol{g}_n||_2^2 \tag{5.12}$$

式中，

$$\boldsymbol{G} = \begin{bmatrix} g_{\text{ave}}(u_1,v_1) & & & O \\ & g_{\text{ave}}(u_1,v_2) & & \\ & & \ddots & \\ O & & & g_{\text{ave}}(u_k,v_s) \end{bmatrix} \tag{5.13}$$

$$\boldsymbol{E}_n = \begin{bmatrix} \mathrm{e}^{\mathrm{j}\beta(-\frac{Q-1}{2}du_1 - \frac{P-1}{2}dv_1)} & \cdots & \mathrm{e}^{\mathrm{j}\beta(\frac{Q-1}{2}du_1 + \frac{P-1}{2}dv_1)} \\ \vdots & \ddots & \vdots \\ \mathrm{e}^{\mathrm{j}\beta(-\frac{Q-1}{2}du_k - \frac{P-1}{2}dv_s)} & \cdots & \mathrm{e}^{\mathrm{j}\beta(\frac{Q-1}{2}du_k + \frac{P-1}{2}dv_s)} \end{bmatrix} \tag{5.14}$$

$$\boldsymbol{c}_n = [c_{n,-\frac{Q-1}{2},-\frac{P-1}{2}}, \dots, c_{n,\frac{Q-1}{2},\frac{P-1}{2}}]^{\mathrm{T}} \tag{5.15}$$

$$\boldsymbol{g}_n = [g_n(u_1, v_1), \cdots, g_n(u_k, v_s)]^{\mathrm{T}}. \tag{5.16}$$

从而，可获得式 (5.12) 的解，

$$\boldsymbol{c}_n = (\boldsymbol{Z}_n^{\mathrm{H}}\boldsymbol{Z}_n)^{-1}\boldsymbol{Z}_n^{\mathrm{H}}\boldsymbol{g}_n. \tag{5.17}$$

式中，$\boldsymbol{Z}_n = \boldsymbol{G}\boldsymbol{E}_n$。

利用上述的平面虚拟子阵拟合方法，ABE 的辐射特性可以通过 $\boldsymbol{c}_n$ 进行表征。由此，式 (5.9) 可以转换为 T 个子训练集的集合：

$$D_{\mathrm{app},t} = \{\boldsymbol{l}_t, \boldsymbol{y}_{\mathrm{app},t})|t = 1, \cdots, T\} \tag{5.18}$$

式中，$T = 2PQW_f$，代表子训练集的个数，即为平面虚拟子阵中的每一个阵元在每一个频点处的幅度和相位激励创建一个子训练集，

$$\boldsymbol{y}_{\mathrm{app},t} = [c_{1,t}, \cdots, c_{n,t}]^{\mathrm{T}} \tag{5.19}$$

每个子训练集中包含 $X_{\mathrm{app}} = KM + 5$ 列数和 $W_{\mathrm{app}} = W_{\mathrm{ABE}}$ 行数。对于上述的实际的二维面阵综合的例子，若选取 $P = Q = 5$，则 HKDT 将会生成 50 个子训练集，其行数为 $W_{\mathrm{app}} = 100$，相较于 ABEM 方法的数据的行数 $W_{\mathrm{tra}} = 3240000$，实现了大幅度对计算复杂度的削减。

采用常用的 GPR 机器学习方法比较 ABEM 和 HKDT 的计算复杂度的。在 GPR 对超参数 $\boldsymbol{\theta}$ 的训练过程中，一种常用的方法是通过最小化负对数似然函数 (negative log marginal likelihood, NLML) h_{NLML} 对超参数进行训练：

$$\boldsymbol{\theta}_{\mathrm{opt}} = \mathrm{argmin}(h_{\mathrm{NLML}}(\boldsymbol{\theta})) \tag{5.20}$$

而对式 (5.20) 的求解的计算复杂度主要来源于矩阵求逆运算，其计算复杂度为 $\mathcal{O}(n_d^3)$，其中 n_d 为矩阵的维度；在 GPR 对设计点的预测过程中，其计算复杂度为 $\mathcal{O}(n_d^2)$。总体而言，数据驱动方法中训练集的维度 n_d 将直接决定包括训练和预测过程在内的算法的计算复杂度。采用 HKDT 方法，可以将原本的 ABEM 的训练的计算复杂度从 $\mathcal{O}((W_{\mathrm{ABE}}W_fW_uW_v)^3)$ 降低到 $\mathcal{O}((W_{\mathrm{ABE}})^3)$，将 ABEM 的预测的计算复杂度从 $\mathcal{O}((W_{\mathrm{ABE}}W_fW_uW_v)^2)$ 降低到 $\mathcal{O}((W_{\mathrm{ABE}})^2)$。下面分别从线阵和面阵应用的角度来研究 HKDT 建模的效率和能力。

如图 5.9(a) 所示的一个 16 阵元的微带天线阵列设计实例，天线阵列工作在 10GHz，对阵元的排布进行随机采样以构成训练集和验证集。在文献 [68, 73, 90] 中验证了当阵元位置固定时，可以通过一个虚拟的线性阵列很好地拟合各实际阵元的 AEP。此处将验证通过 HKDT 方法所拟合得到的线性阵列的激励可以很好地表征可变输入下的 ABE 的辐射特性，相较于 ABEM，可以获得更好的性能。

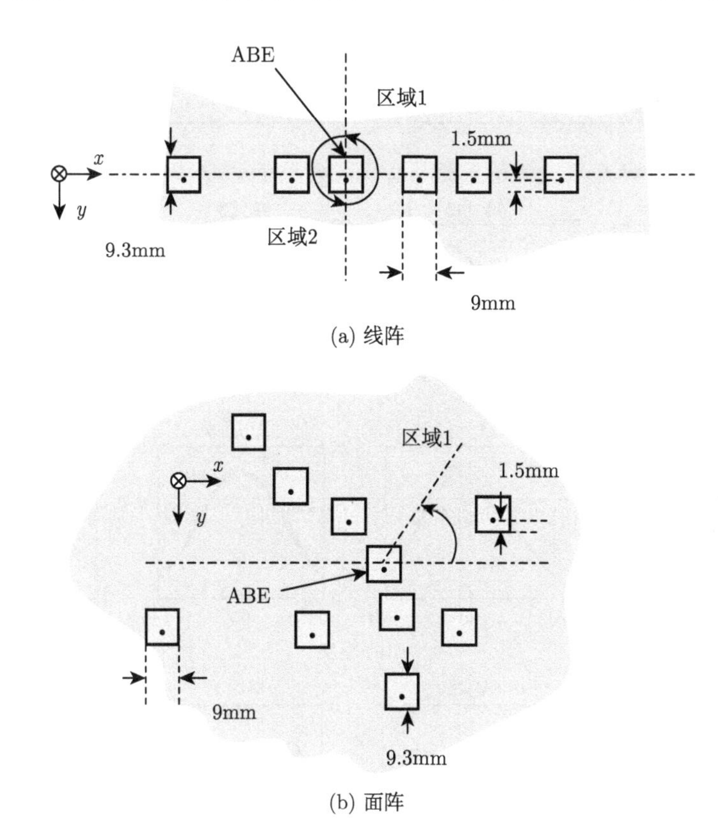

(a) 线阵

(b) 面阵

图 5.9 微带天线阵列设计实例

如上一节所述，在 ABEM 中引入对训练集的稀释系数 r_s 可以在牺牲模型预测能力的代价下降低计算复杂度。表 5.4 给出针对微带天线线阵设计，在不同的 N_t 和 r_s 参数下，ABEM 与 HKDT 方法的性能比较。HKDT 的其他的算法参数为 $P=1$、$Q=11$、$K=1$ 和 $M=2$。图 5.10 给出一组典型的通过 HKDT 与 ABEM($N_t=16$、$r_s=50$) 算法建模并预测阵元 1~3，阵元 7~8 及阵元 14~16 的 AEP 对比。如表 5.4 中所示，在 $N_t=16$ 的情况下，仅使用了一组随机生成的微带天线阵列的全波仿真数据建立训练的数据集；而在 $N_t=160$ 的情况下，通过随机算法生成 10 组微带天线阵列并进行全波仿真建立用以训练的数据集。此外，通

表 5.4　针对微带天线线阵设计，在不同的 N_t 和 r_s 参数下，ABEM 与 HKDT 方法的性能比较

		ABEM ($r_s=1$)		ABEM ($r_s=10$)		ABEM ($r_s=20$)		ABEM ($r_s=50$)		HKDT	
		幅度	相位	幅度	相位	幅度	相位	幅度	相位	幅度	相位
$N_t=16$	时间 (训练)	318.0713s		11.9101s		6.8794s		1.2771s		1.1784s	
	时间 (预测)	0.0619s		0.0139s		0.0211s		0.0074s		0.0043s	
	RMSE	0.9533	0.1985	0.9483	0.1992	0.7404	0.1787	1.0476	0.1483	0.5610	0.0853
$N_t=160$	时间 (训练)	55839.0616s		358.5932s		189.2247s		30.0894s		33.2829s	
	时间 (预测)	0.5998s		0.0728s		0.0351s		0.0277s		0.0044s	
	RMSE	0.4394	0.0722	0.4135	0.0666	0.4549	0.0801	0.4820	0.0966	0.3634	0.0552

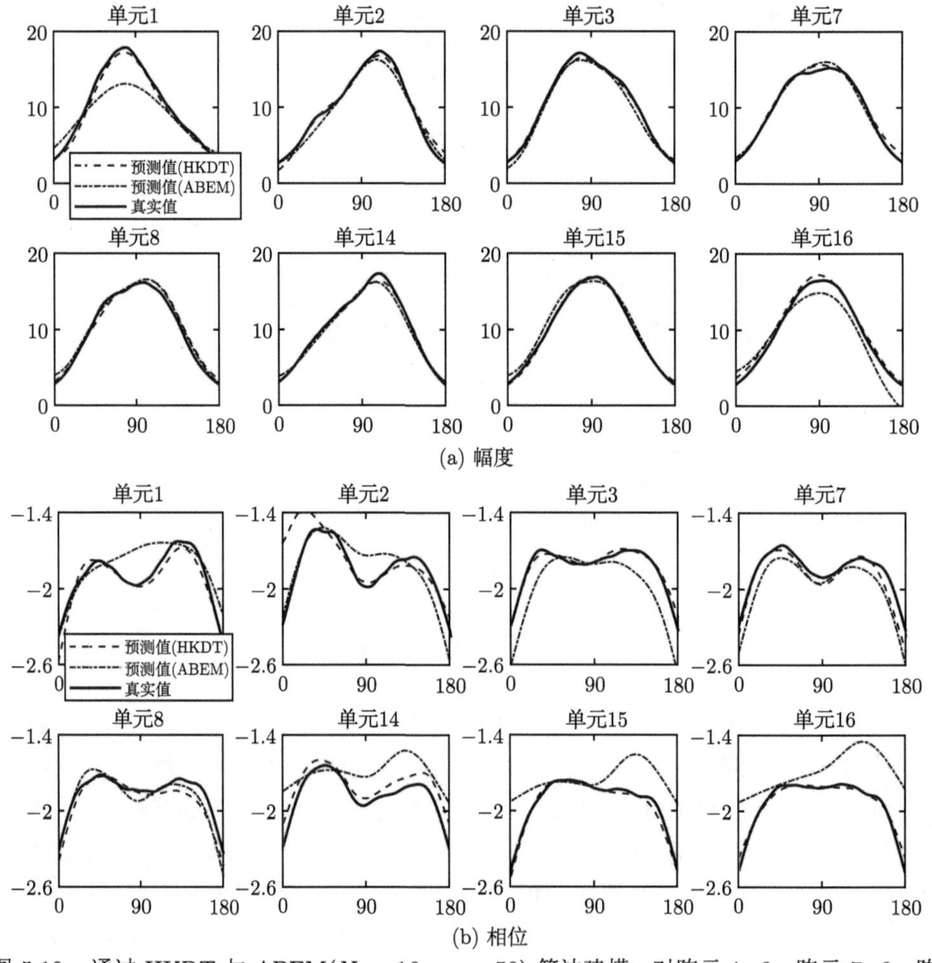

图 5.10　通过 HKDT 与 ABEM($N_t=16$，$r_s=50$) 算法建模，对阵元 1~3、阵元 7~8、阵元 14~16 的 AEP 进行预测并对比

过随机算法生成 10 组微带天线阵列并进行全波仿真建立用以验证的数据集。采用 RMSE 来评估 ABEM 和 HKDT 算法所构建的机器学习模型的预测性能。可以很明显地看出，相比于 ABEM，HKDT 在预测精度和算法效率上都具有明显的优势：与未经数据稀释的 ABEM 相比，HKDT 可以带来 100~1000 倍的训练和预测的速度优势；在此实例中，ABEM 需要将数据稀释 50 倍以实现和 HKDT 类似的计算效率，但会因此带来明显的预测精度的恶化。更重要的是，即使与未经数据稀释的 ABEM 算法 (即 ABEM 算法的性能极限) 相比，HKDT 仍然可以获得更优秀的预测精度表现。这意味着 HKDT 算法可以更好地学习不同 ABE 对应的 AEP 的辐射特征。

相较于一维的线阵设计问题，二维的面阵设计更难直接采用 ABEM 进行解决。考虑一个如图 5.9(b) 所示的 10 阵元的平面微带天线阵列，首先通过随机算法生成 100 组微带天线面阵，并利用全波仿真建立数据集。图 5.11 给出 100 个随机采样生成的 ABE 经平面虚拟子阵拟合 ($P = Q = 5$) 后得到的子阵的幅度和相位激励数据。可以看出，拟合后位于虚拟子阵的中心阵元 (即与所关注的 ABE 位置相同的阵元) 的激励幅度在 1 附近，而其他阵元的激励幅度在 0 附近且各不相同；而拟合后位于虚拟子阵中心阵元的激励相位接近于 0，而其他阵元的激励相位在可变范围内平均分布。对其他 P 与 Q 组合，平面虚拟子阵拟合后的阵元的幅度和相位的激励数据也呈现类似的分布。可以看出，平面虚拟子阵的中心阵元对实际 ABE 的 AEP 影响最大，而其他虚拟阵元亦会对 AEP 造成影响，从而共同构建不同的 ABE 的 AEP。对参数 P 与 Q 的选取将对 HKDT 算法的拟合精度、建模精度和包括拟合、训练和预测的计算复杂度产生重要的影响。图 5.12 给出在 $K = 4$ 和 $M = 8$ 下，HKDT 算法在 $P = Q = P_0$ 时的预测性能和计算时间的变化。训练集选取 50 个随机算法生成的微带天线阵列，而剩下的 50 个阵列则被作为验证集对 HKDT 算法生成的模型进行验证。可以看出，随着 P_0 的增大，算法的计算时间迅速增大，而平面虚拟子阵拟合效果也逐渐增大，并在 $P_0 = 3$ 时到达一个较好的拟合程度。另一方面，HKDT 算法构建的代理模型的预测能力在 $P_0 = 3$ 和 $P_0 = 5$ 附近到达峰值，随着 P_0 的进一步增大，预测能力呈现恶化的趋势。这一现象表明对于 P_0 的选取应该倾向于适中的值，如 $P_0 = 3$ 和 $P_0 = 5$，而更大的平面虚拟子阵拟合反而会制约机器学习方法对 AEP 的辐射特征的获取。

在阵元间互耦和平台效应的影响下，每个阵元具有各不相同的 AEP，并都与无源阵元方向图 (passive element pattern, PEP) 有着明显的区别，图 5.13(a) 给出一组典型的 10 阵元二维平面阵列中各单元全波仿真得到的实际 AEP 及其与 PEP 的区别。HKDT 算法可以实现对实际 AEP 的预测，如图 5.13(b) 和图 5.13(c) 所示，HKDT 算法给出在训练集大小分别为 $N_{\mathrm{t}} = 10$ 和 $N_{\mathrm{t}} = 500$，即分

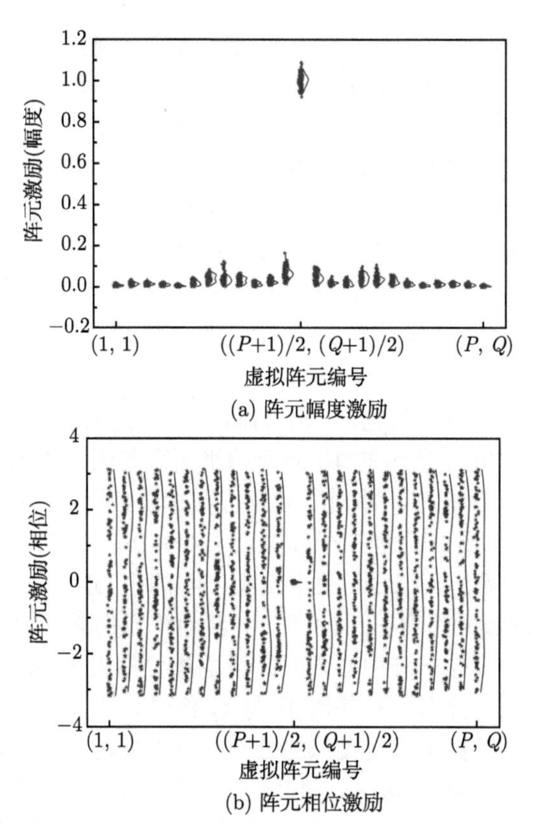

(a) 阵元幅度激励

(b) 阵元相位激励

图 5.11　100 个随机采样生成的 ABE 经平面虚拟子阵拟合 ($P = Q = 5$) 后得到的子阵的幅度和相位激励数据

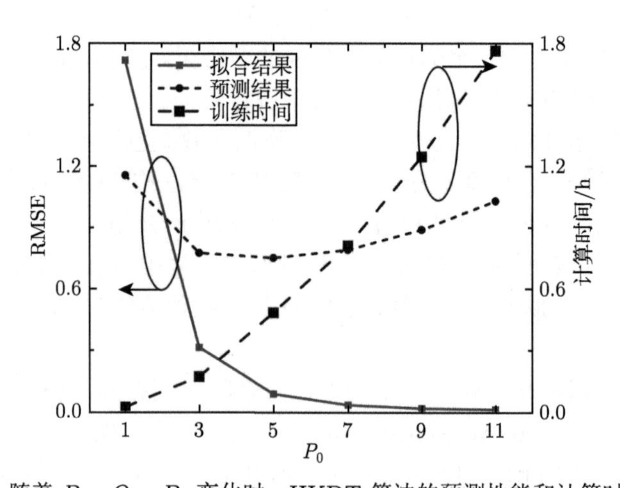

图 5.12　随着 $P = Q = P_0$ 变化时，HKDT 算法的预测性能和计算时间的变化

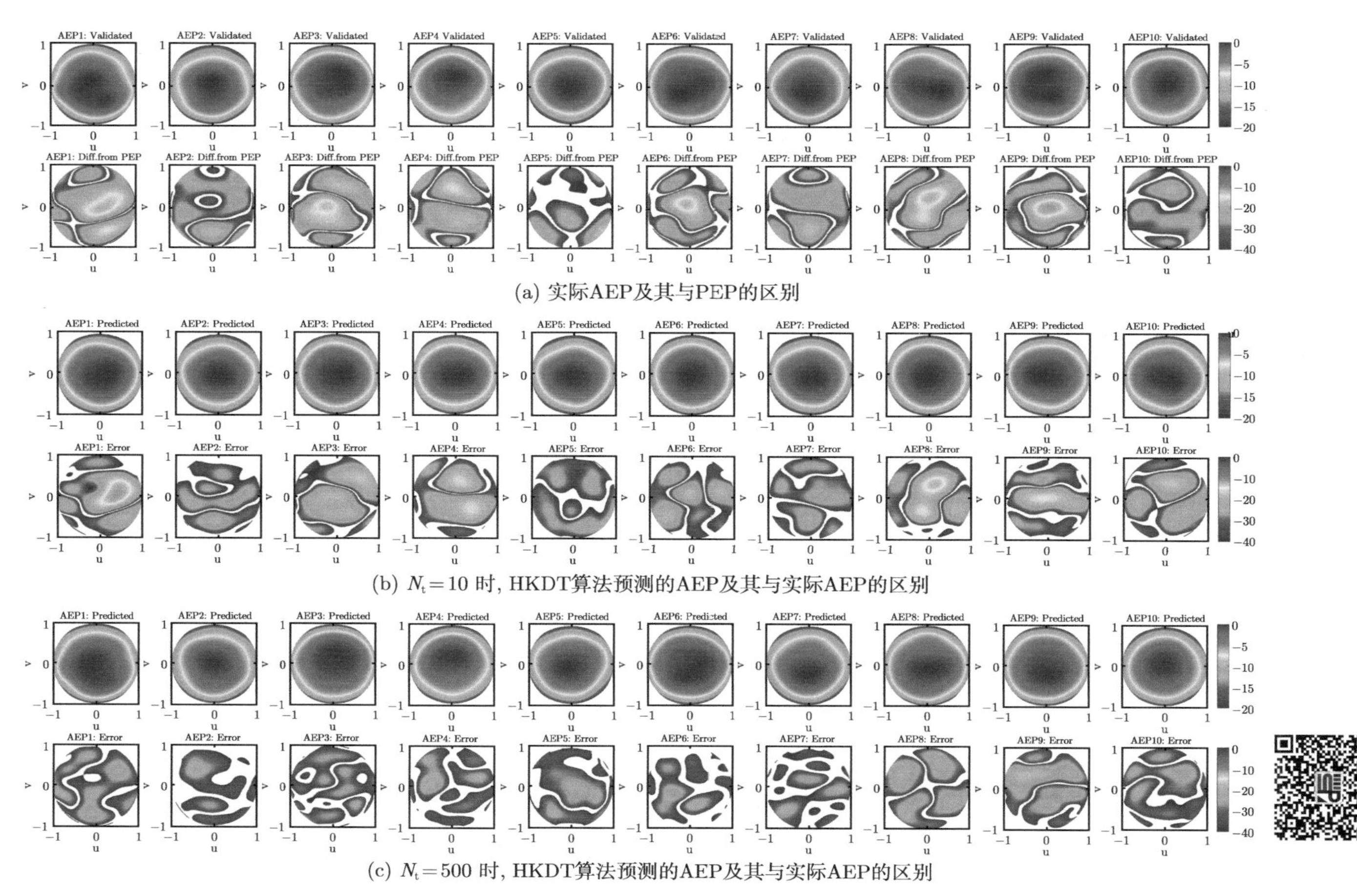

(a) 实际AEP及其与PEP的区别

(b) $N_t=10$ 时，HKDT算法预测的AEP及其与实际AEP的区别

(c) $N_t=500$ 时，HKDT算法预测的AEP及其与实际AEP的区别

图 5.13　HKDT 算法实际及预测的 AEP 对比

别由 1 个和 50 个随机生成的 10 阵元二维微带天线阵列构成的训练集下，算法生成的代理模型对新的阵列的预测情况及其与实际 AEP 的偏差。可以看到，在两种情况下，HKDT 算法都可以实现对实际 AEP 较好的预测，即其预测的 AEP 与图 5.13(a) 中实际的 AEP 较为接近。随着训练集大小的增大，算法可以实现对新阵列更好地预测，预测的 AEP 与实际值的偏差将从 −11.23dB 降低至 −17.48dB。采用 HKDT 进行对 AEP 建模的程序源代码参见附录 C。

5.3 知识和数据混合驱动的天线阵列设计

上一节所述的 HKDT 建模方法用于指导考虑互耦和平台效应下的线阵和面阵的阵列天线设计。算法遵循经典的 MLAO 架构，并通过 HKDT 来实现其核心的建模步骤，具体的步骤如下：

步骤 1. 初始化。包括对参数和数据的准备工作。在给定的设计限制和优化目标下，算法通过全波仿真方法建立 AEP 和 S 参数的初始训练集 $\boldsymbol{D}_i = (\boldsymbol{u}_i, \boldsymbol{y}_i)$。初始训练集可以通过随机采样方法或采用理想单元辐射方向图先进行优化得到的阵列排布，继而经过全波仿真得到。理想单元辐射方向图被规定为全向方向图、PEP 或在前序设计中得到的 AEP 的平均值。

步骤 2. 建模。利用步骤 1 所得到的初始训练集，通过 HKDT 方法对包括 AEP 和 S 参数在内的辐射和反射特征进行建模，得到代理模型 $\boldsymbol{R}_{\mathrm{s},i}(\boldsymbol{u})$。考虑到 HKDT 所使用的较小的训练集，可以采用 GPR 对初始训练集进行训练。

步骤 3. 优化。利用步骤 2 所得到的代理模型 $\boldsymbol{R}_{\mathrm{s},i}(\boldsymbol{u})$，在给定的限制条件下，针对给定的设计目标进行优化，以获得优化后的阵列分布和激励 $\boldsymbol{u}_{\mathrm{opt},i}$，以及由代理模型给出的 AEP 的预测值 $\boldsymbol{y}_{\mathrm{opt,pre},i}$。此处的优化方法可以采用经典的进化类的算法或凸优化方法等。

步骤 4. 验证。对优化得到的阵列分布和激励结果 $\boldsymbol{u}_{\mathrm{opt},i}$ 采用全波仿真方法进行验证，从而得到验证后的结果 $\boldsymbol{y}_{\mathrm{opt,val},i}$，并将其加入训练集中，得到更新后的训练集 $\boldsymbol{D}_i' = (\boldsymbol{u}_i', \boldsymbol{y}_i')$。通过检验训练集中的最优结果是否满足算法终止条件进行判定，若不满足，则回到步骤 2，重新利用 HKDT 对代理模型进行在线更新，迭代次数增量 $i = i + 1$。若满足终止条件，则对结果进行输出。

5.4 应用实例

在本节中，将通过包括线阵和面阵等一系列设计实例，展示 HKDT 在阵列综合中的应用。

5.4.1 不规则形状地板上的微带天线阵列低副瓣设计

考虑如图 5.4 所示一种在不规则形状地板和两种过孔环境下的微带天线线阵设计问题。设计目标被设定为在 SLL 限制为 −15dB 以下时的最少的阵元个数。阵列的主波束方向为 $\theta_{\rm m} = 90°$，3dB 波束宽度限定小于 0.3°，SLL 区域限定为距离主波束方向 1.6° 以外的区域。阵元具有相同的尺寸参数和激励。首先采用理想阵元方向图进行优化得到阵元位置，并通过全波仿真进行验证，其结果如图 5.14(a) 所示，可以看到，验证值与理想阵元优化得到的阵列方向图有较大差距，虽然理想阵元优化得到的阵列方向图可以满足阵列设计指标，但由于互耦和平台效应等的影响，全波仿真得到的验证值并无法满足设计指标要求。将初始化得到的结果用以建立初始数据集 $\boldsymbol{D}_{\rm init} = (\boldsymbol{u}_{\rm init}, \boldsymbol{y}_{\rm init})$，参数为 $P = 1$、$Q = 11$、$K = 1$、$M = 2$ 的 HKDT 方法建立代理模型 $\boldsymbol{R}_{\rm s,1}(\boldsymbol{u})$，采用该模型重新进行优化，进而利用全波仿真方法进行验证，得到结果如图 5.14(b) 所示，其中预测值和实际值吻合良好。

采用 ABEM 和 HKDT 对初始训练数据集 $\boldsymbol{D}_{\rm init}$ 进行学习，并对第一次迭代的优化结果 $\boldsymbol{u}_1$ 进行预测，以此检验两种算法的差异。ABEM 中的稀释系数被设定为 $r_{\rm s} = 100$ 以保证其训练和预测的时间处在可接受范围之内。两种算法得到的 AEP 的预测值与实际值的对比在图 5.15 中显示，其中选择三类阵元，即阵列近端、中部及远端作为典型进行表征。从算法所得到的代理模型的性能角度进行评估，两种算法对处在阵列中部的阵元都可以提供较好的预测精度；而针对处在阵列两端的阵元，HKDT 算法可以提供比 ABEM 算法更好的模型预测精度。分别

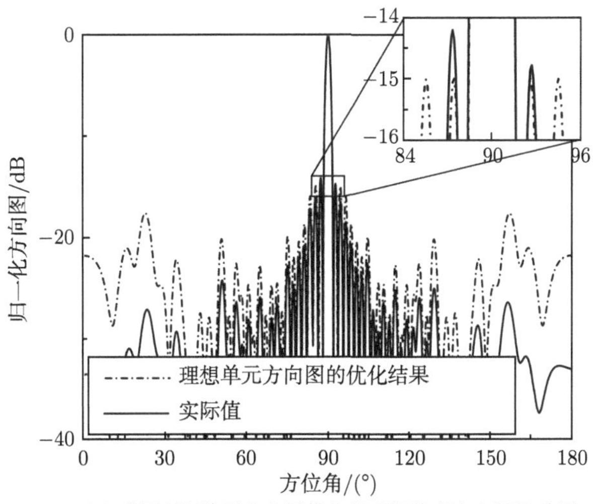

(a) 采用理想阵元方向图优化得到的阵列方向图及采用全波仿真验证后的阵列方向图

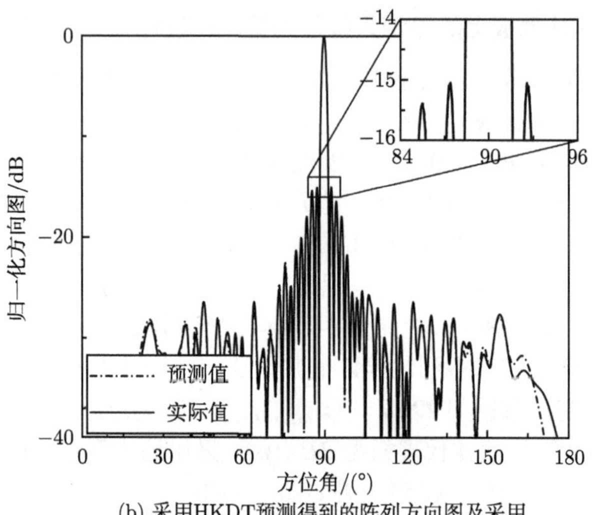

(b) 采用HKDT预测得到的阵列方向图及采用全波仿真验证后的阵列方向图

图 5.14　在 SLL 限制下的阵列方向图优化结果

针对阵元的 AEP 的实部和虚部，HKDT 算法的预测值与实际值间的平均 RMSE 分别为 0.3063 和 0.3235；ABEM 算法的预测值与实际值间的平均 RMSE 为 0.69 和 0.75。从算法的效率角度进行评估，HKDT 算法与 ABEM 算法的平均训练时间分别为 1.5s 和 49.0s，而其预测整个 46 阵元的 AEP 的时间分别为 0.40s 和 7.57s。当采用包括 GA 和 PSO 等在内的进化类优化算法时，算法的优化时间将主要依赖于代理模型的预测时间，相较于 ABEM 算法，HKDT 算法可以带来近 20 倍的时间成本节约。

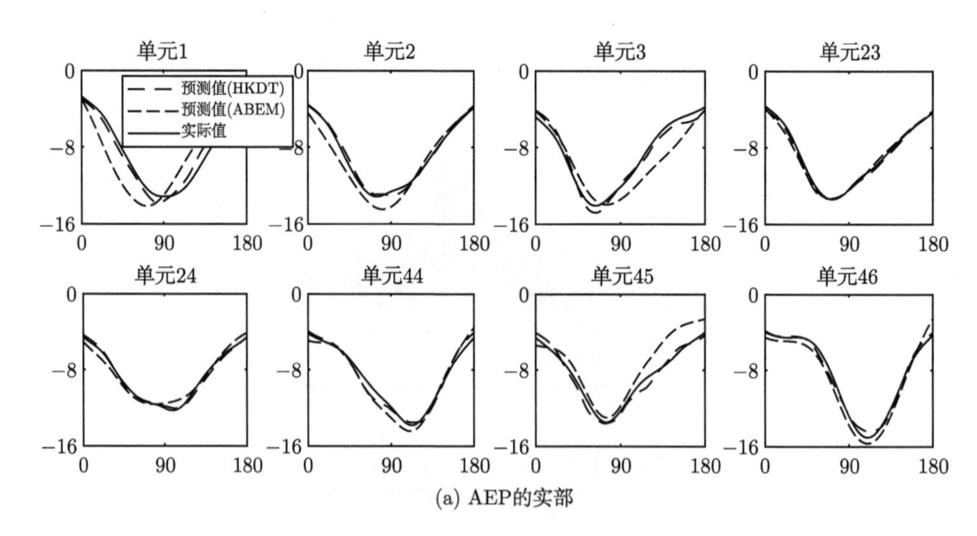

(a) AEP的实部

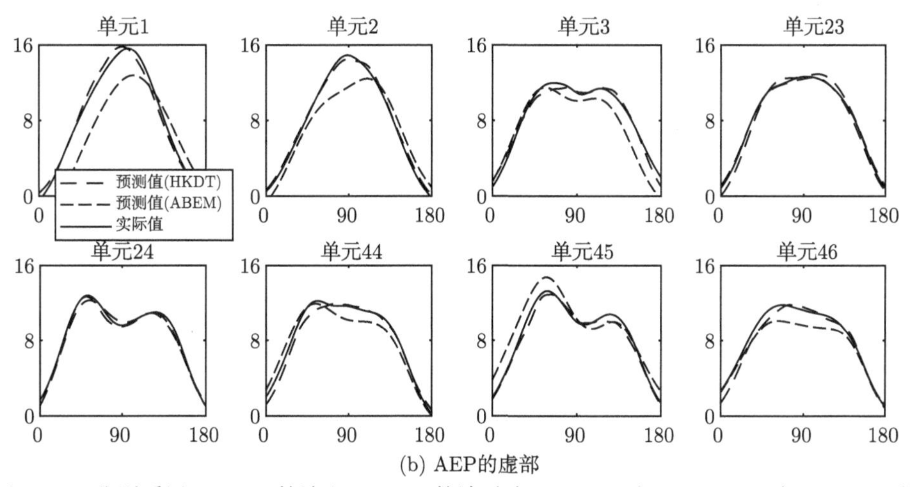

(b) AEP的虚部

图 5.15 分别采用 ABEM 算法和 HKDT 算法对阵元 1~3、阵元 23~24、阵元 44~46 的 AEP 进行预测以及与实际值的对比

5.4.2 采用凸优化方法的多波束线阵设计

需要注意的是，HKDT 方法可以和任意经典的阵列优化方法相结合。相较于前述的例子使用的进化算法，凸优化方法在牺牲灵活性的代价下实现了更高效的优化。本例中，采用引入 HKDT 的凸优化方法对多波束应用进行阵列设计。设计参数为阵元数 $N = 16$，最小单元间距为 $d_{\min} = 0.4\lambda$，初始单元间距为 $d_{\text{ini}} = 0.4\lambda$，波束扫描角度为 $\phi_h = -30°, -20°, \cdots, 30°$，每次凸优化迭代时阵元移动最大步长为 $\mu = 0.02\lambda$。HKDT 模型的设计参数为 $P_{\text{a}} = 1$、$Q = 11$、$K = 4$、$M_{\text{fre}} = 1$、$M_{\text{ang}} = 1801$。图 5.16 给出采用理想阵元方向图优化得到的阵列方向图及采用全

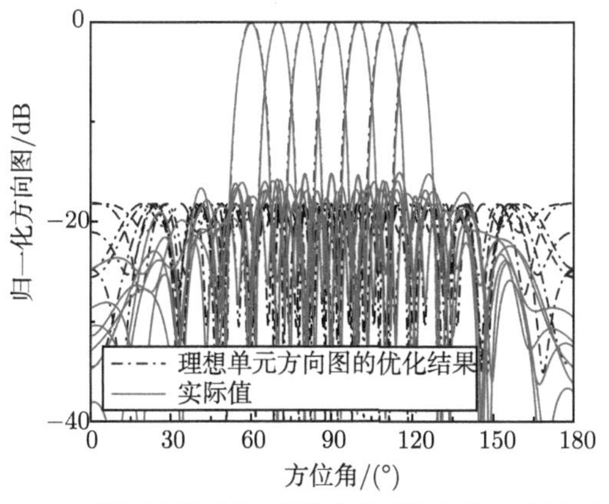

(a) 采用理想阵元方向图优化得到的阵列方向图及采用全波仿真验证后的阵列方向图

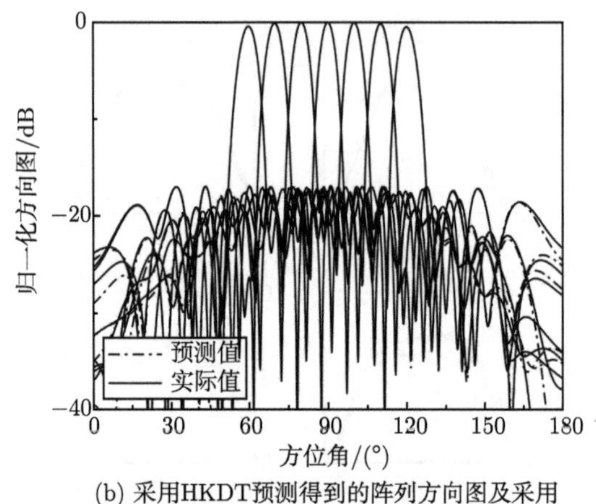

(b) 采用HKDT预测得到的阵列方向图及采用全波仿真验证后的阵列方向图

图 5.16　采用凸优化方法对多波束线阵应用的优化结果

波仿真验证后的阵列方向图，及迭代结束时采用 HKDT 预测得到的阵列方向图及采用全波仿真验证后的阵列方向图。可以看出，相较于采用理想阵元方向图优化得到的阵列方向图，采用 HKDT 预测得到的阵列方向图可以很好地对实际的阵列方向图进行预测。

5.4.3　在位置约束下的采用进化算法的微带天线面阵设计

相较于线阵，面阵可以实现对阵列辐射在更多角度方向上的控制，但也具有更高的设计复杂度。近年来，阵列的波束扫描能力成为现代移动通信和雷达的面阵设计中最为重要的设计指标之一。考虑一个 40 阵元的微带天线面阵设计。在初始化步骤中，采用阵元方向图 $E(\theta,\phi)=\sqrt{\cos(\theta)}$ 对阵列排布进行初始优化。图 5.17 给出需优化的平面微带天线阵列以及由金属块和边界构成的设计禁止区域。多波束为包括法向波束 $(u_{s1}=v_{s1}=0)$ 及偏离法向波束 $(u_{s2}=v_{s2}=-\sin(\pi/9)$, $u_{s3}=-\sin(\pi/9), v_{s3}=0$, $u_{s4}=0, v_{s4}=-\sin(\pi/9)$, $u_{s5}=\sin(\pi/9), v_{s5}=0$, $u_{s6}=0$ 和 $v_{s6}=\sin(\pi/9))$ 在内的 6 个波束。阵元间的最小间距设置为 $d_{\min}=0.5\lambda$，波束的主瓣半径设置为 $r_b=0.23$。阵元的位置区域被限定在以 $L_{\max}=5\lambda$ 为边长的正方形区域内，并通过放置一系列随机位置的金属块以模拟实际应用中较为复杂的电磁环境。优化目标设置为在相同的阵列位置排布下，实现最低的多波束 SLL。

阵列采用参数为 $P=5$、$Q=5$、$K=4$、$M=8$ 的 HKDT 及 GA 方法进行优化。在初始化步骤中，采用理想单元方向图对阵列位置进行优化，并利用全波仿真进行验证。优化结果为多波束的最差 SLL 指标为 -12.95dB。经全波仿真验证后，指标恶化为 -11.14dB，其中 6 个波束的 SLL 指标分别为 -13.05dB、-12.33dB、-12.39dB、-11.14dB、-11.67dB 及 -11.82dB。经算法优化后的阵列辐射性能如图 5.18 所示，

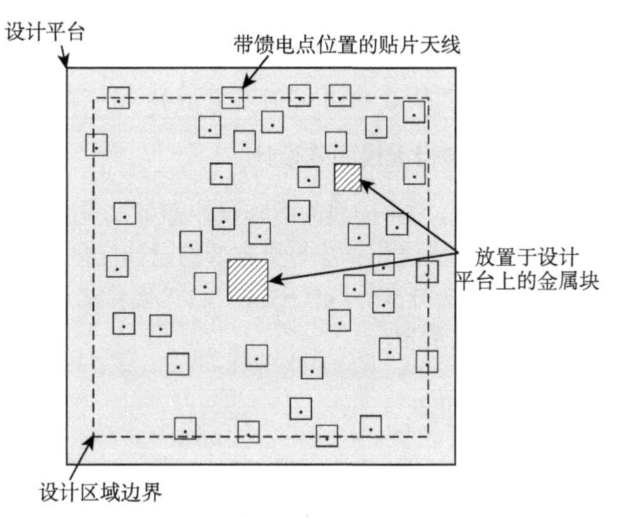

图 5.17 需优化的平面微带天线阵列以及由金属块和边界构成的设计禁止区域

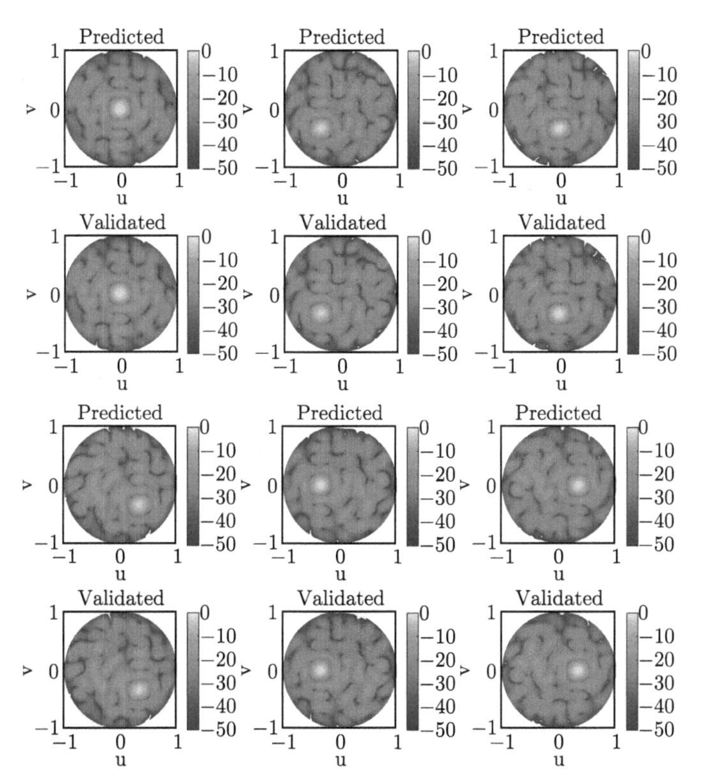

图 5.18 在最终迭代时 HKDT 给出的归一化后的对多波束方向图的预测值与采用全波仿真得到的实际值

其 SLL 指标提升至 −13.04dB，其中 6 个波束的 SLL 指标分别为 −14.36dB、−13.25dB、−13.22dB、−13.10dB、−13.11dB 及 −13.04dB。在迭代过程中，HKDT 预测值与验证值间的 RMSE 从 0.8319 降低至 0.3199。

5.4.4　采用凸优化算法的微带天线面阵设计

与线阵的设计实例类似，微带天线的面阵设计亦可以采用 HKDT 与凸优化算法协同优化的方法实现相较于进化算法等更有效的设计优化。考虑固定数目 $N=16$ 的微带天线阵元，在算法每次外迭代中采用凸优化算法进行多次内迭代优化，第 i 次内迭代的优化可以表示为：

$$
\begin{aligned}
&\min_{\boldsymbol{\epsilon}_i,\boldsymbol{\delta}_i} \rho,\\
&\text{s.t.}\begin{cases}\max\left|f^i_{\boldsymbol{\epsilon}_i,\boldsymbol{\delta}_i}((\boldsymbol{U},\boldsymbol{V})_{\mathrm{SL}})\right| \leqslant \rho\\ |\boldsymbol{\epsilon}_i|\leqslant \mu,\ |\boldsymbol{\delta}_i|\leqslant\mu\\ d_{\mathrm{dis},i}\geqslant d_{\min}\end{cases}
\end{aligned}
\tag{5.21}
$$

式中，$\boldsymbol{\epsilon}_i,\boldsymbol{\delta}_i$ 分别代表第 i 次凸优化过程中各阵元在 x 方向和 y 方向移动的距离；ρ 代表在副瓣区域 (sidelobe region, SL) 内最大的 SLL；$(\boldsymbol{U},\boldsymbol{V})_{\mathrm{SL}}$ 代表在 SL 区域内的 (u,v) 值；$f^i_{\boldsymbol{\epsilon}_i,\boldsymbol{\delta}_i}((\boldsymbol{U},\boldsymbol{V})_{\mathrm{SL}})$ 代表在 SL 区域内的辐射方向图信息；μ 代表每次凸优化迭代时阵元移动最大步长；$d_{\mathrm{dis},i}\geqslant d_{\min}$ 限定了阵元间的最小间距为 $d_{\min}$。

图 5.19 展示了在初始化步骤下，采用理想阵元方向图优化得到的阵列方向

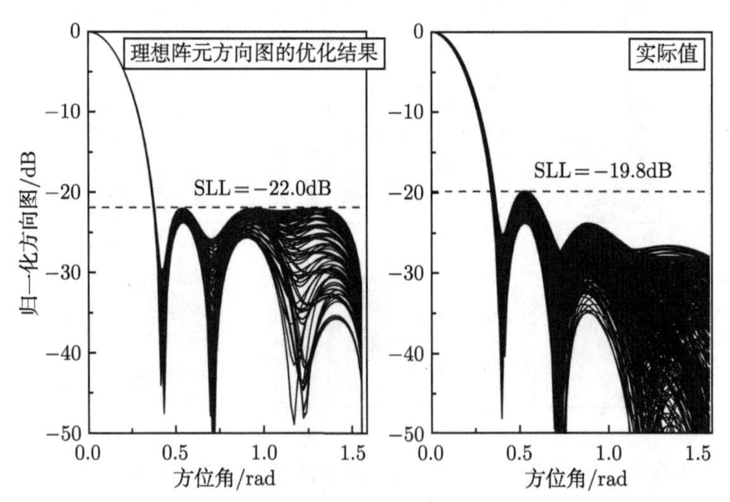

(a) 初始化步骤中，采用理想阵元方向图的优化结果与全波仿真验证结果的对比

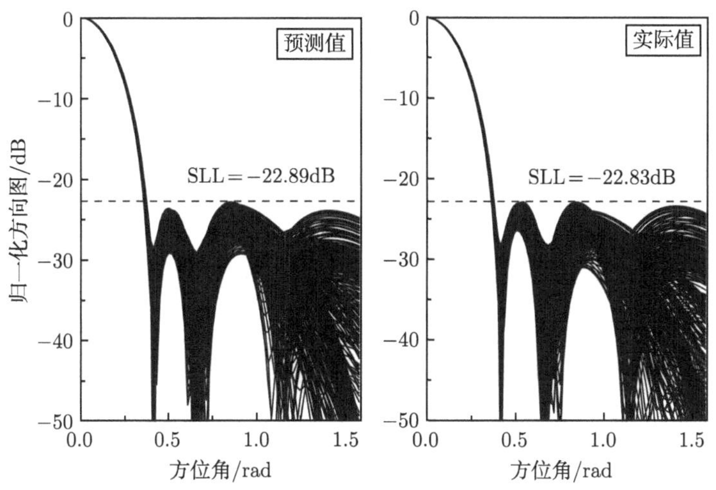

(b) 在第三次迭代步骤中, 采用HKDT的优化结果 (预测值) 与全波仿真验证结果的对比

图 5.19　凸优化与 HKDT 协作对微带天线面阵的优化

图和经全波仿真的阵列方向图的对比，由于单元间互耦和平台效应的影响，阵列方向图的副瓣性能从 −22.0dB 恶化至 −19.8dB。经过 3 次外循环迭代后，由 HKDT 预测的 SLL 降低至 −22.89dB，其阵列排布经全波仿真验证后的 SLL 为 −22.83dB，相较于初始化时的性能降低了约 3dB。

5.5 本 章 小 结

本章探讨一种知识和数据混合驱动的天线阵列设计方法——HKDT。相较于传统的纯知识驱动的阵列综合方法，HKDT 方法可以在阵列设计中考虑到包括阵元间互耦和平台效应等在内的影响因素对阵元方向图乃至阵列方向图的影响，从而实现更好的阵列性能；相较于传统的纯数据驱动的阵列综合方法，HKDT 实现了对阵元 AEP 的快速建模，从而大大提升了阵列设计的效率。通过引入先验的物理知识和假设，并在理论模型无法提供精确且快速响应处引入数据驱动方法进行协同，从而最大程度实现了精确且高效的天线阵列设计。首先，HKDT 方法将天线阵列视为单独的 ABE 构成的整体，将处在不同阵列位置、不同电磁环境下的天线单元统一，大大提升了机器学习方法对阵元特征的感知能力；其次，HKDT 方法引入包括平面耦合区域分割和平面虚拟子阵拟合在内的物理知识及假设，大大缓解了数据驱动方法在阵列设计，特别是二维面阵设计中对计算资源的需求；最后，将 HKDT 方法与经典的 MLAO 方法协同，对一系列线阵及面阵的实际设计任务进行建模与设计，验证了 HKDT 算法的有效性及优势。

第 6 章

天线射频智能鲁棒设计

本章详细介绍多层机器学习辅助优化 (multilayer MLAO, ML-MLAO) 方法，并把该方法应用于天线射频的鲁棒设计。该方法是将 MLAO 的思想引入鲁棒设计的多个层级，包括最差情况分析 (worst-case analysis, WCA)、最大输入容差超体积 (maximum input tolerance hypervolume, MITH) 搜索和鲁棒优化。首先，基于天线设计参数和其性能指标间的代理模型，WCA 通过使用遗传算法确保分析的可靠性；基于此，通过引入 MLAO，设计者可以更快速且可靠地完成一系列给定设计点的 MITH 搜索，从而建立可供机器学习算法训练的训练集；最终，利用机器学习方法建立的天线设计参数、对应的天线性能及 MITH 性能，设计者可以方便地进行鲁棒性优化和设计。利用所给出的 ML-MLAO 算法，所有代理模型均在每一次迭代的过程中进行在线更新，从而确保算法预测能力在迭代过程中不断提升。本章给出一系列包括测试函数、天线阵列综合及天线设计等在内的具体算例，并通过数值仿真的结果和计算时间的比较，讨论了所提出算法的有效性。

6.1 天线射频的鲁棒设计

在现代的天线射频设计过程中，鲁棒特征已成为最为关键的性能指标之一。一方面，任何装配过程中的加工精度都不可避免地对天线射频的性能带来影响；另一方面，设计者必须在设计优化的过程中考虑包括天线射频的设计指标、加工工艺、尺寸约束、电磁环境等在内的多种设计约束。鲁棒设计关注天线射频设计中的输入及输出容差之间的联系以及带来的影响，从而希望在最终设计时，达到鲁棒特征和传统的天线辐射、反射等特征间的平衡，并为其后的集成、加工、装配等设计流程提供指导[91–95]。在电磁领域，计算电磁学 (computational electromagnetics, CEM)、天线射频的等效电路模型研究的快速发展，推动了鲁棒设计、敏感性分析及容差分析等相关设计方法深入研究并得到实际应用。以下将以天线为例，展开详细介绍。

6.1.1 经典鲁棒设计方法

早期的敏感性分析方法是通过分析等效电路和网络参数，对天线射频的设计提出指导[96]。随着伴随变量方法 (adjoint variable method, AVM) 在电磁领域的应用，包括有限元方法 (finite element method, FEM) 和时域有限差分法 (finite-difference time-domain, FDTD) 等在内的 CEM 方法都被用于在电磁计算过程中进行敏感性分析[97,98]。近年来，随着商业全波仿真工具的快速发展，出现了一系列独立于计算复杂度高的全波计算的基于优化算法[93,99–102] 和基于代理模型[92,103,104] 的鲁棒设计方法。

6.1.2 鲁棒设计的分层策略

多数鲁棒设计、敏感性分析及容差分析的方法用于解决两类不同的问题：一是在已知输入容差的前提下，如何寻找设计的输出容差；二是在限定输出容差的前提下，如何确定设计的输入容差。对于第一类问题，研究者倾向于所设计的结构参数在给定的输入容差范围内变化时，天线射频等器件性能的表现，包括蒙特卡洛仿真 (Monte Carlo simulations)[93,102] 或搜索策略[99,103] 等在内的方法常用于解决该类问题。一个常用的策略是在给定的设计点的输入容差范围内，寻找可能出现的最差情况性能 (worst-case performance, WCP)，这类方法通常被称为 WCA[99,105]。然而，传统的蒙特卡洛仿真或搜索策略通常需要数量巨大的仿真次数，而全波仿真算法单次仿真就需要不小的计算资源。为了缓解这种矛盾，一些传统的 WCA 方法倾向于假定天线设计的最差情况仅出现在输入容差构成的不确定集合的边界上[102]；而另一些方法利用包括随机采样等在内的策略来表示给定的设计的 WCP 特性[92,101]。然而，大多数上述的策略都无法保证获得 WCP 的质量，主要原因是 WCP 所对应的设计点有相当大的概率在所考虑到的边界或采样点之外。因此，包括遗传算法 (genetic algorithm, GA)[106] 和粒子群算法 (particle swarm optimization, PSO)[99] 等在内的进化类算法 (evolutionary algorithms, EAs) 常用于设计空间内搜索，从而获取质量更高的 WCP。尽管如此，这类启发式的算法通常面临一个严重的问题，也就是说它们通常都需要大量的对适应度函数的计算，以确保优化结果的性能，而为了获得天线设计的高精度响应所必需的全波仿真方法通常意味着非常大的计算资源消耗。

如图 6.1 所示，针对第一类问题的 WCA 方法构成天线与射频鲁棒设计的基础。针对第二类问题的研究构成天线鲁棒设计的中间过程。一种常用的解决第二类问题的方法是定义一个代表输入容差的超立方体 (hypervolume)，继而在给定的输入容差的限制下，寻找可能的 MITH，这种思路被称为 MITH 搜索。文献 [99] 提出了一种结合基于 PSO 的 WCA 和迭代式的 ITH 缩减的策略，用来寻找 MITH。这种策略需要事先约定不同设计参数的输入容差间的比例，因此限制了该方法在实际设计中的应用。文献 [92] 使用一种特殊的采样策略 (sampling strategy, SS) 来实现快速的 MITH 搜索。与文献 [99] 所提方法不同的是，SS 可以自适应地寻找较优的 MITH，从而在一定程度上摆脱对先验知识的依赖。这种方法的局限体现在两个方面：一是所得到的 MITH 的精度取决于每次迭代时的采样点的数量及位置；二是算法无法保证所得到的 MITH 所对应的 WCP 的质量。在实际设计中，这两方面的限制将使最终得到的 MITH 存在一定的偏差。

图 6.1　鲁棒设计中的分层结构

鲁棒设计的顶层通常意味着在解决 WCP 搜索和 MITH 搜索问题的基础上，利用所得到的鲁棒性特征指导实际的天线设计问题。这其中可能涉及对不同的优化结果进行比较、寻找最鲁棒的设计点，以及在天线的设计目标、鲁棒性特征和输入参数间寻找平衡。这一过程将不可避免地产生成千上万次对不同设计参数组合所对应的天线响应的计算。考虑到天线射频的全波仿真需要大量的计算资源消耗，在整个鲁棒设计过程中采用全波仿真以获取响应需要占用非常多的计算资源。一些基于物理或数据驱动的代理模型方法可缓解这一矛盾。文献 [4,8,9,82,83,92,107] 利用所建立的包括等效模型或数学模型等在内的代理模型对天线的性能响应进行预测。天线射频的性能响应通过计算复杂度较低的代理模型预测获得，这些事先训练完成的代理模型在迭代过程中可以不断得到更新，进一步提高预测精度[92]。

6.2　多层机器学习辅助优化

本节将详细介绍 ML-MLAO 方法，即将 MLAO 的优化思想引入鲁棒设计的各个层级，从而提升鲁棒设计过程包括 MITH、WCA 搜索等在内的多个层面的可靠性和效率。

6.2.1　机器学习辅助优化

作为一种基于代理模型的优化方法，MLAO 的核心在于利用合适的机器学习方法，在优化过程中建立一种计算复杂度低且足够精确的代理模型，并与优化算法相结合，对潜在的设计点的性能做出预测，而且代理模型在迭代过程中不断提升精度。这样的做法能够显著加速设计收敛的流程。在电磁领域，包括 GPR[3,4,8,9,83,85,107–110] 和 ANN[82,111–114] 等在内的机器学习方法被广泛用在代理模型的建立过程中。需要注意的是，相对于传统的优化方法，MLAO 的优势建立在一个基本假设的前提下，即对于获得性能指标所需要的计算量，基于代理模型进行预测的方法远小于能够获得精确性能参数的全波仿真。MLAO 的详细介绍参见第 3 章。

6.2.2 超立方体搜索问题的数学表示

考虑一系列自变量个数为 P 的函数 $y_q(\boldsymbol{x})$

$$y_q(\boldsymbol{x}) = y_q(x_1, x_2, \cdots, x_P), \quad q = 1, \cdots, Q \tag{6.1}$$

在天线射频设计问题中，$\boldsymbol{x}$ 代表其设计参数，而 $y_q(\boldsymbol{x})$ 代表相应的性能响应。定义设计参数的不确定性为天线射频设计的输入容差：

$$\boldsymbol{\delta} \equiv [\delta_1, \cdots, \delta_P]^{\mathrm{T}}, \quad \delta_p \geqslant 0 \tag{6.2}$$

可得自变量的输入容差范围为

$$\omega_{\boldsymbol{x},\boldsymbol{\delta}} \equiv \{\boldsymbol{t} | (x_p - \delta_p \leqslant t_p \leqslant x_p + \delta_p, p \in \mathbb{P})\} \tag{6.3}$$

式中，$\boldsymbol{t}$ 代表潜在的设计参数值。定义 WCP 为响应与最优点处偏差最大的设计点 $\hat{\boldsymbol{x}}$ 处的响应值，即

$$F_q(\hat{\boldsymbol{x}}) \triangleq \max_{\hat{\boldsymbol{x}} \in \omega_{\boldsymbol{x},\boldsymbol{\delta}}} f_q(\hat{\boldsymbol{x}}) \tag{6.4}$$

对于 $Q > 1$ 的情况，由于存在多个设计目标，因此在设计空间内可能存在多个 WCP 对应的设计点。将这些 WCP 值及其对应的设计点的集合定义为 $\boldsymbol{F}(\boldsymbol{x})$，用寻找 $\boldsymbol{F}(\boldsymbol{x})$ 的方法构成天线射频鲁棒性设计的基础。在给定输入容差范围 (input tolerance region, ITR) 的情况下，设计者通常需要引入某种全局优化方法，以期实现可靠的 WCP 搜索[105]。

对一个给定的设计点 $\boldsymbol{x}$，其 ITR，即设计参数的不确定性可以被建模为一个超立方体 $\boldsymbol{\delta}(\boldsymbol{x})$，其特征可以被定义为其不确定性的累积，即

$$T_{\mathrm{ITR,peak}}(\boldsymbol{x}) = \prod_{p=1}^{P} \boldsymbol{\delta}(\boldsymbol{x}) \tag{6.5}$$

或其不确定性的最小值，即

$$T_{\mathrm{ITR,min}}(\boldsymbol{x}) = \min \boldsymbol{\delta}(\boldsymbol{x}) \tag{6.6}$$

用以代表该设计点 $\boldsymbol{x}$ 的鲁棒性特征。对这两种定义而言，更大的 T_{ITR} 即意味着更优越的鲁棒特性。

相对于 WCA，另一个在天线的鲁棒设计中的重要任务是在输出容差范围 (output tolerance region, OTR) 已知的情况下，确定给定设计点的最大的 T_{ITR}，

即 MITH 搜索。在可靠的 WCA 的基础上，MITH 搜索被视为更高一层的优化问题。与 ITR 类似，OTR 可以被定义为

$$\boldsymbol{\Delta} \equiv [\Delta_1, \cdots, \Delta_Q]^{\mathrm{T}}, \quad \Delta_q \geqslant 0 \tag{6.7}$$

在此基础上，输出容差的范围可以被表示为

$$\Omega_{\mathbf{s},\boldsymbol{\Delta}} \equiv \{\boldsymbol{y} | (y_q - \Delta_q \leqslant s_q \leqslant y_q + \Delta_q, q \in \mathbb{Q})\} \tag{6.8}$$

式中，$\boldsymbol{s} = [s_1, s_2, \cdots, s_Q]^{\mathrm{T}}$。由此，MITH 搜索可以被表示为

$$\max\ T_{\mathrm{ITR}}(\boldsymbol{x}),\ \text{s.t.}\ F(\boldsymbol{x}) \in \Omega_{\mathbf{s},\boldsymbol{\Delta}} \tag{6.9}$$

图 6.2 给出设计点 $\boldsymbol{x}_0$ 的二维 ITR 和其对应的二维 OTR 的示意图，以及在此情况下的 WCA 和 MITH 搜索的过程。需要注意的是，图中的 $\boldsymbol{y}_0$ 仅代表事先给定的 OTR 的中点，而非设计点 $\boldsymbol{x}_0$ 所对应的响应值。综上所述，当 ITR 已知时，WCA 被用来寻找所对应的 OTR；而当 OTR 已知时，MITH 搜索被用来寻找最大的 ITR。

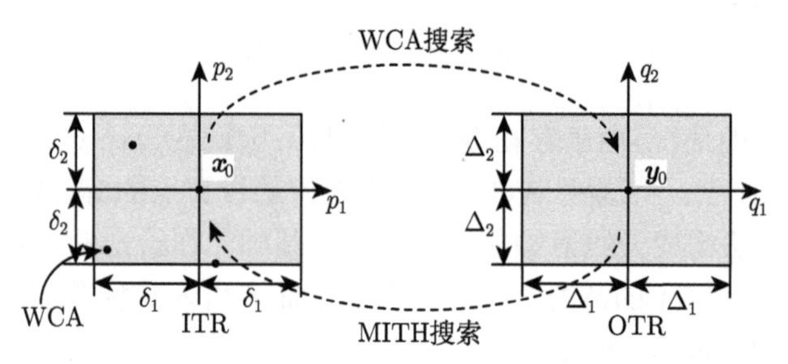

图 6.2　WCA 和 MITH 搜索的过程

6.2.3　最差情况分析

在鲁棒设计的分层设计中，在给定 ITR 的前提下，WCA 扮演着评估设计点鲁棒性的重要角色。传统的 WCA 策略依赖于蒙特卡洛仿真或者随机搜索策略，无法保证得到高质量的 WCP。文献 [94] 通过引入全局优化方法和一种容差范围缩减策略，实现了 100% 可靠的鲁棒优化。考虑到全局优化方法引入对计算代价的高昂需求，在算法的 MITH 搜索过程中，对设计参数的容差值间的比例进行事先约定，从而缓解了整体鲁棒设计的计算复杂度。与本章所述的分层思想类似，文献 [94] 中的算法倾向于将 WCA 搜索视为 MITH 搜索的基本单元。与之相对的是文献 [92] 中所提出的新型采样策略，通过一种集成化的算法步骤，直接对 MITH 的最优形状进行逼近，从而可以更自由地对不同 MITH 形状比例的结果进行搜索。然而，这种不对 WCP 进行独立搜索的算法思想可能会带来 MITH 结果的可靠性的损失。

引入 MLAO 方法，在给定 ITR 的情况下，对 WCP 进行搜索。利用全局优化方法，对计算复杂度低的代理模型或理论模型进行优化搜索。在天线设计的应用中，有别于传统的 MLAO 架构，此处的 WCP 搜索既不对优化结果进行全波仿真验证，亦不对机器学习代理模型进行在线更新；在阵列综合的应用中，可以直接使用阵列综合理论模型对阵列响应进行求解。在上述两种策略下，单次 WCP 搜索的时间被控制在数秒钟之内，从而为后续的数据集建立的过程提供了实现的可能性。WCA 的具体步骤如下：

步骤 1. 采样。在给定的 ITR 中对设计参数组成的向量进行采样，利用高精度仿真计算获得所采样的向量集合对应的响应集合来作为训练集。

步骤 2. 建立代理模型。利用机器学习方法建立每个设计目标的代理模型。

步骤 3. 基于代理模型进行优化。采用全局优化方法对 WCP 进行搜索，其中适应度函数的计算基于代理模型的预测。

6.2.4 最大输入容差超体积搜索

一旦对任意给定的设计点和相应的 ITR 获取精确的 WCP，MITH 搜索过程即可被简化为一个受限条件下的优化问题。对于给定的设计点，优化算法的目标可被视为在所有满足 OTR 的可能的 ITR 中，找到 MITH 所对应的 ITR。在大多数实际问题中，潜在的最优的 ITR(即 MITH 对应的 ITR) 的各参数维度间的比例无法被事先获知。在此情况下，相较于基于梯度信息的局部优化方法而言，一些启发式的全局优化方法更有可能获得鲁棒的全局最优解。然而，这种全局优化方法通常需要相当多的对适应度函数的计算，因此需要采用 MLAO 降低 MITH 搜索对计算资源的需求。下面给出采用 MLAO 的 MITH 搜索算法的具体步骤：

步骤 1. 初始化。对给定的设计点、OTR 和计算模型，需要在考虑所有可能的加工误差等条件的基础上，定义合理的设计范围。基于与传统的优化过程的差异，该设计范围可能需要被设定为大于传统的优化过程的设计范围，可以考虑到分布在传统设计范围的边界上的设计点的情况。对天线设计而言，OTR 通常被设置为在工作带宽内所能容允的最差的回波损耗、副瓣、增益等特性。同时，需要约定后续步骤所采用的，计算适应度函数所使用的模型：模拟计算复杂度高的全波仿真模型的、由机器学习等方法建立的代理模型，或一些计算复杂度低的基于物理知识的理论模型。

步骤 2. ITR 向量采样。同时采用随机采样策略，如拉丁超立方采样 (Latin hypercube sampling, LHS) 和均匀采样，在事先给定的设计范围内，分别采样得到 N_r 和 N_u 个 ITR 向量集合。上述联合采样的策略可以同时考虑不同设计参数的参数敏感性差异及效率。基于所使用的实际场景，设计者亦可以根据已知的理论知识，引入其他可能的采样策略，以提升采样点所能提供的信息密度。

步骤 3. ITR 所对应的 WCP 计算。对所采样得到的 ITR 向量 $\boldsymbol{\omega}_i$，采用前一节所述的 WCA 方法，搜索其所对应的 WCP 性能 $\boldsymbol{w}_i$，从而构建机器学习所需的数据集。Q 个给定的设计目标，对一个 ITR 向量的 WCA 需要进行 Q 次。因此，可能存在数目 N_{WCP} ($N_{\text{WCP}} \leqslant Q$) 个 WCP 设计点 $\boldsymbol{x}_{\text{WCP}}$。

步骤 4. 代理模型训练。考虑到数据集的大小，采用包括单输出 GPR(SOGPR) 或 ANN 等在内的机器学习方法，使用步骤 3 构建的数据集来建立机器学习代理模型。采样得到的 ITR 向量 $\boldsymbol{\omega}_i$ 被视作机器学习模型的输入参数 $\boldsymbol{X}$，而相对应的 WCP 朝响应 $\boldsymbol{w}_i$ 被视作输出 $\boldsymbol{y}$。若使用单输出的机器学习方法 (如 SOGPR)，则需要建立 Q 个相应的代理模型。

步骤 5. 基于代理模型进行优化。在 MITH 搜索的过程中，通常采用启发式的全局优化方法实现质量更高的优化效果。此处给出一种新的适应度函数 f_{MITH} 的定义方式：

$$f_{\text{MITH}} = \begin{cases} D(\boldsymbol{F}(\boldsymbol{x}), \Omega_{\mathbf{s},\boldsymbol{\Delta}}), \ \boldsymbol{F}(\boldsymbol{x}) \notin \Omega_{\mathbf{s},\boldsymbol{\Delta}} \\ -T_{\text{ITH}}(\boldsymbol{x}), \ \boldsymbol{F}(\boldsymbol{x}) \in \Omega_{\mathbf{s},\boldsymbol{\Delta}} \end{cases} \tag{6.10}$$

式中，$D(\boldsymbol{F}(\boldsymbol{x}), \Omega_{\mathbf{s},\boldsymbol{\Delta}})$ 代表此处需要用到的 WCP 和 OTR 间的“距离”的概念：

$$\begin{aligned} D(\boldsymbol{F}(\boldsymbol{x}), \Omega_{\mathbf{s},\boldsymbol{\Delta}}) = \sum_{q=1}^{Q} \max\{\min\{&|\max\{f_q(\boldsymbol{t})\} - (y_q + \Delta_q)|, \\ &|\max\{f_q(\boldsymbol{t})\} - (y_q - \Delta_q)|\}, 0\} \end{aligned} \tag{6.11}$$

当 $\boldsymbol{F}(\boldsymbol{x}) \notin \Omega_{\mathbf{s},\boldsymbol{\Delta}}$，即 WCP 不在 OTR 中的情况下，$f_{\text{MITH}}$ 为正值；当所得到的 WCP 逼近 OTR 时，f_{MITH} 则会逐渐下降。当 $\boldsymbol{F}(\boldsymbol{x}) \in \Omega_{\mathbf{s},\boldsymbol{\Delta}}$，即 WCP 进入 OTR 中后，$f_{\text{MITH}}$ 变为负值，且随着 T_{ITH} 的增大而继续减小。此处构造的适应度函数可以很好地提供连续的优化空间：在 WCP 不满足 OTR 的情形下，优化算法会倾向于寻找更合适的 ITR 向量设计点，使 WCP 朝向满足 OTR 的情形演化；在 WCP 满足 OTR 的情形下，优化算法会倾向于寻找 T_{ITH} 更大的 ITR 向量设计点，从而可以更有效地对 MITH 进行搜索。

步骤 6. ITR 验证。由步骤 5 优化得到的 ITR 向量设计点通过实际的 WCP 搜索步骤进行验证，并检查终止标准是否被满足。终止标准通常被设定为最大的迭代次数 N_{iter}，或最大的有效结果的个数 N_{num} 等。如果满足终止条件，算法即可对所得到的最优 ITR 向量设计点及其所对应的 WCP 结果及 f_{MITH} 进行输出；若终止条件未满足，则返回步骤 4。通过这样的迭代过程，算法对满足 OTR 的 ITR 向量设计点构成的集合进行搜索，找到其中 MITH 最大的设计点。

本节中所给出的基于 MLAO 的 MITH 搜索方法是一种嵌套循环的结构，也就是使用 WCP 搜索过程作为 MITH 搜索过程的高精度仿真及验证的过程。文

献 [92] 介绍了一种高效的基于采样策略 (sampling strategy, SS) 的 MITH 搜索方法，并采用代理模型来预测天线的性能响应，其核心思想是：首先基于随机的采样方法对 MITH 的形状及参数进行估计，继而通过迭代步骤对所估计得到的 MITH 周围的采样点进一步采样，从而在多次迭代之后，得到有效的 MITH 结果。对于天线应用，推荐使用 $N_{\mathrm{iter}}=6$ 为迭代次数，每次迭代中进行 $N_{\mathrm{s}}=7500$ 次采样。采用更多的采样点和迭代次数可以提升 MITH 结果的质量，但会带来更大的计算资源的消耗。然而，一方面，在实际应用中，天线的结构参数通常有相当大的设计范围，考虑到设计者通常无法获取关于 MITH 形状的先验知识，因此选择较小的采样点数来提升算法速度的代价则是存在 MITH 无法被寻找到的风险；另一方面，考虑到采样策略天生的缺陷，实际的 WCP 点有可能不在采样点集合中，从而带来 MITH 结构可靠性的下降。相比于基于 SS 的 MITH 搜索方法，本节中所给出的基于 MLAO 的 MITH 搜索方法通过引入全局优化方法来提升计算的可靠性和设计自由度，并且通过将 MITH 搜索视作一个受限制的优化问题引入 MLAO 方法，缓解了全局优化方法带来的计算复杂度的压力。采用 MLAO 进行 MITH 搜索的程序源代码参见附录 D。

6.2.5 鲁棒优化

上述的 WCA 和 MITH 搜索方法可用于实现天线及阵列的鲁棒优化。基于经典的 MLAO 架构，鲁棒设计将 MITH 搜索过程作为其对给定的输入进行精确计算的核心环节。具体的算法步骤如下：

步骤 1. 初始化。鲁棒优化的初始点可以被设置为已知的 N_{ini} 个设计最优点的集合，后者可以通过经典的 MLAO 方法优化得到。在初始化阶段，设计者还需要根据先验知识和设计要求，设定恰当的设计参数空间、OTR 和设计约束。

步骤 2. 对设计点采样。实际的天线设计问题通常需要在多个较优的设计点附近寻找最为鲁棒的设计点[94]。一个较为合理的假设是最为鲁棒的设计点通常都出现在较优的设计点周围。基于此，在此步骤中，对每个较优的设计点，都在其附近利用拉丁超立方体采样 (Latin hypercube sampling, LHS) 方法随机采样 k_{d} 个采样点。

步骤 3. 计算 MITH。在给定 OTR 的前提下，对每个采样设计点及初始设计点，可以通过基于 MLAO 的 MITH 搜索方法计算其对应的 MITH 特征。

步骤 4. 代理模型建立或更新。利用上述步骤建立的采样设计点及其对应的 MITH 所共同构成的数据集，设计者可以通过引入机器学习方法构建代理模型。此处代理模型的输入参数 $\boldsymbol{X}$ 为天线或阵列的设计参数 $\boldsymbol{x}_i$，其输出参数 $\boldsymbol{y}$ 为相对应的 MITH 响应 $\boldsymbol{\omega}_i$。

步骤 5. 基于代理模型进行优化。对不同的应用场景，可以采用不同的优化方法和适应度函数对代理模型进行优化。如果只需考虑对初始目标附近的鲁棒设计点进行搜索，可以采用单目标的优化方法；如需同时考虑包括天线大小、鲁棒性特征和天线辐射等性能，可以利用多目标优化方法进行优化。

步骤 6. 对优化结果进行验证。对优化得到的设计参数及对应的由代理模型预测的 MITH 结果，采用基于 MLAO 的 MITH 搜索方法进行验证，而其电磁特性利用全波仿真方法进行验证。满足终止条件时，输出鲁棒优化结果，不满足则将验证的数据加入数据集中，回到步骤 4 继续迭代过程。终止条件可以设置为最大的迭代次数或最大的最优值未改变的迭代次数。

在本节所述的鲁棒优化过程中，利用基于 MLAO 的 MITH 搜索确保优化结果的精度及鲁棒性。图 6.3 给出所提出的 ML-MLAO 的核心思想，即利用机器学习方法对天线的性能、WCP 和 MITH 建立代理模型，从而将 MLAO 引入鲁棒设计的多个层级，加速设计收敛。利用在设计参数和天线响应间建立的代理模型 R_{s1}，计算不同设计点的 WCP 值，并由此建立设计参数和 WCP 间的代理模型 R_{s2}。基于以上两种代理模型，可以通过基于 MLAO 的 MITH 搜索方法对一系列的设计点搜索其 MITH，并由此建立天线参数和其对应的 MITH 之间的代理模型 R_{s3}。本章所提出的 ML-MLAO 的算法思想提供了一种高效的建立代理模型、对新的设计点进行预测、对代理模型进行在线更新的方法。第 7 章将通过一系列天线与阵列的设计实例，讨论 ML-MLAO 的有效性和效率。

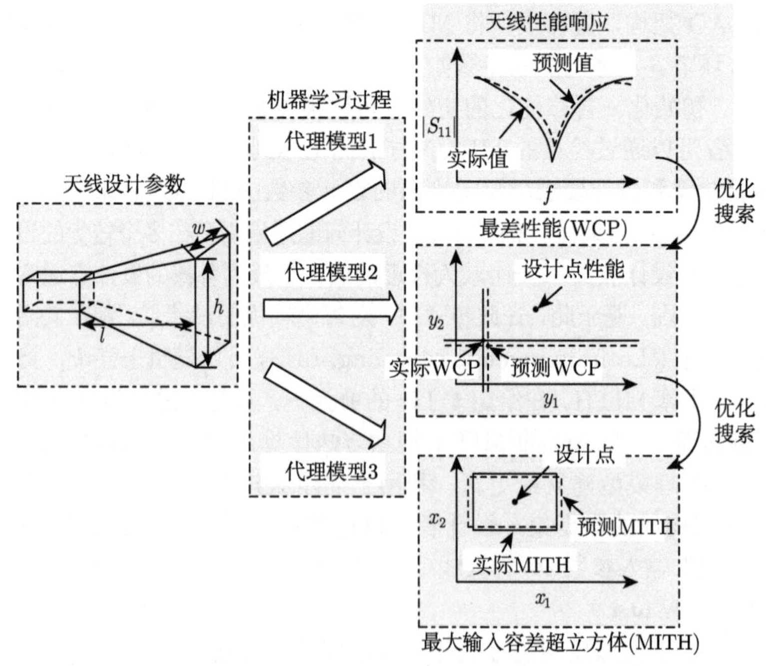

图 6.3　对天线的性能、WCP 和 MITH 建立机器学习代理模型

6.3 应用实例

在本章中，先针对测试函数及贴片天线的实例，讨论基于 MLAO 的 MITH 搜索相较于传统方法的优势，继而针对包括阵列综合及天线设计的鲁棒优化的应用实例进行讨论。

6.3.1 测试函数的 MITH 搜索

考虑一个 K 维、非凸、不可分的测试函数，其表达式为

$$g(\boldsymbol{x})=\sum_{k=1}^{K-1}\left(\exp(-0.2)\sqrt{x_k^2+x_{k+1}^2}+3\left(\cos(2x_k)+\sin(2x_{k+1})\right)\right) \tag{6.12}$$

设计点为 $x_k=1$; $k=1,\cdots,K$; OTR 为 $g(\boldsymbol{x})$ 附近的 $[-1,1]$ 范围。图 6.4 给出对该测试函数进行 MITH 搜索时，基于 SS 和 MLAO 的 MITH 搜索策略的性能对比。在不同的函数维度及不同的 SS 采样点数 N_s 的情况下，采用两种方法进行 MITH 搜索后，利用 GA 在计算得到的 MITH 内进行搜索获得 WCP，进而将其与事先给定的 OTR 进行比较。计算搜索得到的 WCP 与 OTR 的上下界间的差值，并在图中通过色块的颜色深浅和大小表示：圆心位于交叉点处的灰色圆点表示在相应的条件下，该策略未能找到 MITH；圆心不在交叉点处的圆点表示能够找到 MITH，其中，深色的圆点表示经检验得到的 WCP 是在 OTR 中的，而浅色的圆点表示经检验得到的 WCP 在 OTR 之外。圆点越大，代表 WCP 与 OTR 间的距离越小。

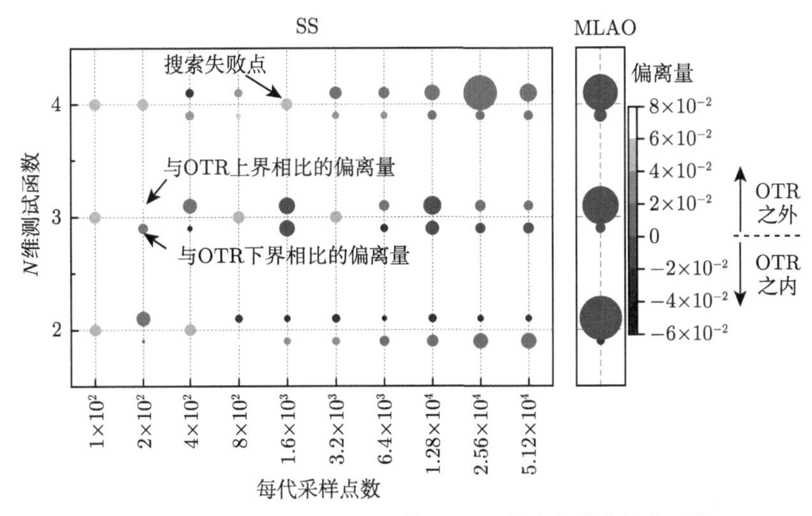

图 6.4 基于 SS 和 MLAO 的 MITH 搜索策略的性能对比

图 6.4 可以反映两种策略的性能差异。首先，在 SS 策略下，如果采样点数选取过少，则可能导致该策略在寻找 MITH 中失败；其次，在多数情况下，采用 SS 策略找到的 MITH，其 WCP 实际上都存在于 OTR 之外，这意味着在 SS 策略找到的 WCP 的质量较低；最后，随着输入参数的增多，传统的 SS 策略找到可靠的 MITH 的可能性逐渐受到限制。与 SS 策略相比，基于 MLAO 的 MITH 搜索策略寻找到的 MITH，其 WCP 被严格限制在 OTR 中，并且尽可能地接近 OTR。总结而言，基于 MLAO 的 MITH 搜索策略在可靠性和有效性的实现相较于传统 SS 策略有明显的性能提升。下面将通过几种典型的情况来具体分析传统 SS 策略与基于 MLAO 的 MITH 搜索策略的差异。

首先，考虑 $K=2$，$N_{\mathrm{s}}=100$，$N_{\mathrm{iter}}=10$ 的情况 (第一种情况)。设计点 $\boldsymbol{x}_0=(1,1)$，$g(\boldsymbol{x}_0)=2.637$，其 OTR 为 1.637~3.637。如图 6.5(a) 所示，在第一次采样中，利用 LHS 在设计点 $\boldsymbol{x}_0$ 附近采样 100 个设计点，并且通过计算函数值获取其性能。图中深灰色的区域代表属于 OTR 中的区域 $(g(\boldsymbol{x})\in g(\boldsymbol{x}_0)\pm 1)$，而浅灰色区域代表 OTR 外的区域 $(g(\boldsymbol{x})\notin g(\boldsymbol{x}_0)\pm 1)$。在所采样的 100 个设计点中，其函数值落在 OTR 中的被标识为黑色，而落在 OTR 之外的被标识为灰色。在 SS 策略中，每一个采样点都将被视为一个潜在的顶点，从而构建一个容差超体积。通过评估该容差超体积内是否存在落在 OTR 外的采样点来判断该输出容差超体积是否合适被作为合格的输出容差超体积 ITH。选择合格的 ITH 中具有最大的容差超体积的 ITH，作为当前迭代中的 MITH。

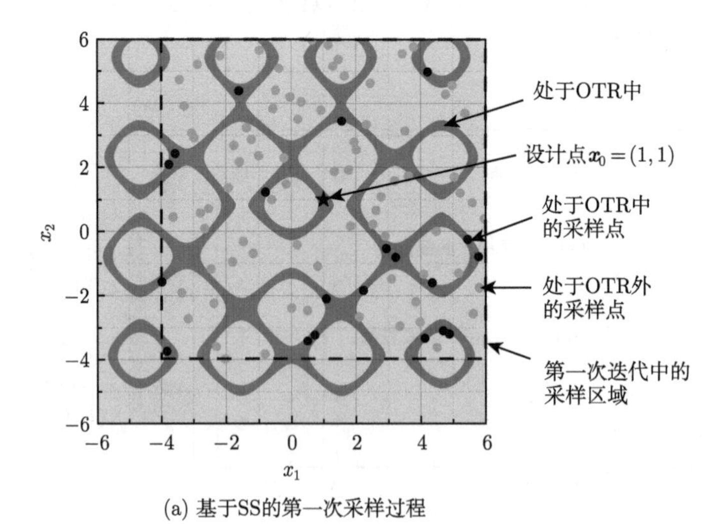

(a) 基于SS的第一次采样过程

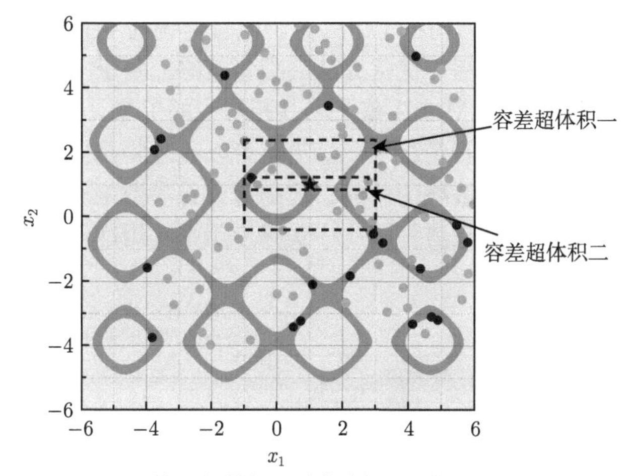

(b) 基于SS的第一次采样过程中构造的两个典型的ITH

图 6.5 在第一种情况下，基于 SS 的采样

图 6.5(b) 给出两个典型的采用 SS 策略构造的容差超体积 ITH。可以看出，由于较大的采样区域和较少的采样点数设置，在所有的潜在的 ITH 中，不存在仅含有落在 OTR 内的采样点的 ITH。在这种情况下，SS 策略无法找到 MITH。一种解决该问题的方案是在采样步骤中增大采样点的数目，如图 6.4 所示，当设计参数的维度增大时，确保获得 MITH 所需要的采样点数将迅速增长。

然后，考虑 $K = 2$，$N_{\mathrm{s}} = 25600$，$N_{\mathrm{iter}} = 10$ 的情况 (第二种情况)，在该情况下，大大增加了每次迭代中采样点数，避免上述无法获得 MITH 的情况。即使在该情况下，SS 策略所得到的 MITH 的质量仍较低。其原因在于所得到的 MITH 对应 ITR 的 WCP 仍处在 OTR 之外，并未被采样策略所寻找到。

图 6.6(a) 给出在第二种情况下，SS 策略第十次迭代时采样点的分布。此时，用以构建 MITH 的采样点为 $(1.138, 0.847)$，在此容差区域内共有 18132 个采样点，且其对应的函数值全部在 OTR 内。在所有的采样点中，具有最小值的采样点为 $(1.137, 1.145)$，其对应的函数值为 1.638；具有最大值的采样点为 $(0.863, 0.850)$，其对应的函数值为 3.505。所有采样点的最大及最小值均处在 1.637 至 3.637 的 OTR 之内，得到的 MITH 值为 0.0211，其构建的容差超体积的顶点距离设计点的偏差为 $(0.138, 0.153)$。

采用 GA 检验由 SS 策略得到的该 MITH 及其所对应的 ITR 中的 WCP，可以发现该 WCP 位于 OTR 之外。如图 6.6(b) 所示，采用 GA 的 WCP 搜索得到的最小值点为 $(1.138, 1.153)$，其对应的函数值为 1.607，小于 OTR 的最小值 1.637。而基于 MLAO 的 MITH 搜索找到的 MITH 值为 0.020，其构建的容差超体积的顶点距离设计点的偏差为 $(0.1407, 0.1406)$，采用 GA 检验后得到的 WCP 最小值为 1.6379，最大值为 3.521，均在 OTR 内。比较传统的 SS 策略和基于 MLAO 的策略可以看出，由于引入基于优化算法的搜索策略，基于 MLAO 的 MITH 搜索方法可以获得质量更高的 MITH 值及与其相对应的 ITR。需要指出的是，从图 6.6(b) 中可以看出，在第二种情况下 SS 策略可以通过将超立方体的顶点视为潜在的 WCP 值点以增强 SS 策略的性能；但随着设计参数维度的提升，需要考虑的顶点数目将会呈指数上升趋势，因此在实际应用中实用性不高。

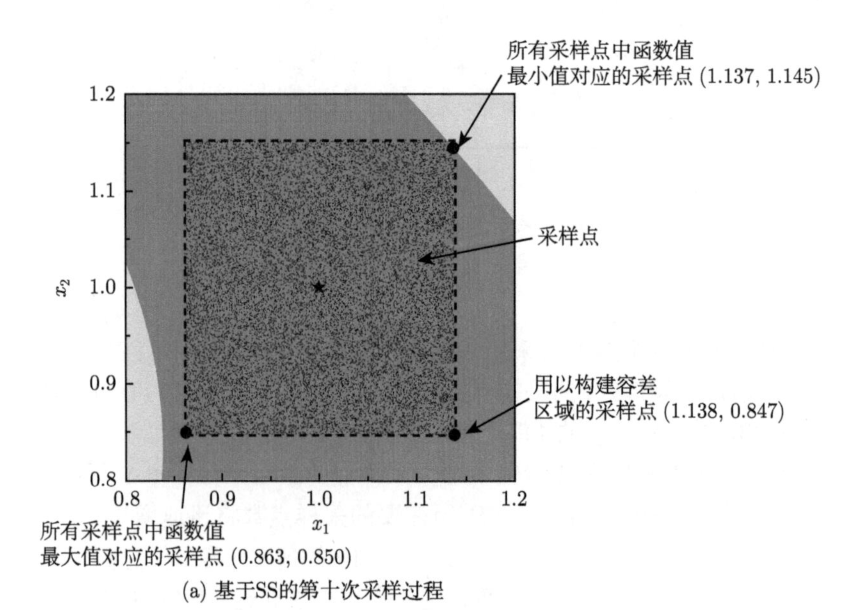

(a) 基于SS的第十次采样过程

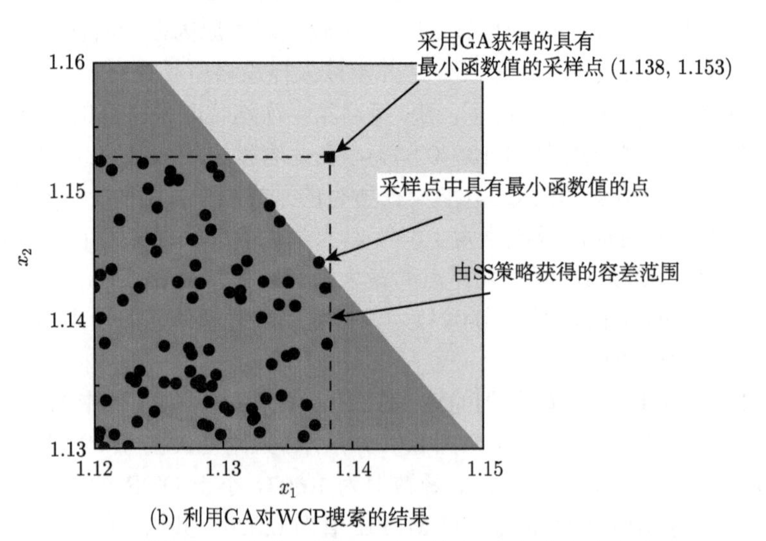

(b) 利用GA对WCP搜索的结果

图 6.6　在第二种情况下，基于 SS 的第十次采样

6.3.2 微带贴片天线的 MITH 搜索

考虑一个设计在 10GHz 的经典贴片天线设计，其天线结构如图 6.7 所示。天线设计在高度 $h = 1\text{mm}$ 的介质板表面，介质板的介电常数 $\varepsilon_{\text{r}} = 2.2$。贴片天线的长和宽分别为 l 和 w，并通过一个偏离对称中线长度为 l_{f} 的金属过孔进行馈电。天线设计参数为 $\boldsymbol{x} = [l, l_{\text{f}}, w]^{\text{T}}$，其可变的设计空间定义为中点 $\boldsymbol{x}_0 = [10, 5, 10]^{\text{T}}$，及变化范围 $\boldsymbol{x}_0 \pm \delta$，其中 $\delta = [10, 5, 10]^{\text{T}}$。天线的设计目标为 10GHz 点处的反射系数 $|S_{11}|$。

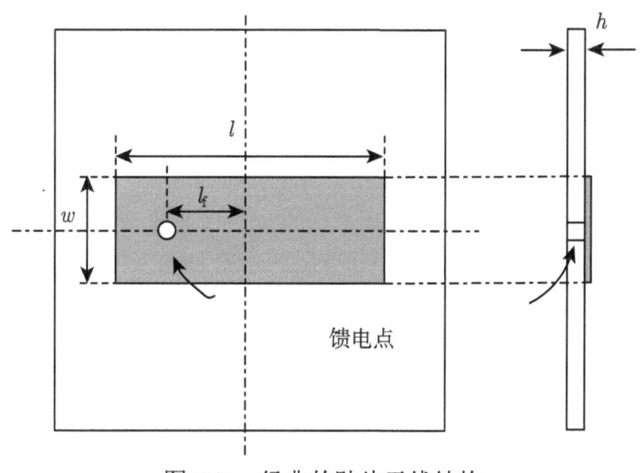

图 6.7 经典的贴片天线结构

8 个采样点采用 SS 策略和基于 MLAO 策略的 MITH 搜索方法对 MITH 进行搜索，其中，尝试不同的 SS 策略中的采样点数 N_{s} 和不同的基于 MLAO 策略中的迭代次数 N_{iter}，其搜索结果在图 6.8 中得以体现。在采样点 1、6、7、8 处，当 $N_{\text{s}} = 7500$ 时，SS 策略无法找到 MITH。在采样点 1 处，当 $N_{\text{s}} = 50000$ 时，SS 策略仍然无法找到 MITH，这种情况是由 SS 本身的采样的随机性决定的。于之相反，基于 MLAO 策略的 MITH 搜索方法在所有情况下都可以寻找到 MITH。

基于 SS 策略存在的另一个问题是其找到的 MITH 的质量。采用 WCA 对上述两种策略找到的 MITH 进行检验，其结果如图 6.9 所示。考虑预先设定的 -10dB 的 $|S_{11}|$ 所定义的 OTR，检验包括 $N_{\text{s}} = 50000$ 的 SS 策略和 $N_{\text{iter}} = 10$ 的基于 MLAO 策略在内的两种 MITH 搜索方法的结果。从图 6.9 中可见，在 8 个设计点中的 6 个设计点中，SS 策略所得到的 MITH 对应的 WCP 都在 OTR 之外，而基于 MLAO 策略所得到的 MITH 对应的 WCP 皆在 OTR 之内。本节的经典贴片天线的例子证明了基于 MLAO 策略的 MITH 可以很有效地实现可靠的 MITH 搜索。

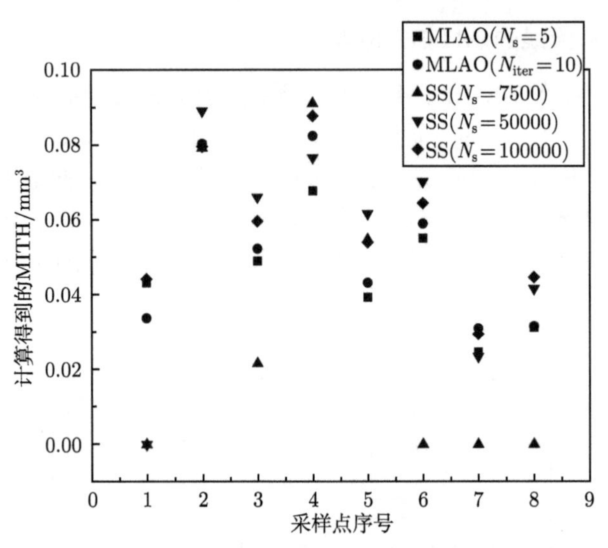

图 6.8　在多个采样点处，采用不同的 MITH 搜索策略得到的 MITH

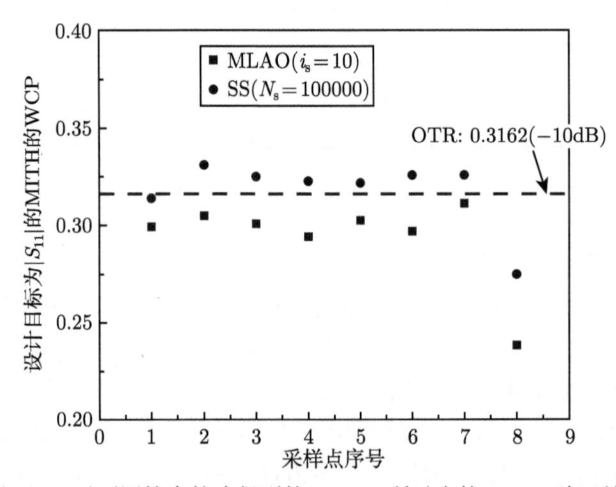

图 6.9　对不同搜索策略得到的 MITH 所对应的 WCP 验证结果

6.3.3　天线阵列的鲁棒设计

在本节中，将基于 MLAO 策略的 WCA 和 MITH 搜索引入鲁棒性设计过程，利用 ML-MLAO 实现针对天线阵列的鲁棒性设计。考虑一个对称的等间距线性阵列的阵列综合问题。阵列包括 $2N_{\mathrm{ele}}$ 个理想的全向辐射的天线单元，其单元间距为 $d=0.5\lambda$。天线阵列采用等幅方式进行激励，通过优化激励的相位实现阵列副瓣的优化。采用经典的 MLAO 优化方法，可以优化得到 2 个设计点。基于所得到的 2 个初始设计点，采用 ML-MLAO 方法对其周围的设计点进行搜索，寻找更为鲁棒的设计点。此处，将搜索范围设定为设计点周围的 ±20°，并将 OTR 设置为 −12dB 的 SLL。表 6.1 给出在鲁棒设计前后两个设计点的性能，包括单元相位值、MITH 和 SLL 的比较，其中，单元相位的单位为 (°)，SLL 的单位为 dB。

表 6.1　对两个设计点进行鲁棒设计前后的性能比较

鲁棒设计前	单元 1	单元 2	单元 3	单元 4	单元 5	MITH	SLL
设计点 1	50.5	0.1	0.1	18.6	14.0	2891.2	−14.20
设计点 2	2.2	319.4	6.6	3.6	341.0	4162.5	−14.26
鲁棒设计后	单元 1	单元 2	单元 3	单元 4	单元 5	MITH	SLL
设计点 1	49.5	13.1	0.1	26.0	19.3	5705.8	−13.92
设计点 2	1.9	319.5	7.1	3.2	339.0	5038.7	−14.11

由表 6.1 可以见到，虽然两个设计点在初始情况下具有相似的 SLL 性能，但设计点 1 的 MITH 要显著地低于设计点 2，意味着后者的鲁棒性特征更佳。通过将 ML-MLAO 应用到两个设计点的鲁棒性设计中，两个设计点均迭代至更优的 MITH 性能。比较经鲁棒设计的两个设计点可以发现，虽然设计点 1 相对于设计点 2 具有相对较差的 SLL 特性，但其 MITH 值更高，意味着经过鲁棒设计后的设计点 1 具有更优的鲁棒性特征。

6.3.4　串馈天线的鲁棒设计

与上述的阵列综合问题不同，对天线的优化设计和鲁棒性设计依赖于机器学习方法所建立的代理模型的预测精度。对设计参数变化范围较大的天线设计问题，在计算时间有限的情况下，通常难以在整个设计范围内获得较为精确的代理模型。因此，通常考虑在可能的最优设计点附近进行采样，建立局部的代理模型，并在设计优化过程中通过在线更新的方式提升代理模型的精度。此处，将天线的鲁棒设计分为优化设计和鲁棒优化两个步骤进行。

在优化步骤中，可以将经典的 MLAO 方法与包含禁止区域的优化策略相结合，从而尽可能多得到局部最优点。通过多次 MLAO 优化，并在每次优化时，将之前所得到的最优点周围设立禁止区域，增强优化算法对全部设计空间的搜索能力。在优化步骤结束后，可将已获得的数据集用来建立鲁棒设计步骤所需的代理模型，同时，将所优化得到的一系列设计点作为鲁棒设计的初始设计点，从而尽可能地在计算复杂度和算法的探索之间获得平衡。

在鲁棒优化步骤中，采用 ML-MLAO 在优化步骤所获得的初始设计点附近寻找更为鲁棒的设计点。对同时考虑天线性能及天线鲁棒性的多目标优化任务而言，算法对帕累托前沿 $\boldsymbol{P}_{\mathrm{pre},i,j}$ 和相对应的最差情况 $\boldsymbol{w}_{i,j}$ 进行预测，其中 i 和 j 分别表示外层迭代和内层迭代的序号。在内层迭代中，基于目前所有的代理模型，使用 ML-MLAO 对帕累托前沿进行预测。在外层迭代中，通过在帕累托前沿对应的设计点附近进行随机采样，并利用全波仿真对其响应进行计算，从而对所有代理模型进行更新。在每次多目标优化之前，都对所有优化目标进行单目标优化，并将其结果作为多目标优化的初始点，以此提高多目标优化的效率[115]。

在内层迭代中，通过全波仿真验证算法预测得到的天线性能响应 $\boldsymbol{P}_{\mathrm{pre},i,j}$，继而更新针对天线性能的代理模型。在此之后，更新 $\boldsymbol{P}_{\mathrm{pre},i,j}$ 所对应的 MITH，并将更新后的帕累托前沿命名为 $\boldsymbol{P}_{\mathrm{val1},i,j}$。内层循环的终止条件可以设置为最大的内层迭代次数 J 等。当内层循环的终止条件满足时，算法将切换到外层迭代，并在帕累托前沿 $\boldsymbol{P}_{\mathrm{val1},i,j}$ 上每个设计点的周围进行随机采样 N_{s} 次，并使用全波仿真对其响应进行计算。可以将随机采样的范围设置为以设计点和 WCP 点的中点为中心，以 $k_{\mathrm{s}} \times D_{\mathrm{s}}$ 为半径的区域内，其中 D_{s} 为设计点与中点间的距离，k_{s} 为系数。在此基础上，对天线响应、WCP 和 MITH 的代理模型进行在线更新，重新计算 $\boldsymbol{P}_{\mathrm{val1},i,j}$ 上的设计点所对应的值，并将其命名为 $\boldsymbol{P}_{\mathrm{val2},i}$。通常选取比 1 稍大的 k_{sam} 系数，从而在设计点所预测的 ITR 周围建立精度更高的代理模型。

基于经过验证的天线响应和设计参数容差，对帕累托前沿进行最终更新并将其命名为 $\boldsymbol{P}_{\mathrm{upd},i}$，并将其视为外层迭代的最终高精度结果。相较于 $\boldsymbol{P}_{\mathrm{val2},i}$，$\boldsymbol{P}_{\mathrm{upd},i}$ 避免了预测精度带来的不可避免的损失。外层迭代的终止条件可设置为最大的外层迭代次数 I，或设计允许的最大计算时间等。本节中的 ML-MLAO 采用一种 2 层的嵌套式迭代结构，从而可在算法过程中不断提升代理模型的预测精度。

考虑一种串馈微带天线设计，其结构如图 6.10 所示。天线采用 Rogers 5880 作为介质基板，其尺寸大小为 400mm×30mm×1.5mm，介电常数设置为 $\epsilon_{\mathrm{r}} = 2.3$。天线设计工作在 5.8GHz，采用 10 单元的串联馈电设计。天线结构左右对称，并在末端采用接地金属过孔进行短路。单元间距为 $g_0 = 17\mathrm{mm}$，微带线宽度为 $m_0 = 2\mathrm{mm}$，天线单元宽度为 $w_1 = 16.4\mathrm{mm}$。鲁棒设计中的 OTR 设定为 $|S_{11}|$ 优于 $-14\mathrm{dB}$，SLL 优于 $-18\mathrm{dB}$。天线的设计参数为 $\boldsymbol{x} = [l_1, l_2, l_3, l_4, l_5]^{\mathrm{T}}$，参数的设计范围为 $\boldsymbol{x}_0 \pm \delta$，其中 $\boldsymbol{x}_0 = [20.5, 20, 18, 11.5, 9]^{\mathrm{T}}$，$\delta = [1.5, 2, 3, 2.5, 3]^{\mathrm{T}}$，单位均为 mm。考虑处于设计范围边界附近的设计点，WCA 的设计范围需要大于上述参数的设计范围，在此设定为 $\boldsymbol{x}_0 \pm \delta_{\mathrm{w}}$，其中 $\delta_{\mathrm{w}} = [2.0, 2.5, 3.5, 3.0, 3.5]^{\mathrm{T}}$。

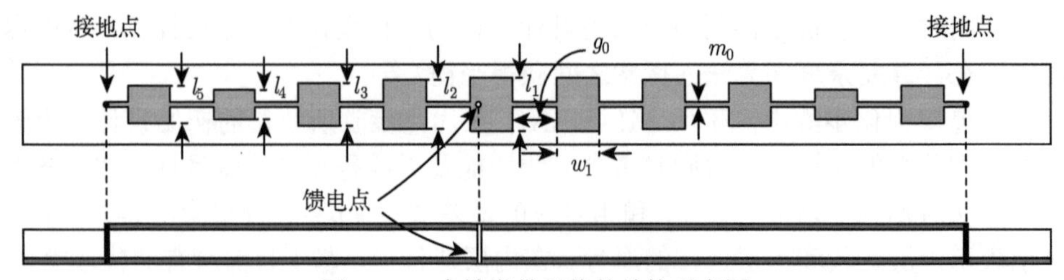

图 6.10　串馈微带天线的结构示意图

采用本节所述的方法，按顺序进行优化设计和鲁棒优化设计，并将算法的设计目标设定为设计频点处的 $|S_{11}|$、SLL 及 MITH。图 6.11 给出最终迭代后的包括 $\boldsymbol{P}_{\text{pre},4}$，$\boldsymbol{P}_{\text{val2},4}$ 和 $\boldsymbol{P}_{\text{upd},4}$ 在内的帕累托前沿的设计，而图 6.12 给出在最终迭代时算法给出的串馈微带天线的预测及验证后的天线响应和鲁棒性特征。受限于计算资源，在平衡计算时间和性能的基础上，本例中，将算法参数设定为：$J=1$，$I=4$，$k_{\text{sam}}=1.2$，$N_{\text{sam}}=30$，$N_{\text{u}}=5$，$N_{\text{r}}=5$，$N_{\text{iter}}=5$。需要注意的是，由于算法的分层结构，设计点鲁棒性特征的预测精度依赖于天线响应的预测精度，因此实际天线任务中，更多次的外层迭代提供的设计点附近更多数量的采样点对多目标鲁棒设计是有益的。

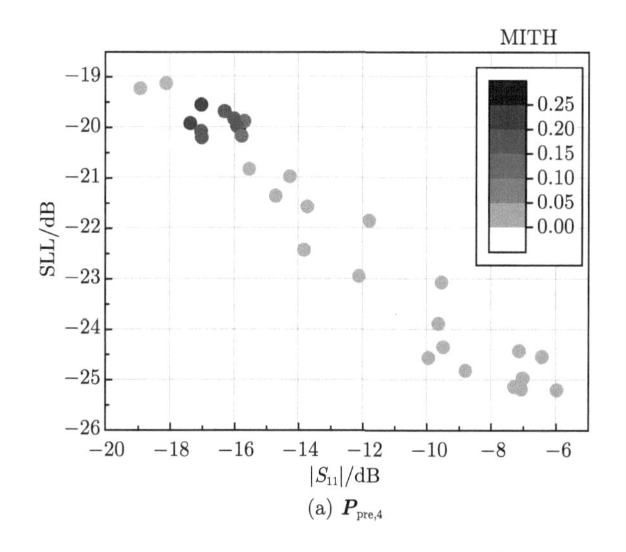

(a) $\boldsymbol{P}_{\text{pre},4}$

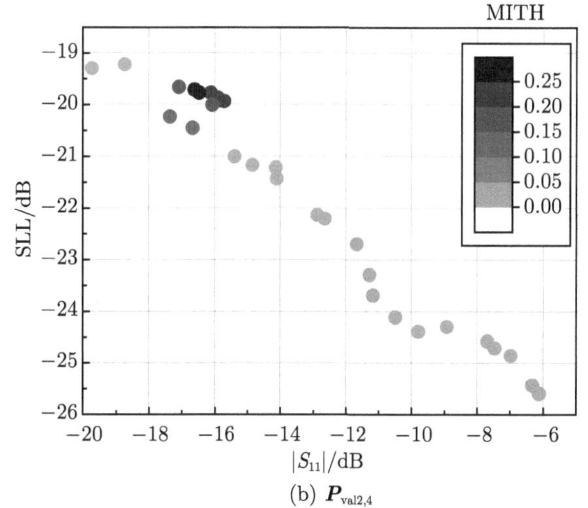

(b) $\boldsymbol{P}_{\text{val2},4}$

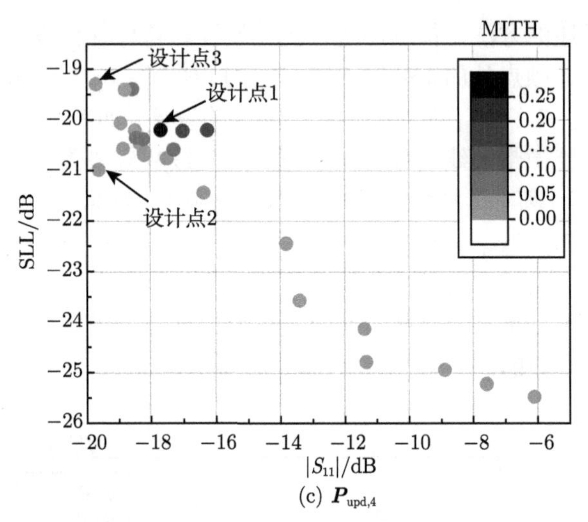

(c) $\boldsymbol{P}_{\mathrm{upd},4}$

图 6.11 最终迭代后的帕累托前沿的设计点

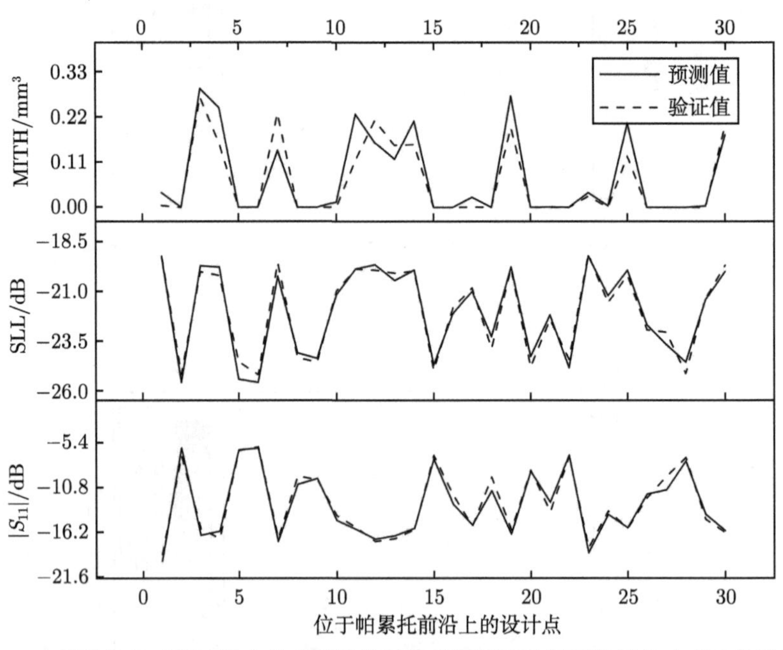

图 6.12 在最终迭代时算法给出的串馈微带天线的预测及验证后的天线响应和鲁棒性特征

在最终得到的帕累托前沿上选取 3 个典型的设计点进行分析，并将其设计参数及对应的性能列于表 6.2，可以很明显地观察到设计点之间在性能响应和鲁棒性特征响应上的差异。设计点 3 具有最好的 $|S_{11}|$ 性能，而设计点 2 具有最好的 SLL 性能。与设计点 2 和设计点 3 相比，设计点 1 的 $|S_{11}|$ 性能和 SLL 性能都

相对较差，但具有更优的鲁棒特性。通过对不同设计点的最差情况和 MITH 的分析，设计者可以在将设计应用到实际的加工、生产和应用之前，充分考虑设计的鲁棒性，从而做出多个设计目标之间的权衡。

表 6.2　典型设计点的设计参数及性能

设计点	MITH/mm^3	$\|S_{11}\|$/dB	SLL/dB
1	0.271	−17.68	−20.19
2	0.011	−19.61	−20.97
3	0.027	−19.70	−19.29

表 6.3 给出串馈微带天线的鲁棒设计的时间分配。由于代理模型在鲁棒设计的各个层级中的应用，ML-MLAO 大幅削减其所需要的计算时间。算法所使用的代理模型包括对天线响应 $|S_{11}|$ 和 SLL 性能的建模，以及对 WCP 和 MITH 性能的建模。算法共进行 420 次 MITH 搜索，每次搜索平均需要花费 10min 的计算时间；同时，算法对设计点处的 MITH 进行 50600 次预测，这意味着若不使用针对 MITH 的代理模型的建立和预测，总的计算时间将会增加到 8587h。算法共进行 14678 次 WCA，每次分析平均需要花费 10s 的计算时间；同时，算法对 WCP 进行约 6500 万次预测。每次串馈天线进行全波仿真平均需要耗费 139.9s 的计算时间，而每次 WCA 平均需要对设计参数对应的 $|S_{11}|$ 和 SLL 的响应进行 5445 次预测。因此若不在鲁棒设计中采用 MLAO 及代理模型，所需要的计算时间将大幅增加。可以预见的是，随着 ML-MLAO 的外层迭代次数参数的增加，算法将会进行更多次的全波仿真计算以增加代理模型的预测精度，同时，随着数据量的增加，机器学习方法的学习和预测的时间将会同步增加。考虑到优化过程中对代理模型的调用，优化过程的计算时间也依赖于机器学习方法的预测时间。因此，在可预见的计算性能的限制下，对大的设计参数范围进行包含鲁棒设计在内的多目标优化仍是一项艰巨的任务。

表 6.3　串馈微带天线的鲁棒设计的时间分配

操作	时间/h	内容
全波仿真	59.40	1529 次计算
优化过程	70.96	2.2 亿次计算
代理模型训练	2.51	24225 次训练
总时间	133.07	

6.4 本章小结

本章提出一种基于 MLAO 的多层机器学习辅助的天线及阵列的鲁棒设计方法 ML-MLAO。通过在鲁棒设计的多个层级，包括最差情况分析 WCA、最大输入容差超体积 MITH 搜索和鲁棒优化的过程中引入 MLAO 方法，可以实现有效可靠的天线及阵列的鲁棒设计。通过与传统的采样方法比较，基于 MLAO 的 MITH 搜索通过引入优化的思想实现更高质量的 MITH 搜索；同时，通过引入机器学习方法，算法大幅度降低了对计算资源的需求。所提出的 ML-MLAO 方法可以通过迭代过程中不断对新的设计点进行采样和计算，从而提高代理模型的预测精度。本章采用 ML-MLAO 建构一种行之有效的鲁棒设计分层结构，在此基础上，未来可以从提升算法的效率，提升代理模型的质量，扩大 ML-MLAO 应用范围等方向下展开研究工作。

第 7 章

片上螺旋电感智能设计

无线通信和雷达等无线电系统的迅猛发展，极大推进了射频电路的研究。射频集成电路 (radio frequency integrated circuit, RFIC) 是无线电系统中必不可少的部件。随着频率不断升高，对 RFIC 的性能也有越来越高的要求。如何设计低成本、小尺寸、高性能、高可靠的 RFIC 一直是学术界和工业界研究的热点。无源器件是射频电路的重要组成部分，通常无源器件的拓扑结构不固定，几何参数与其电气性能的关系不明确，这给设计带来巨大的挑战。尤其是在毫米波电路中，寄生参数效应等问题越发显著，依赖等效电路的传统设计方法已经很难适用。作为片上无源器件必不可少的元件之一，螺旋电感在混频器、振荡器、变压器等电路中起着至关重要的作用，T 形线圈 (T-coil) 还可以作为宽带匹配应用到放大器、静电防护 (electrostatic discharge, ESD) 等电路中。高性能的片上螺旋电感对于集成电路的性能有着显著提升[116]。

为了设计性能更好的片上螺旋电感，RFIC 设计人员也在不断探索片上螺旋电感的新结构。文献 [117] 提出一种圆角矩形电感，它具有方形电感和圆形电感的共同优点。文献 [118] 研究了螺旋电感的各段金属宽度和间距对于电感性能的影响，实现更高的品质因数。在文献 [119] 中，将正八边形电感的斜边与直边之比加入了优化过程，进一步提高螺旋电感的性能。文献 [120] 研究了柔性表面下电感的性能变化，使螺旋电感的设计不再局限于平面。

以上这些研究工作为螺旋电感的设计提供新的方向。然而，上述电感结构的研究都不能脱离正多边形范畴。作为模拟电路中最大的基本元件，螺旋电感的形状极大影响电路布局。在实际的芯片设计中，可供设计的面积往往不是正多边形，如果螺旋电感的形状是可变形的，可以适应任何矩形区域，那么这会给电路布局工作带来极大的便利，从而提高空间芯片的利用率。螺旋电感器通常由许多几何参数所定义，成千上万组几何参数能同时满足设计规范和要求的寥寥无几。这种与建模相反的工作被称为综合。螺旋电感的综合一直是无源器件设计中的一个重大挑战[121–123]。在毫米波电路中，螺旋电感尺寸和布局的综合是射频集成电路设计自动化的关键。

近几十年来，业界已经提出许多优秀的方案来优化螺旋电感器的设计，其中，文献 [124, 125] 提出了适用于更高频率的新型螺旋电感等效电路模型，并取得良好的效果；在文献 [125–128] 中，等效电路模型与全局优化算法的结合使得螺旋电感的性能进一步提升；在文献 [129–132] 中，螺旋电感的性能采用近似的解析表达式表示，并在全局优化算法的迭代中不断寻找最优解。这些利用等效电路和解析公式的方法都是基于物理原理的，因此可以归类为基于知识的螺旋电感综合方法。该方法通常专注于把握结构的一般特征，因此难免会忽略一些细节，从而获得粗糙的代理模型以加快仿真速度，这种方法在低频段大量应用。然而，随着频率的提高，金属与金属、金属与衬底之间的寄生关系将变得更加复杂，甚至不可预见，以至于工艺与拓扑结构稍有变化，这种基于知识的模型就不再适用且需要修正。

为了解决该类问题，MLAO 方法已逐渐应用于螺旋电感的综合。与基于知识的方法不同，MLAO 方法根据数据学习输入和输出之间的映射关系，不需要过多的物理机理。一般来说，该方法需要利用全波仿真软件获取一定数量的样本，然后通过 ANN[82, 110, 133, 134]、GPR[3, 110, 135, 136]、SVM 或任何其他机器学习算法训练以获得代理模型。文献 [123,133] 建立了基于人工神经网络的代理模型，实现了螺旋电感在低频下的自动合成。文献 [3] 提出了一种基于 GPR 的在线更新代理模型，它可以在迭代过程中逐步提升其预测的准确度，直到满足迭代终止条件。与基于知识的代理模型相比，如果训练得当，纯数据驱动的代理模型具有更好的适用性和更高的准确性。但是，纯数据驱动的模型训练需要大量样本，而且样本通常需要通过全波仿真获取，这会耗费大量时间，同时模型训练和预测也需要很长的时间。

综上所述，基于知识的模型具有可解释的物理机理，可以提供更好的优化方向来提高综合效率，而数据驱动的模型可以把握一些等效电路或解析公式无法感知的细节，从而提供更好的预测结果。如图 5.2 所示，采用 HKDT[66, 137] 来平衡片上螺旋电感的综合与精度，从而实现毫米波乃至更高频段的片上螺旋电感自动综合。

7.1　可变形的螺旋电感

7.1.1　任意多边形螺旋电感绘制

为了实现电感的自动化综合，首先提出一种任意多边形螺旋电感的绘制方法，利用该方法可以完成螺旋电感的自动建模过程。螺旋电感的基本形状由其最内圈的多边形所决定，在确定好螺旋电感的基本形状后，从内向外绘制线圈。已知最内圈多边形的顶点坐标为 $\boldsymbol{a}_1 = [x_1, y_1], \boldsymbol{a}_2 = [x_2, y_2], \cdots, \boldsymbol{a}_n = [x_n, y_n]$，$n$ 为多边形边数。以下给出该方法的具体步骤：

步骤 1. 在已知内圈多边形顶点坐标后，可求解内圈多边形各边的直线方程，

$$k_1 x + k_2 y + k_3 = 0 \tag{7.1}$$

式中，$k_1 = y_i - y_{i-1}$；$k_2 = x_i - x_{i-1}$；$k_3 = x_i y_{i-1} - x_{i-1} y_i$。也可求得各边的单位方向矢量，

$$\boldsymbol{e}_i = \frac{\boldsymbol{a}_i - \boldsymbol{a}_{i-1}}{||\boldsymbol{a}_i - \boldsymbol{a}_{i-1}||} \tag{7.2}$$

将单位方向矢量 $\boldsymbol{e}_i$ 乘以顺时针 90° 旋转矩阵 $\boldsymbol{T}$ 后可得各边法向单位方向矢量，

$$\boldsymbol{t}_i = \boldsymbol{e}_i \boldsymbol{T} \tag{7.3}$$

式中，

$$\boldsymbol{T} = \begin{bmatrix} \cos(-\pi/2) & -\sin(-\pi/2) \\ \sin(-\pi/2) & -\cos(-\pi/2) \end{bmatrix} \tag{7.4}$$

以四边形为例，单位方向矢量 $\boldsymbol{e}_i$ 和法向单位方向矢量 $\boldsymbol{t}_i$ 如图 7.1 所示。

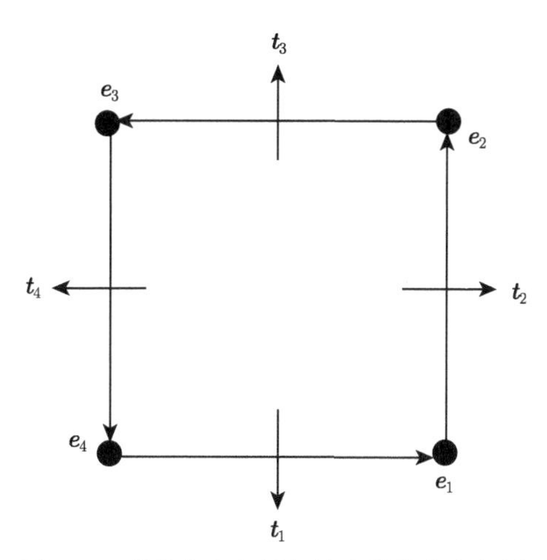

图 7.1　单位方向矢量与法向单位方向矢量

步骤 2. 在求得最内圈多边形的各项参数后，由于螺旋电感的各边均与最内圈多边形平行，且螺旋电感的线宽与线距是已知的，因此将最内圈多边形的各条边依次沿着法向向外平移。例如，将直线沿向量 $\boldsymbol{p} = [m, n]$ 平移，其中 $\boldsymbol{p}$ 代表沿法向平移所需的距离，则可以得到新的直线方程，

$$k_1(x - m) + k_2(y - n) + k_3 = 0 \tag{7.5}$$

步骤 3. 如图 7.2 所示，螺旋电感的各顶点由直线两两相交得到。

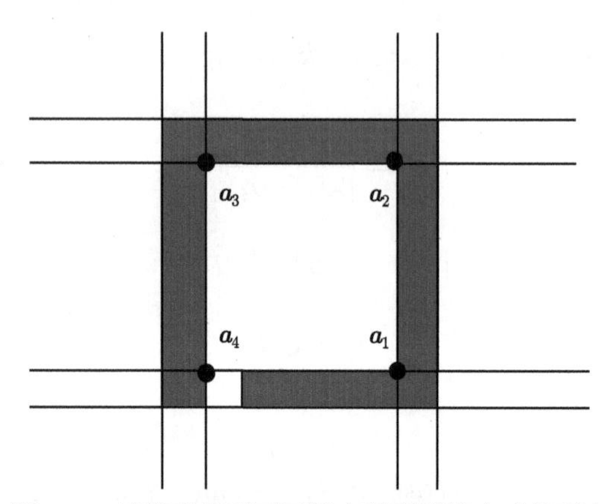

图 7.2　平移直线后两两相交得到螺旋电感各顶点

7.1.2　可变螺旋电感的结构与特性

电感是射频电路的重要组成部分，振荡器、混频器等电路都包含电感。而平面螺旋电感具有结构简单、易集成的优点，在集成电路中广泛应用。传统的平面螺旋电感结构如图 7.3 所示，主体形状为正多边形，例如，正四边形、正六边形、正八边形等，描述传统平面螺旋电感的几何参数有线宽、线距、内径以及圈数等。根据电感拓扑结构是否对称，可分为单端螺旋电感和对称螺旋电感。此类平面螺旋电感结构简单，复杂度低，但在实际的电路设计中可用的面积往往并不是正多边形，因此规则的正多边形电感不利于空间分配，容易造成空间浪费。

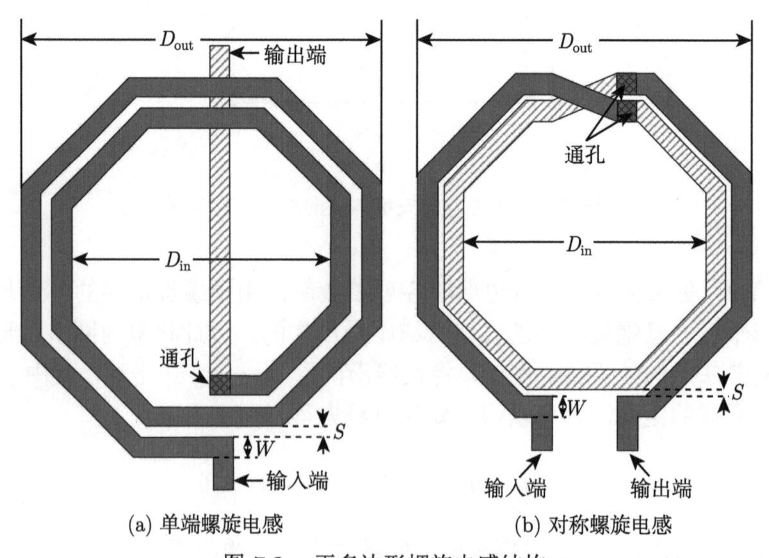

(a) 单端螺旋电感　　(b) 对称螺旋电感

图 7.3　正多边形螺旋电感结构

考虑到这一点，可以赋予传统螺旋电感结构更多的维度从而改变它的形状。可变螺旋电感的结构如图 7.4 所示，相比于传统螺旋电感，螺旋电感的形状由 D_{inh} 和 D_{inw} 同时控制，定义伸缩率 γ 为

$$\gamma = \frac{D_{\mathrm{inh}}}{D_{\mathrm{inw}}} \tag{7.6}$$

当 $\gamma = 1$ 时，此时螺旋电感退化为传统的正多边形电感；当 $\gamma > 1$ 时，此时螺旋电感处于拉伸状态，电感的面积与金属总长度均进一步增大，同时金属占整个面积的比重减小；当 $\gamma < 1$ 时，此时螺旋电感处于压缩状态，电感的面积与金属总长度均进一步减小，同时金属占整个面积的比重增大。图 7.5 展示了处于拉伸状态的单端螺旋电感和处于压缩状态的对称螺旋电感。此外，文献 [118] 发现当金属宽度由外向内依次缩减时，可以有效提升电感的品质因数，因此用可变线宽替代恒定线宽，线宽由 $W_{\max}$ 和 $W_{\min}$ 决定。

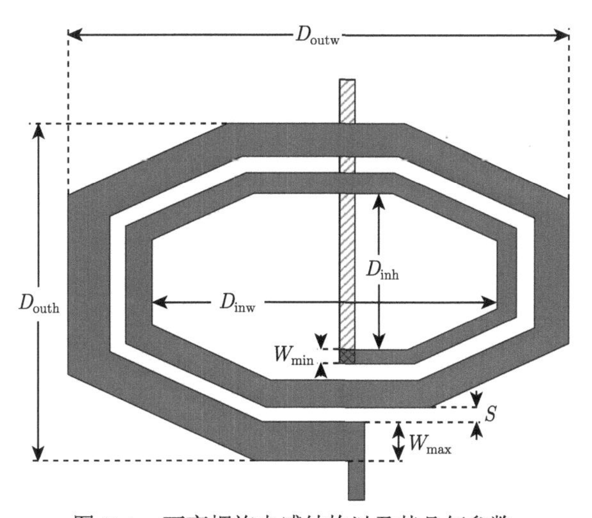

图 7.4　可变螺旋电感结构以及其几何参数

可变螺旋电感的形状由最大线宽、最小线宽、线距、圈数、内径宽度和伸缩率描述。通过调整螺旋电感的伸缩率就可以轻松改变它的形状从而使其可以适应任意矩形区域，这将为电路布局带来极大便利。图 7.6 展示了 4 种不同的可变螺旋电感的直流电感 L_{DC} 与最大品质因数 Q 随着伸缩率 γ 的变化情况，它们的几何参数如表 7.1 所示。可以看出，当拉伸平面螺旋电感时，电感尺寸和金属线长度的增加也会增加电感的寄生电容和损耗，因此 L_{DC} 一直增加而 Q 一直减小。

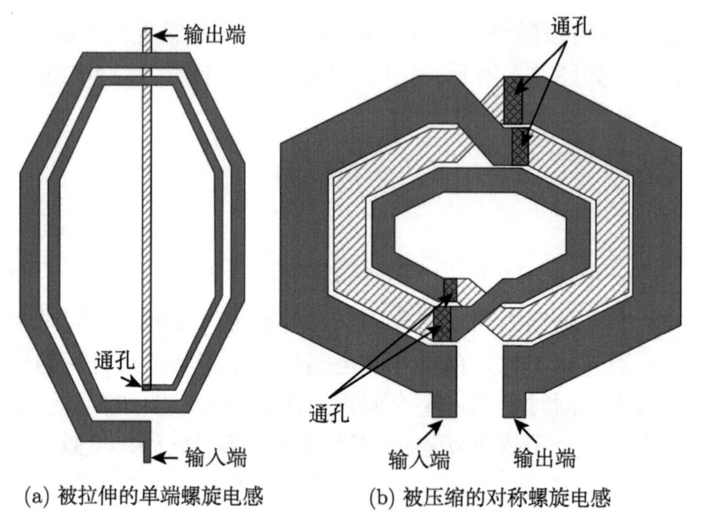

(a) 被拉伸的单端螺旋电感　　(b) 被压缩的对称螺旋电感

图 7.5　两种不同结构的可变螺旋电感

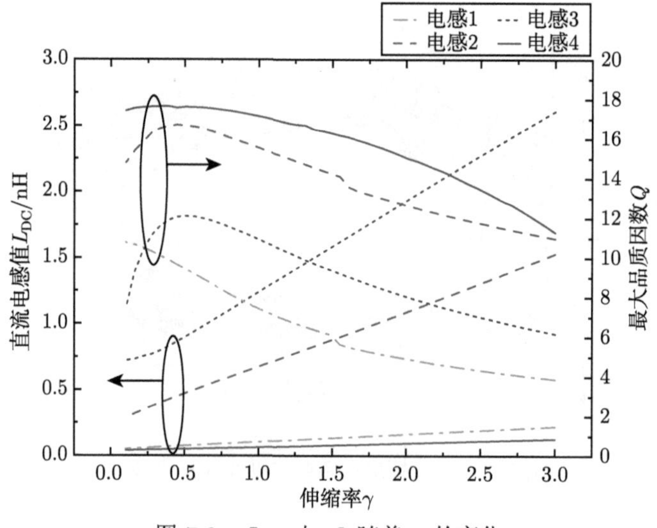

图 7.6　L_{DC} 与 Q 随着 γ 的变化

表 7.1　4 种典型片上螺旋电感的几何参数

电感编号	结构	W_{max}/μm	W_{min}/μm	S/μm	圈数 N	D_{inw}/μm
1	单端四边形	8.60	4.56	2.35	1	29.80
2	单端八边形	2.01	2.00	1.11	2.5	55.40
3	对称六边形	6.30	2.80	1.50	4	49.60
4	对称八边形	3.21	3.20	0.60	2	43.20

在压缩平面螺旋电感时，电感尺寸减小、金属线长度减少以及负互感增加导致 L_{DC} 持续减小。器件面积和金属长度的减少降低了电感的寄生电容和损耗，直到上下金属过于接近产生新的、不可忽略的寄生电容从而使得电感的损耗再次增加，这导致在某些情况下 Q 先上升后下降。

7.1.3 直流电感值近似计算

修正 Wheeler 公式可以极为方便地根据螺旋电感的几何参数估计其直流电感值[138]，

$$L_{\mathrm{M}} = K_1\mu_0\frac{N^2 D_{\mathrm{avg}}}{1+K_2\rho} \tag{7.7}$$

式中，μ_0 为真空中的磁导率；

$$D_{\mathrm{avg}} = \frac{(D_{\mathrm{out}} + D_{\mathrm{in}})}{2} \tag{7.8}$$

$$\rho = \frac{(D_{\mathrm{out}} - D_{\mathrm{in}})}{(D_{\mathrm{out}} + D_{\mathrm{in}})} \tag{7.9}$$

K_1 和 K_2 为随电感形状变化的常数项，其取值如表 7.2 所示。

表 7.2 修正 Wheeler 公式中的常数值[139]

常数	四边形电感	六边形电感	八边形电感
K_1	2.34	2.33	2.25
K_2	2.75	3.82	3.55

原始的修正 Wheeler 公式仅用于计算单端结构螺旋的直流电感值，而可变螺旋电感只是将传统的螺旋电感进行拉伸和压缩，因此对修正 Wheeler 公式经过简单的修改后即可用于计算可变螺旋电感的电感值，拓展的 Wheeler 公式为

$$L_{\mathrm{E}} = K_1K_3\mu_0\frac{N^2 D'_{\mathrm{avg}}}{1+K_2\rho'} \tag{7.10}$$

式中，

$$D'_{\mathrm{avg}} = \frac{\sqrt{(D_{\mathrm{outw}} + D_{\mathrm{outh}})(D_{\mathrm{inw}} + D_{\mathrm{inh}})}}{2} \tag{7.11}$$

$$\rho' = \frac{\sqrt{D_{\mathrm{outw}}D_{\mathrm{outh}}} - \sqrt{D_{\mathrm{inw}}D_{\mathrm{inh}}}}{\sqrt{D_{\mathrm{outw}}D_{\mathrm{outh}}} + \sqrt{D_{\mathrm{inw}}D_{\mathrm{inh}}}} \tag{7.12}$$

K_1 和 K_2 的取值和原始的修正 Wheeler 公式——式 (7.7) 相同；而新增的系数 K_3 主要用于区分单端结构螺旋电感和对称结构螺旋电感。由于对称结构螺旋电感相对于单端结构螺旋电感有更多的负互感，因此在相同的几何参数下其直流电感值会更小，对于不同的结构，

$$K_3 = \begin{cases} 1.0, & \text{单端结构螺旋电感} \\ 0.85, & \text{对称结构螺旋电感} \end{cases} \tag{7.13}$$

对扩展 Wheeler 公式进行仿真实验验证。将螺旋电感结构分为单端四边形、单端六边形、单端八边形以及对称四边形、对称六边形、对称八边形，每种结构各随机采集 250 组样本，且每个样本的自谐振频率 F_{SRF} 均大于 10GHz。螺旋电感的线宽为 2~10μm，线距为 0.1~10μm，最大面积为 200μm×200μm，圈数 N 为 1~5，伸缩率 γ 为 0.1~3，使用 Cadence Virtuoso 与中芯国际公司 40nm 的 CMOS 工艺对螺旋电感进行建模。验证的结果如图 7.7 所示，相对误差由 $|L_{\mathrm{sim}}-L_{\mathrm{pre}}|/L_{\mathrm{sim}}$ 计算得到，其中 L_{sim} 为 Cadence EMX 仿真得到的直流电感值，L_{pre} 为采用式 (7.10) 计算得到的直流电感值。可以看出，拓展 Wheeler 公式有着较高的估计精度，在各种结构下的平均相对误差均小于 10%，这将使其在后续的设计中能够更好地用于加速优化收敛。

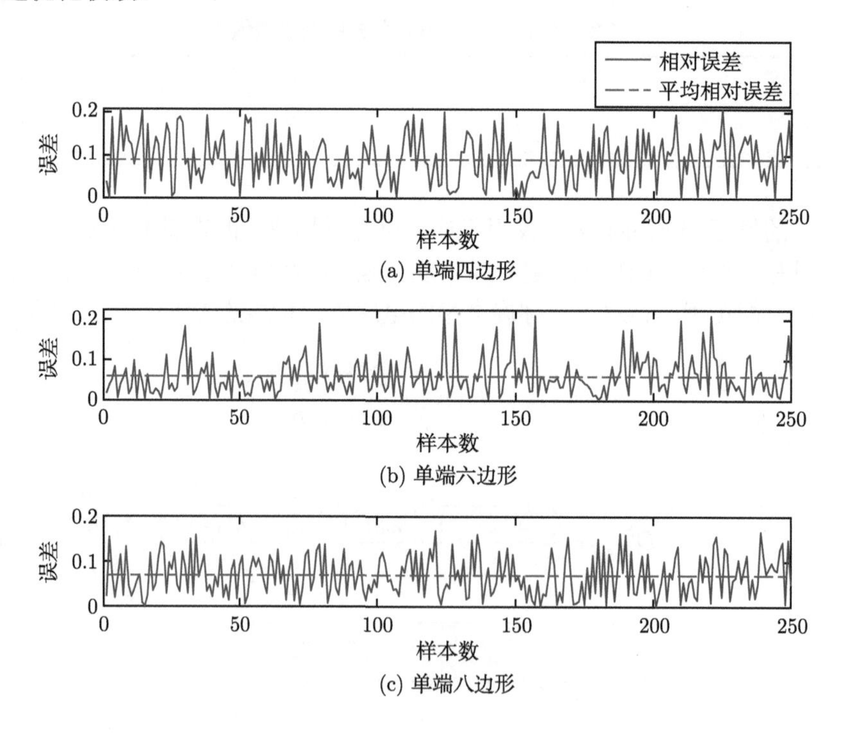

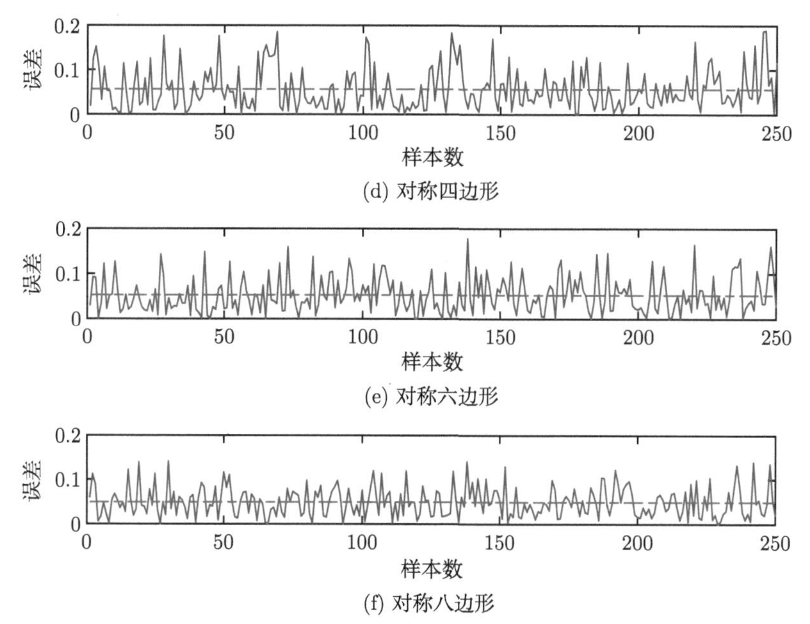

图 7.7 采用拓展 Wheeler 公式估计电感直流电感值的相对误差与平均相对误差

7.2 片上可变形的螺旋电感自动综合

7.2.1 结合先验知识的代理模型

GPR 代理模型在射频电路设计中应用广泛，相较于其他代理模型，GPR 代理模型的输出不是一个确定值，而是高斯分布的概率函数，包含最佳估计值以及置信区间，这对后续的优化过程有极大帮助。同时，无源器件的样本获取通常来源于全波仿真，这会耗费大量的时间，因此如何用尽可能少的样本达到更好的性能也是需要考虑的问题，而在线更新的 GPR 代理模型在小样本集下有着不错的性能和效率[3]。

在无源器件的设计中，传统的 GPR 代理模型以频率为特征维度，代理模型需要学习每一个频点与电学参数之间的关系，因此模型训练所需的数据量与单个样本频点个数密切相关。在毫米波片上螺旋电感的设计中，电感的自谐振频率通常都是数十 GHz。如此宽的频带范围通常包含非常多的样本数据，导致代理模型的训练和预测速度非常缓慢。

一种解决办法是代理模型只学习目标频点的数据，例如需要设计一个工作在 40GHz 的电感，自谐振频率大于 60GHz，那么只用输入 40GHz 和 60GHz 处的电感值与品质因数。但是这种方法并不稳健，图 7.8 展示了一条电感值随频率变化的曲线，它可以分为平稳段和振荡段，如果采集的所有样本在目标频点均处于平稳段，即样本的自谐振频率足够高，则这种方法可以工作。

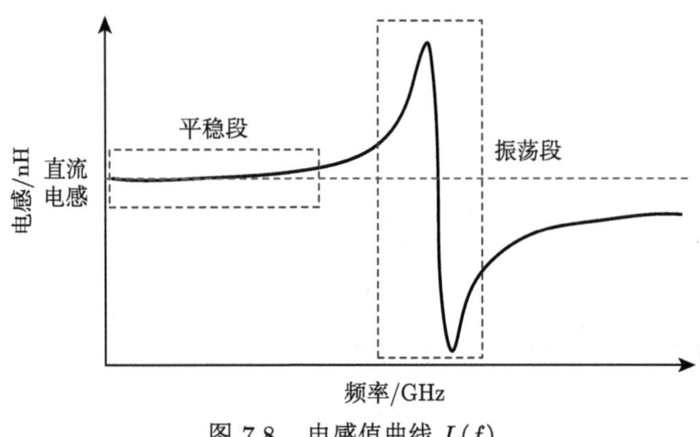

图 7.8　电感值曲线 $L(f)$

然而，由于样本数据采集是随机的，无法保证所有样本都有足够高的自谐振频率，因此可能会有样本在目标频点正好处于振荡段，电感值的振荡是难以预知的，这部分样本会极大干扰代理模型预测的准确性。在文献 [139] 中，自谐振频率不够高的样本不会参与建模过程，这虽然使得代理模型的准确度更高，但是会大幅增加需要采集的样本数量，因为样本会在哪里产生振荡只有全波仿真后才能够确定。

另外一种解决方法是变换代理模型需要学习的维度。这种方法不会直接学习频点与目标值之间的关系，而是采用某种数学变换 (例如，离散余弦变换 (discrete cosine transformation, DCT) 或者函数拟合等) 将频域变换为其他域[107,140]，变换后需要学习的数据量更少且能够较好地还原到频域。为了能够训练出预测更高精度的代理模型，用于变换的函数最好能满足以下要求：

(1) 用于拟合的函数应尽可能简单。简单的函数往往只有少量的系数，因此训练模型的数据量也会更少。函数的选取最好是单项式，项数越多对预测的容差就越小。

(2) 拟合越精准的不一定越好。用高阶多项式、傅里叶级数等拟合尽管可以获得精确的拟合效果，但是实际学习时，有的曲线用较少的阶数就可以拟合，有的曲线则需要用高阶拟合，这造成了不同阶系数差异过大，不利于后续建模。

(3) 拟合出来的系数尽量在相近的数量级。系数的差异过大意味着 GPR 代理模型具有较大的方差，只有方差越小才会获得更好的预测效果。

使用函数拟合的方法可以大幅减少需要学习的数据量，同时如果用于拟合的函数的系数隐含着一定的物理意义，这个物理意义不需要太明确，机器学习挖掘系数背后的物理意义并建立每一个系数与物理之间的联系，进而训练出性能更好的代理模型。此外，用于拟合的函数需能够较好地把握原始曲线的特征，对于电感值曲线而言，平稳段的电感值、振荡段尖锐程度以及零点位置是比较重要的，而对于品质因数曲线，曲线的峰值点和零点是比较重要的，同时以上曲线的负值部分都不在关注范围内。

结合电感值曲线和品质因数曲线本身的形状及以上内容，提出一种新的用于拟合电感值的函数，

$$L(f) = \hat{L}_{\text{smooth}} \sin\left(\frac{\pi}{f - \hat{F}_{\text{SRF}} + \dfrac{\hat{L}_{\max}}{f - \hat{F}_{\text{SRF}}}}\right) + \hat{L}_{\text{bias}} \tag{7.14}$$

式中，带尖号的参数为需要拟合的系数；$\hat{L}_{\text{smooth}}$，$\hat{L}_{\text{bias}}$ 为控制电感值曲线平稳段的电感值；$\hat{F}_{\text{SRF}}$ 为控制零点位置，即自谐振频率；$\hat{L}_{\max}$ 为控制谐振部分的峰值点。大多数情况下，品质因数的正值部分是一段光滑的圆弧曲线，如图 7.9 所示，因此用于拟合品质因数正值部分的函数为

$$Q(f) = \widetilde{Q}_{\max} \exp\left(-\left(\frac{f - \widetilde{F}_{Q_{\max}}}{\widetilde{F}_{\text{SRF}}}\right)^2\right) + \widetilde{Q}_{\text{bias}} \tag{7.15}$$

式中，带波浪号的为需要拟合的系数；$\widetilde{Q}_{\max}$，$\widetilde{Q}_{\text{bias}}$ 为控制品质因数的峰值，即最大品质因数；$\widetilde{F}_{Q_{\max}}$ 为控制极值点出现的位置；$\widetilde{F}_{\text{SRF}}$ 为控制品质因数曲线的宽度，即自谐振频率大小。该函数可以提取品质因数大于 0 时的特征，包括品质因数峰值点和零点，品质因数负值部分往往并不重要，保持为负即可。

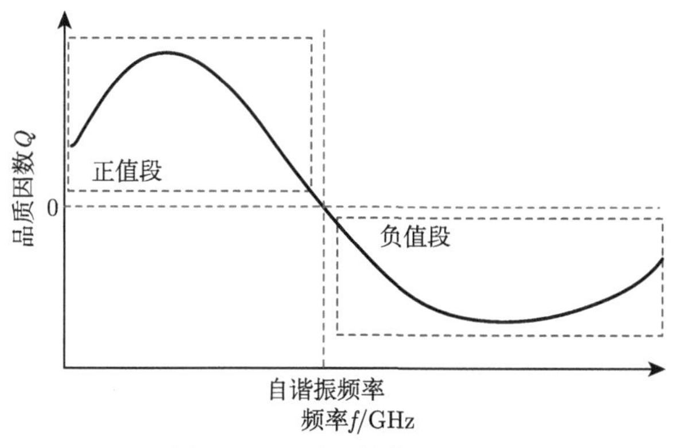

图 7.9 品质因数曲线 $Q(f)$

需要注意的是，以上系数并不直接代表其真实值。例如，$\widetilde{Q}_{\max}$ 并不代表品质

因数的最大值，而是表示与品质因数最大值相关联。这些系数与其物理含义的间接联系可以让机器学习去挖掘，从而训练性能更好的代理模型。

结合先验知识的 GPR 模型验证和对比如下。随机生成 100 个样本，每个样本包含 1000 个频点，频率为 0.1GHz~80GHz，电感结构为单端八边形与对称八边形，电感的线宽为 2~10μm，线距为 0.1~10μm，圈数为 1~3，单端电感的伸缩率为 0.5~1，对称电感的伸缩率为 1~1.5，器件占用的最大面积为 $(100\times100)\mu m^2$，其中 80 个样本用于训练模型，20 个样本用于验证，对比结果如表 7.3 所示。

表 7.3　结合先验知识的 GPR 代理模型与传统的 GPR 代理模型对比

指标参数	单端螺旋电感		对称螺旋电感	
	传统的 GPR 代理模型	结合先验知识的 GPR 代理模型	传统的 GPR 代理模型	结合先验知识的 GPR 代理模型
模型训练时间/s	1386.9	36.8	1643.3	37.1
单个样本预测时间/s	2.5	0.0012	4.0	0.0038
L 的平均 RMSE/nH	0.59	0.39	0.54	0.59
$Q>0$ 时 RMSE	1.30	1.12	3.2	3.8

可以看到，结合先验知识的 GPR 代理模型与传统的 GPR 代理模型在小样本集情况下有着相近的预测准确度，但是不论是训练时间还是预测时间都极大减小，从而大幅提升优化效率。在接下来的算法中，使用在线更新的结合先验知识的 GPR 代理模型可进一步提升预测的准确度。

7.2.2　片上可变螺旋电感自动综合

所提出的基于知识和数据混合驱动技术的电感自动综合 (automatic spiral synthesis inductor utilizing HKDT, ASSI-HKDT) 算法是一种机器学习辅助的片上螺旋电感自动综合算法，具有低成本、高效率、能力强等优点，尤其适用于毫米波频段和宽频带场景。在 ASSI-HKDT 算法中，结合先验知识的代理模型用于评估电感的电气性能，结合全局优化算法寻找最优值。该算法的输入为片上螺旋电感的性能指标，包括工作频率 F_{goal}、电感值 L_{goal}、目标品质因数 Q_{goal} 以及最小自谐振频率 F_{SRF}，而输出为满足这些指标的电感几何参数以及其模型。

图 7.10 给出 ASSI-HKDT 算法的自动化框架。该框架是以 Matlab 的 M 脚本编写应用软件，Matlab 与 Cadence Virtuoso 之间的通信使用 Skill 脚本实现，并且通过系统调用的方式实现与 Cadence EMX 之间的通信。整个框架实现了自动建模、自动仿真以及数据存取等操作，可以极大提升设计和优化的效率。事实上，也可以采用其他编程工具如 Python 编写应用软件，通过 API 接口调用其他电子设计自动化软件和电磁场全波仿真软件来实现 ASSI-HKDT 算法。

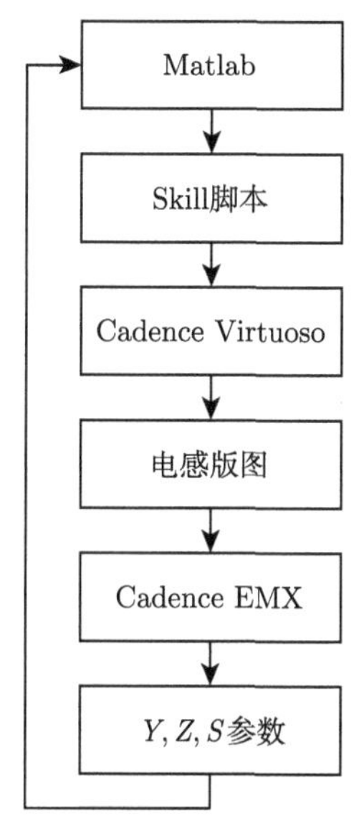

图 7.10 ASSI-HKDT 算法的自动化框架

图 7.11 展示了 ASSI-HKDT 算法的整个流程，下面分步阐述：

步骤 1. 初始化。这一步需要设置所使用的芯片工艺、所用到的金属层。除此以外，还需要输入期望的电感性能以及电感的几何参数约束，包括最大外部宽度 D_{outwm}、最大外部高度 D_{outhm}、最大线宽 $W_{\max}$、最小线宽 $W_{\min}$、最大间距 $S_{\max}$、最小间距 $S_{\min}$、最大圈数 $N_{\max}$、最小圈数 $N_{\min}$、最大伸缩率 $\gamma_{\max}$ 和最小伸缩率 $\gamma_{\min}$。最后，还可以选择是否最大化品质因数、是否最小化面积等。

步骤 2. 采集初始样本。在设置的约束范围内使用拉丁超立方采集一定数量的螺旋电感几何参数作为初始样本，包括 $W_{\max}$、$W_{\min}$、S、N、γ 以及 D_{inw}，所采集的初始样本参数必须满足 $W_{\max} > W_{\min}$，$D_{\mathrm{outw}} < D_{\mathrm{outwm}}$，$D_{\mathrm{outh}} < D_{\mathrm{outhm}}$。除此之外，为了给全局优化更好的起始点，一部分初始样本还需满足拓展 Wheeler 公式约束，即

$$\frac{|L_{\mathrm{E}} - L_{\mathrm{goal}}|}{L_{\mathrm{goal}}} < \varepsilon \tag{7.16}$$

式中，L_{E} 为式 (7.10) 计算得到的直流电感值，由于计算的直流电感值并不精确，因此需要设置容差 ε。生成几何参数后会进行自动建模、自动仿真，最后返回初始样本的 Y 参数，由式 (7.17) 和式 (7.18) 分别计算样本的电感值和品质因数：

$$L = \frac{\mathrm{imag}\left(\dfrac{1}{Y_{11}}\right)}{\omega} \tag{7.17}$$

$$Q = -\frac{\text{imag}(Y_{11})}{\text{real}(Y_{11})} \tag{7.18}$$

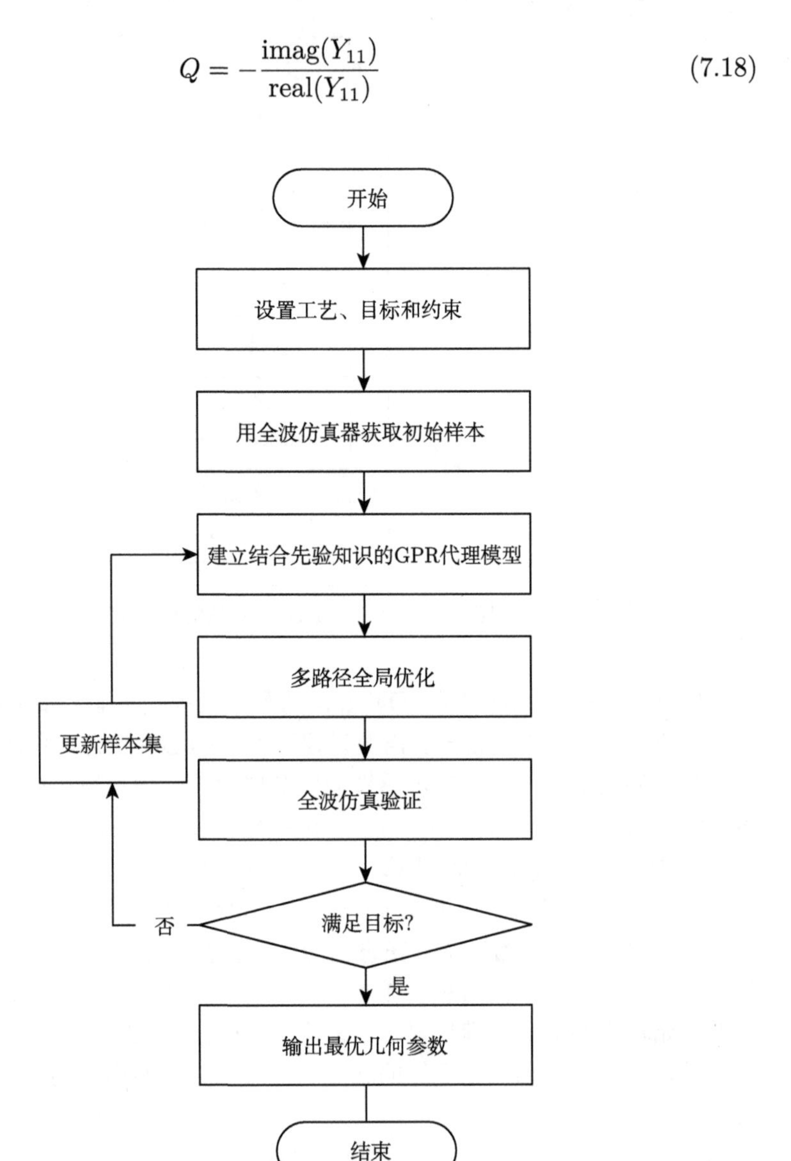

图 7.11　ASSI-HKDT 算法的流程图

步骤 3. 训练结合先验知识的 GPR 代理模型。式 (7.14) 和式 (7.15) 对初始样本的 L 曲线和 Q 曲线进行函数拟合得到系数。GPR 模型的建立可以使用单目标 GPR 或者多目标 GPR，而单目标 GPR 在保持良好性能的同时可以大幅降低计算开销[141]，因此对每一个系数单独建立代理模型，共需要建立 8 个模型。

步骤 4. 多路径全局优化。GPR 代理模型不仅可以输出预测点的最佳估计值，还可以返回置信区间。因此，为了避免算法陷入局部最优，置信下界 (lower confidence bound, LCB) 方法在优化中被广泛采用，然而 LCB 常数的选择往往依赖于设计者的经验。LCB 常数选取不当，会降低收敛的速度和算法的性能。对于最小值优化问题利用置信下界方法将适应度函数设置为：

$$R(x) = \min\{y(x) - \alpha s(x)\} \tag{7.19}$$

式中，α 为 LCB 值；$y(x)$ 为预测均值；$s(x)$ 为预测标准差。当 LCB 值设置较小时，算法会倾向于寻找均值的最小值而忽略方差的影响，而实际上最优值往往并不会恰好出现在均值上，较大的 LCB 值可以增加算法的探索性从而找到更好的目标，但可能会导致算法无法收敛。文献 [142] 提出一种多路径优化方法，通过设置多个 LCB 值来避免因 LCB 常数设置不当而导致的算法收敛过慢或陷入局部最优，从而确保算法的有效性和鲁棒性。然而，多 LCB 值会导致额外的计算开销，因此 ASSI-HKDT 算法中 LCB 的个数与 LCB 值都随着迭代次数的增加而减少，使得该算法在优化初期有着良好的探索性，而后期逐渐趋于稳定。

除了几何参数上的约束，优化过程加入拓展 Wheeler 公式约束也可以使设计的电感曲线更平稳。如图 7.12 所示，两条曲线都满足在 40GHz 处 1nH 的电感指标，显然曲线 2 更不平稳，在带宽要求更宽时表现更差，因为它的直流电感值较低故不满足约束式 (7.16)。

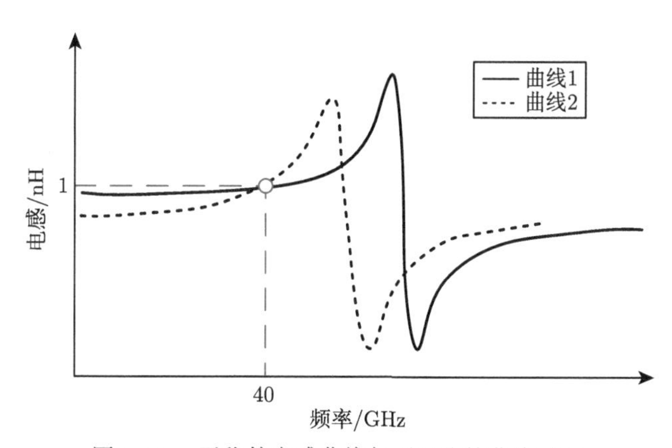

图 7.12　平稳的电感曲线与不平稳的曲线对比

步骤 5. 验证与输出。对步骤 4 中不同路径下的最优几何参数分别建模和仿真，将所有路径的优化结果都加入样本集，并判断是否有样本满足设计要求，如果没有，则返回步骤 3 重新训练代理模型，否则输出满足目标的几何参数与模型。

该算法不仅有着出色的效率，还保持着较好的收敛稳定性，接下来通过仿真实验来展示该算法的能力。片上可变螺旋电感自动综合程序源代码参见附录 E。

7.3　应用实例

本节将展示多个采用 ASSI-HKDT 算法来对片上可伸缩螺旋电感进行自动综合案例。所有的片上螺旋电感均基于中芯国际的 40nm 射频 CMOS 工艺 (SMIC 40nm RF CMOS) 进行设计，其中单端螺旋电感使用 MTT2 层与 M6 层，对称螺旋电感使用 ALPA 层与 MTT2 层，层之间的位置关系与厚度如图 7.13 所示。算法运行在具有 32 核和 512GB 内存的计算服务器上，其 CPU 型号为 AMD EPYC 7F52。所有案例的初始样本数量均为 80，且 ASSI-HKDT 算法的最大迭代次数为 50 次。如果达到最大迭代次数或者连续 15 次迭代最优值无进步，算法将会终止并输出结果。

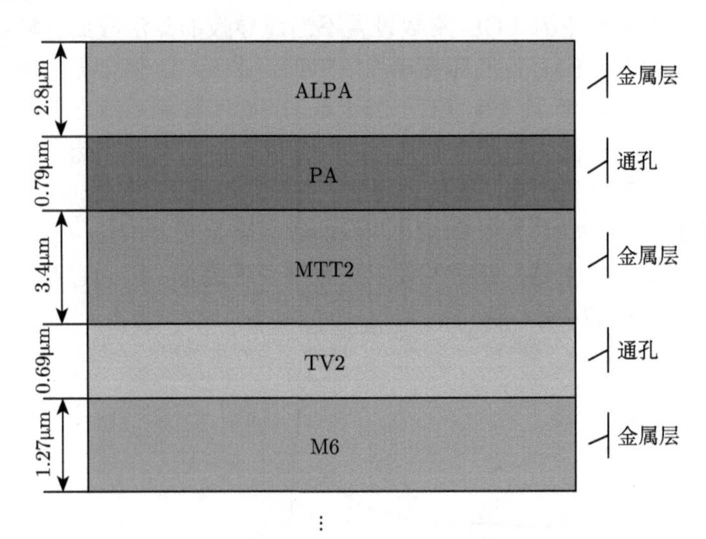

图 7.13　中芯国际的 40nm 射频 CMOS 工艺示意图

7.3.1　案例 1：品质因数最大化

作为电感最重要的性能参数之一，电感的品质因数与其损耗有着密切的关系，如果电感的品质因数不够高，那么其能量效率就会降低。在设计螺旋电感时，电感的工作频率及其电感值是最重要的，将直接关系到螺旋电感能不能用或者用在哪里。其次，如何实现尽可能高的品质因数也是设计者所关心的，品质因数越高，螺旋电感的性能越好。

ASSI-HKDT 算法可以很好地解决这个问题。例如，设计一个 $F_{\text{goal}} = 40\text{GHz}$，$L_{\text{goal}} = 0.5\text{nH}$，$F_{\text{SRF}} > 60\text{GHz}$ 的可伸缩电感，它需要满足表 7.4 所示的几何约束。为了最大化品质因数，ASSI-HKDT 算法需要解决的问题为：

$$\max(Q_{40\mathrm{GHz}})$$
$$\text{s.t.}\begin{cases}\text{几何尺寸约束}\\ \dfrac{|L_{40\mathrm{GHz}}-L_{\mathrm{goal}}|}{L_{\mathrm{goal}}}<0.05\\ Q_{60\mathrm{GHz}}>0\end{cases} \tag{7.20}$$

式中，$L_{40\mathrm{GHz}}$、$Q_{60\mathrm{GHz}}$、$Q_{40\mathrm{GHz}}$ 为全波仿真得到的真实值；L_{goal} 为输入的目标。在本算法中，电感值允许有 5% 的误差，F_{SRF} 由目标频率处的品质因数是否大于 0 确定。案例 1 综合时间为 4h(包括样本采集时间)，表 7.5 的第二列展示了该案例最优螺旋电感的几何参数，表 7.6 及图 7.14(a) 展示综合结果。

表 7.4　各个案例的几何参数约束

几何参数	案例 1	案例 2	案例 3
结构	对称八边形	单端八边形	对称八边形
最大面积/μm^2	100×100	100×100	100×100
线宽/μm	2~10	2~10	2~10
线距/μm	0.1~10	0.1~10	0.1~10
圈数	2~4	1~2	2~4
γ	0.5~1.5	0.5~1.5	0.2~1

表 7.5　每个案例的综合结果

几何参数	案例 1	案例 2	案例 3
$W_{\max}$/μm	2.12	2.25	2.01
$W_{\min}$/μm	2.00	2.23	2.00
S/μm	1.36	9.95	1.03
N	2	1.5	3
D_{inw}/μm	64.20	28.33	31.68
γ	0.83	1.16	0.67
面积/μm^2	75.2×64.1	57.2×67.7	47.8×37.5
时间/h	4.0	3.4	6.5

表 7.6　案例 1 综合结果

项目	$L_{40\mathrm{GHz}}$/nH	$Q_{40\mathrm{GHz}}$	$Q_{60\mathrm{GHz}}$
目标	0.50	最大化	>0
最大化 Q	0.48	23.22	14.91

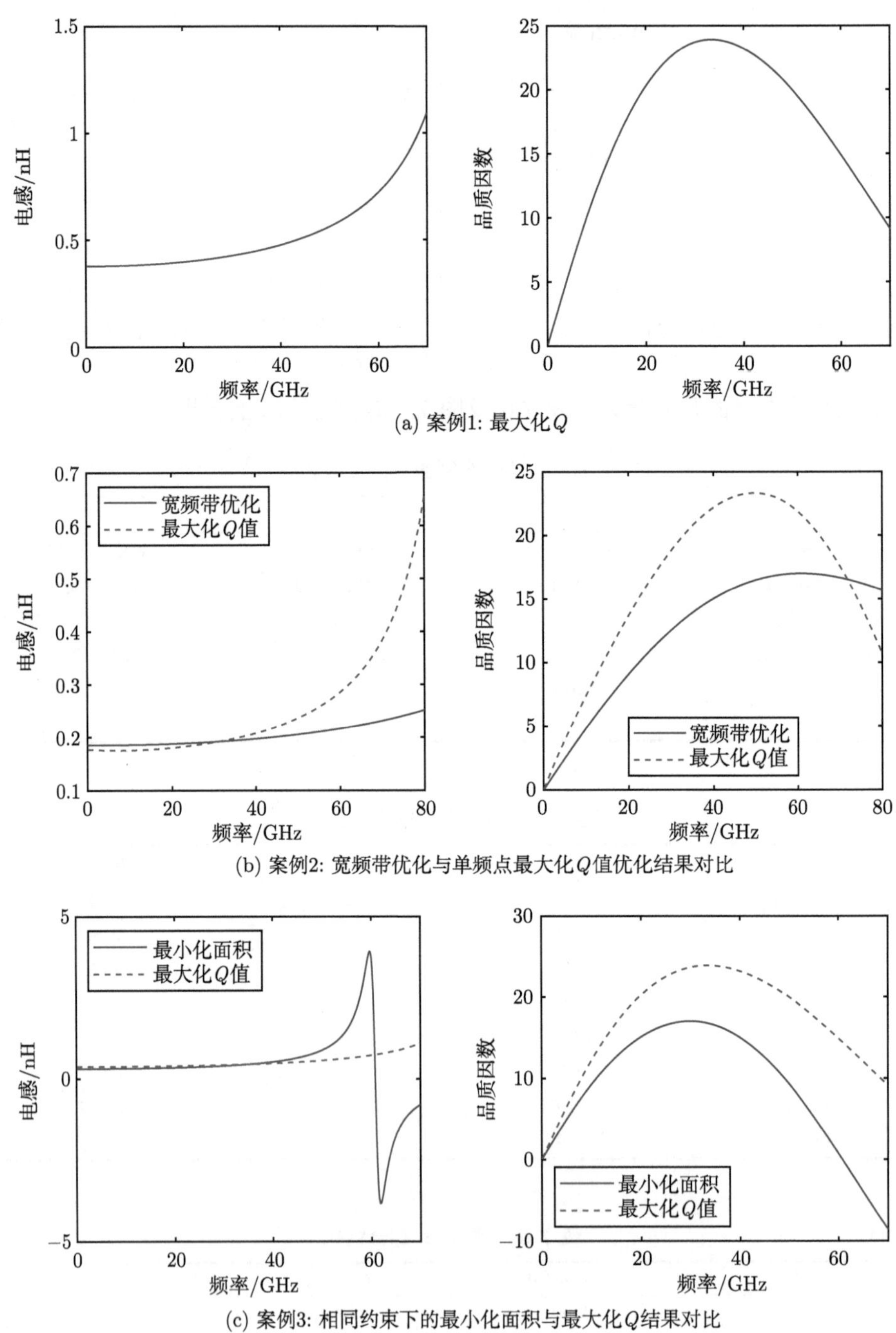

图 7.14 3 个片上螺旋电感自动综合后 L 与 Q 曲线

7.3.2 案例 2：宽频带优化

除了最大化品质因数 Q 外，某些场景的电感值需要在宽频带范围内尽量保持恒定，并且仍旧能够保持不错的品质因数，这样的电感通常被应用于宽带电路中。此类问题通常的做法是约束频带内的每一个频点接近目标值，从而达到较好的效果。但是，对于超宽带而言，这样做会严重降低优化效率，因为有大量的频点需要评估。

如果考虑电感曲线和品质因数曲线本身的特性，那么问题就会简单很多。对于电感曲线而言，只需要关注频带内的最大偏离点就足够了。除此之外，由于品质因数曲线的正值部分总是上凸函数，因此只要频带两端的品质因数满足目标，整个频带的品质因数也会满足目标。综上所述，设计一个目标带宽 $B_{\text{goal}} = 30\text{GHz}\sim50\text{GHz}$，$Q_{\text{goal}} > 10$，$L_{\text{goal}} = 0.2\text{nH}$，$F_{\text{SRF}} > 70\text{GHz}$ 的可变电感，它满足表 7.4 所示的几何约束，令 δ_{fluc} 为工作频带内的电感值波动，则

$$\delta_{\text{fluc}} = \frac{\max(|L_{\text{B}} - L_{\text{goal}}|)}{L_{\text{goal}}} \tag{7.21}$$

式中，L_{B} 是关注频带内的电感值。则 ASSI-HKDT 算法需要解决的问题是

$$\begin{aligned} &\min(\delta_{\text{fluc}}) \\ &\text{s.t.} \begin{cases} \text{几何尺寸约束} \\ Q_{30\text{GHz}} > 10 \\ Q_{50\text{GHz}} > 10 \\ Q_{70\text{GHz}} > 0 \end{cases} \end{aligned}$$

该案例综合时间为 3.4h，表 7.5 的第三列展示了案例 2 中最优螺旋电感的几何参数。使用另一个单频点最大化品质因数的例子作为对比，该例子除了 F_{goal} 由 20GHz~50GHz 变为 40GHz，目标变为最大化品质因数外，其他均保持不变，它们的结果对比如图 7.14(b) 和表 7.7 所示。可以看出相比于最大化品质因数，宽带优化的电感值波动从 18.1% 下降到 4.2%，且仍旧满足设置的其他目标。

表 7.7 案例 2 综合结果

项目	δ_{fluc}	$Q_{30\text{GHz}}$	$Q_{50\text{GHz}}$	$Q_{70\text{GHz}}$
目标	0%	>10	>10	>0
宽带优化	4.2%	12.65	16.52	16.67
最大化 Q@40GHz	18.1%	18.79	23.31	17.63

7.3.3　案例 3：面积最小化

大部分情况下，用于设计螺旋电感的面积都是有限的，尤其是在芯片中，设计者被要求用最小的面积实现所需的电气性能。在这个案例中，螺旋电感的尺寸估计方式为

$$A = D_{\text{outh}} \times D_{\text{outw}} \tag{7.22}$$

ASSI-HKDT 算法不会追求螺旋电感的极致性能，而是在满足各项目标时尽量实现最小化面积。例如，设计一个 $F_{\text{goal}} = 40\text{GHz}$，$Q_{\text{goal}} > 10$，$L_{\text{goal}} = 0.5\text{nH}$，$F_{\text{SRF}} > 60\text{GHz}$ 的可伸缩电感，它满足表 7.4 所示的几何约束。本案例与案例 1 有着基本相同的目标及约束，为了更好地进行对比，除了目标被设定为最小化面积之外，伸缩率被设置得更小以允许更大程度地压缩。ASSI-HKDT 算法需要解决的问题为：

$$\min(A)$$
$$\text{s.t.}\begin{cases}\text{几何尺寸约束}\\ \dfrac{|L_{40\text{GHz}} - L_{\text{goal}}|}{L_{\text{goal}}} < 0.05\\ Q_{40\text{GHz}} > 10\\ Q_{60\text{GHz}} > 0\end{cases}$$

该案例综合时间为 6.5h，表 7.5 的第四列展示了案例 3 中 ASSI-HKDIS 输出的最优几何参数。图 7.14(c) 和表 7.8 展示了案例 1 与案例 3 的结果对比。与案例 1 相比，案例 3 在品质因数不太重要的场合，最小化面积可以使得螺旋电感的面积减小 63%，并且仍然满足设定的品质因数、电感值与自谐振频率要求。

表 7.8　案例 3 综合结果

项目	$L_{40\text{GHz}}$/nH	$Q_{40\text{GHz}}$	$Q_{60\text{GHz}}$	$A/\mu\text{m}^2$
目标	0.5	>10	>0	最小化
最小化面积	0.52	14.99	0.74	47.8×37.5
最大化 Q	0.48	23.22	14.91	75.2×64.1

7.4　本章小结

射频电路的频率逐年提升，螺旋电感作为射频集成电路的基本组成元件，如何高效地设计期望的电感是一大挑战。传统的片上螺旋电感往往并不满足实际需要，正多边形的形状对于电路布局也有一定的影响。针对于此问题，本章提出了

可变螺旋电感，它可以适应任意的矩形区域，同时给出拓展 Wheeler 公式用于粗略估计其直流电感值。经验证，该公式有着良好的准确度。

如何实现片上螺旋电感的自动综合一直是 RFIC 设计者关心的问题。传统的设计方法在频率较低时表现良好，但在高频时尤其是毫米波频段就难以满足需要。近年来，机器学习被大量引入电路设计中，并取得良好的效果。相比于传统的基于知识的方法，机器学习辅助的方法有着更好的适应性和准确度。但如果同时结合知识和机器学习，即 HKDT 算法，就可以在保持不错效率的同时实现较好的设计。本章提出的结合知识的 GPR 代理模型就结合了电感曲线和品质因数曲线原本的特性，从而相比于传统的 GPR 代理模型实现更高的效率与准确度。基于结合知识的 GPR 代理模型，本章提出了 ASSI-HKDT 算法，它实现了毫米波频段片上螺旋电感的自动综合，并给出一些案例来证明其高效、强大的特点，为片上螺旋电感的设计提供新的方向及灵活性。在机器学习和人工智能的辅助下，低功耗、小型化、高品质的 RFIC 将会越来越容易实现。

第 8 章

智能信道建模

无线信道研究是无线通信系统设计和网络规划部署的基础之基础，只有充分了解电磁波的电波传播特性，才能建立更贴近真实传播环境的精确信道模型。从信道建模方法的角度出发，传统信道模型主要包括确定性建模 (如射线追踪法和点云场景等)、基于物理的随机性建模 (如几何随机模型和物理统计模型) 和非物理性建模 (如基于相关的信道模型和虚拟信道模型)。这几种信道建模方法在模型精确性、复杂度和适用范围上存在一定差异。目前，ITU、3GPP 和 IEEE 等标准化组织主要采用基于几何随机信道模型，但这类模型普遍存在复杂度高、计算量大等缺点，不利于快速实现信道仿真，使系统设计迭代更新进程缓慢。此外，信道模型需要尽可能真实地还原实际物理传播信道，这就要求针对不同应用场景精细化调整信道模型参数，极大地降低了该类模型的通用性。因此，亟须推出新型的信道建模方法，在保证建模精确度的同时，提高模型应对不同场景的泛化能力。

近年来，机器学习使能的信道建模方法被提出，并受到广泛关注。然而，目前纯数据驱动的智能化信道建模方法仅初步解决了信道特性随收发信机位置变化的预测性建模，即预测器的输入包含收发信机的位置信息，并且为了提高建模结果的准确性，需要大量信道数据集和更为复杂的预测器，同时缺乏对预测模型的物理解释和信道细节特征的表征。因此，有必要从信道的物理传播特征出发，探明信道特性随环境、频率和收发信机位置等因素变化的关系，利用机器学习算法对复杂信道参数进行预测性建模，构建具有更高准确性和通用性的智能信道模型。

本章首先从基于几何随机模型的物理信道建模方法出发，介绍在传统信道建模过程中所关心的几类信道参数，并引入无监督机器学习算法，完成多径信道的分簇建模；随后，讨论了传统物理信道模型在建模准确性和模型对场景泛化能力上的不足，并从无线信道的客观物理传播规律出发，提出了知识和数据混合驱动的智能信道建模方法；最后，基于该模型的框架，以前向植被散射簇簇内信道特性预测性建模为例，详细介绍利用该方法进行信道预测性建模时的主要步骤及相关研究结果，包括信道数据集建立、物理信道特征参数提取、人工神经网络模型训练以及模型预测结果分析和验证等。通过本章的介绍，以期为智能化信道建模研究提供新的思路和方法。

8.1 基于几何随机模型的物理信道建模

本节主要以适用于 0.5GHz~100GHz 频率范围的 3GPP TR38.901 信道模型为例[143]，介绍传统基于几何随机模型的物理信道模型以及在信道建模过程中主要关心的几类信道参数，并比较说明导致传统物理信道模型在建模准确性和场景通用性变差的原因。特别地，对于传统小尺度多径分簇信道建模，需要对具有相近时延和角度信息的多径分量完成聚类分析。因此，本节还将重点介绍无监督机器学习算法在分簇信道模型中的应用，结合信道多径分量在时间和空间维度的物理分布特征，提出了两步 KPowerMeans 多径分簇算法，并在初始簇心选取、孤立多径分量剔除和最佳分簇结果选取等方面进行优化，在改善分簇效果的同时有效减少了计算迭代次数。

8.1.1 信道模型和信道参数

目前，3GPP TR38.901 标准信道模型广泛应用于 5G 中低频和毫米波系统无线传输性能评估及无线网络规划，其信道冲激响应生成的流程如图 8.1 所示[143]。在信道生成过程中，首先需要根据大尺度路径损耗建模结果和全向信道色散参数的统计建模结果得到大尺度信道参数；然后针对小尺度多径分簇信道，根据簇内和簇间信道参数的统计建模结果得到包含每一个簇及簇内子径信息的小尺度信道参数；最后考虑遮挡效应、空间一致性、大气吸收衰减等附加信道特性，以提高对真实信道建模结果的准确性。

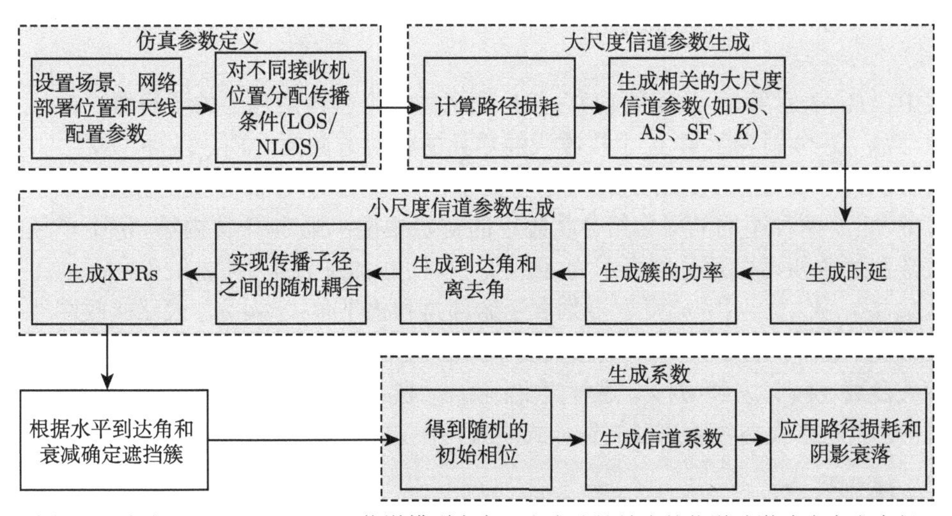

图 8.1 根据 3GPP TR38.901 信道模型定义，考虑遮挡效应的信道冲激响应生成流程

信道冲激响应包括大尺度衰落和小尺度衰落两部分，其中信道的大尺度衰落主要与传播距离、系统工作频率和传播场景有关，而信道的小尺度衰落则主要受传播环境变化的影响。在 3GPP TR38.901 信道模型中，NLOS 部分的信道冲激响应可以表示为

$$\boldsymbol{H}_{u,s}^{\mathrm{NLOS}}(\tau,t)=\sum_{n=1}^{2}\sum_{i=1}^{3}\sum_{m\in R_i}\boldsymbol{H}_{u,s,n,m}^{\mathrm{NLOS}}(t)\delta(\tau-\tau_{n,i})+\sum_{n=3}^{N}\boldsymbol{H}_{u,s,n}^{\mathrm{NLOS}}(t)\delta(\tau-\tau_n) \tag{8.1}$$

式中，$\delta(\cdot)$ 表示 Dirac 函数；$R_i(i=1,2,3)$ 表示子簇 i 内所包含子径编号集合；$\tau_{n,i}$ 表示子簇的时延；τ_n 表示簇的时延。式 (8.1) 右侧第一部分表示具有最强接收功率的两个簇所对应的信道冲激响应，第二部分表示其余 $(N-2)$ 个接收功率较弱的簇所对应的信道冲激响应，N 表示可观察多径散射簇的个数。第 s 个发送天线与第 u 个接收天线之间第 n 个簇的信道系数 $\boldsymbol{H}_{u,s,n}^{\mathrm{NLOS}}(t)$ 可表示为

$$\begin{aligned}&\boldsymbol{H}_{u,s,n}^{\mathrm{NLOS}}(t)\\&=\sqrt{\frac{P_n}{M}}\sum_{m=1}^{M}\begin{bmatrix}F_{\mathrm{RX},u,\theta}\left(\varOmega_{\mathrm{RX},n,m}\right)\\F_{\mathrm{RX},u,\phi}\left(\varOmega_{\mathrm{RX},n,m}\right)\end{bmatrix}^{\mathrm{T}}\begin{bmatrix}\exp\left(\mathrm{j}\varPhi_{n,m}^{\theta\theta}\right)&\sqrt{\kappa_{n,m}^{-1}}\exp\left(\mathrm{j}\varPhi_{n,m}^{\theta\phi}\right)\\\sqrt{\kappa_{n,m}^{-1}}\exp\left(\mathrm{j}\varPhi_{n,m}^{\phi\theta}\right)&\exp\left(\mathrm{j}\varPhi_{n,m}^{\phi\phi}\right)\end{bmatrix}\times\\&\begin{bmatrix}F_{\mathrm{TX},s,\theta}\left(\varOmega_{\mathrm{TX},n,m}\right)\\F_{\mathrm{TX},s,\phi}\left(\varOmega_{\mathrm{TX},n,m}\right)\end{bmatrix}\exp\left(\mathrm{j}2\pi\frac{\boldsymbol{r}_{\mathrm{RX},n,m}^{\mathrm{T}}\cdot\boldsymbol{d}_{\mathrm{RX},u}}{\lambda_0}\right)\exp\left(\mathrm{j}2\pi\frac{\boldsymbol{r}_{\mathrm{TX},n,m}^{\mathrm{T}}\cdot\boldsymbol{d}_{\mathrm{TX},s}}{\lambda_0}\right)\times\\&\exp\left(\mathrm{j}2\pi\frac{\boldsymbol{r}_{\mathrm{RX},n,m}^{\mathrm{T}}\cdot\boldsymbol{v}}{\lambda_0}t\right)\end{aligned} \tag{8.2}$$

式中，P_n 表示第 n 个簇的功率；M 表示每一个簇内所包含的子径数；$F_{\mathrm{RX},u,\theta}$ 和 $F_{\mathrm{RX},u,\phi}$ 分别表示第 u 个接收天线单元的辐射方向图；$F_{\mathrm{TX},s,\theta}$ 和 $F_{\mathrm{TX},s,\phi}$ 分别表示第 s 个发射天线单元的辐射方向图；$\varPhi_{n,m}$ 表示第 n 个簇内第 m 个子径在 θ 和 ϕ 两种不同的极化组合状态下的初始相位；第 n 个簇内第 m 个子径的三维到达角和离去角分别表示为 $\varOmega_{\mathrm{RX},n,m}=[\theta_{n,m,\mathrm{ZOA}},\phi_{n,m,\mathrm{AOA}}]$ 和 $\varOmega_{\mathrm{TX},n,m}=[\theta_{n,m,\mathrm{ZOD}},\phi_{n,m,\mathrm{AOD}}]$；$\theta$ 和 ϕ 分别表示俯仰角和水平角；$\boldsymbol{r}_{\mathrm{RX},n,m}$ 表示接收端球单位矢量；$\boldsymbol{d}_{\mathrm{RX},u}$ 表示第 u 个接收天线单元的位置矢量，类似地也可以对发射端的相关参数 $\boldsymbol{r}_{\mathrm{TX},n,m}$ 和 $\boldsymbol{d}_{\mathrm{TX},s}$ 进行定义；$\kappa_{n,m}$ 表示信道的交叉极化比；λ_0 表示波长；$\bar{v}$ 表示接收端移动速度矢量。式 (8.1) 中 $\boldsymbol{H}_{u,s,n,m}^{\mathrm{NLOS}}(t)$ 可定义为

$$\begin{aligned}&\boldsymbol{H}_{u,s,n,m}^{\mathrm{NLOS}}(t)\\&=\sqrt{\frac{P_n}{M}}\begin{bmatrix}F_{\mathrm{RX},u,\theta}\left(\varOmega_{\mathrm{RX},n,m}\right)\\F_{\mathrm{RX},u,\phi}\left(\varOmega_{\mathrm{RX},n,m}\right)\end{bmatrix}^{\mathrm{T}}\begin{bmatrix}\exp\left(\mathrm{j}\varPhi_{n,m}^{\theta\theta}\right)&\sqrt{\kappa_{n,m}^{-1}}\exp\left(\mathrm{j}\varPhi_{n,m}^{\theta\phi}\right)\\\sqrt{\kappa_{n,m}^{-1}}\exp\left(\mathrm{j}\varPhi_{n,m}^{\phi\theta}\right)&\exp\left(\mathrm{j}\varPhi_{n,m}^{\phi\phi}\right)\end{bmatrix}\times\end{aligned}$$

$$\begin{bmatrix} F_{\mathrm{TX},s,\theta}\left(\varOmega_{\mathrm{TX},n,m}\right) \\ F_{\mathrm{TX},s,\phi}\left(\varOmega_{\mathrm{TX},n,m}\right) \end{bmatrix} \exp\left(\mathrm{j}2\pi\frac{\boldsymbol{r}_{\mathrm{RX},n,m}^{\mathrm{T}}\cdot\boldsymbol{d}_{\mathrm{RX},u}}{\lambda_0}\right)\exp\left(\mathrm{j}2\pi\frac{\boldsymbol{r}_{\mathrm{TX},n,m}^{\mathrm{T}}\cdot\boldsymbol{d}_{\mathrm{TX},s}}{\lambda_0}\right)\times$$
$$\exp\left(\mathrm{j}2\pi\frac{\boldsymbol{r}_{\mathrm{RX},n,m}^{\mathrm{T}}\cdot\boldsymbol{v}}{\lambda_0}t\right) \tag{8.3}$$

对于存在直射路径的情况，式 (8.1) 中的信道冲激响应可改写为

$$\boldsymbol{H}_{u,s}^{\mathrm{LOS}}(\tau,t)=\sqrt{\frac{1}{K_{\mathrm{R}}+1}}\boldsymbol{H}_{u,s}^{\mathrm{NLOS}}(\tau,t)+\sqrt{\frac{K_{\mathrm{R}}}{K_{\mathrm{R}}+1}}\boldsymbol{H}_{u,s,1}^{\mathrm{LOS}}(t)\delta(\tau-\tau_1) \tag{8.4}$$

式中，K_{R} 表示莱斯 (Rice) 因子，LOS 路径的信道系数定义为

$$\boldsymbol{H}_{u,s,1}^{\mathrm{LOS}}(t)$$
$$=\begin{bmatrix} F_{\mathrm{RX},u,\theta}\left(\varOmega_{\mathrm{RX,LOS}}\right) \\ F_{\mathrm{RX},u,\phi}\left(\varOmega_{\mathrm{RX,LOS}}\right) \end{bmatrix}^{\mathrm{T}} \begin{bmatrix} 1 & 0 \\ 0 & -1 \end{bmatrix} \begin{bmatrix} F_{\mathrm{TX},s,\theta}\left(\varOmega_{\mathrm{TX,LOS}}\right) \\ F_{\mathrm{TX},s,\phi}\left(\varOmega_{\mathrm{TX,LOS}}\right) \end{bmatrix} \exp\left(-\mathrm{j}2\pi\frac{d_{\mathrm{3D}}}{\lambda_0}\right)\times$$
$$\exp\left(\mathrm{j}2\pi\frac{\boldsymbol{r}_{\mathrm{RX,LOS}}^{\mathrm{T}}\cdot\boldsymbol{d}_{\mathrm{RX},u}}{\lambda_0}\right)\exp\left(\mathrm{j}2\pi\frac{\boldsymbol{r}_{\mathrm{TX,LOS}}^{\mathrm{T}}\cdot\boldsymbol{d}_{\mathrm{TX},s}}{\lambda_0}\right)\exp\left(\mathrm{j}2\pi\frac{\boldsymbol{r}_{\mathrm{RX,LOS}}^{\mathrm{T}}\cdot\boldsymbol{v}}{\lambda_0}t\right) \tag{8.5}$$

式中，LOS 路径的到达角和离去角分别为 $\varOmega_{\mathrm{RX,LOS}}=[\theta_{\mathrm{LOS,ZOA}},\phi_{\mathrm{LOS,AOA}}]$ 和 $\varOmega_{\mathrm{TX,LOS}}=[\theta_{\mathrm{LOS,ZOD}},\phi_{\mathrm{LOS,AOD}}]$。

根据几何随机信道模型中信道冲激响应的表达式不难发现，其包含天线阵列响应和空中传播信道表征两部分。其中，天线阵列响应又包含因天线旋转导致极化状态变化的影响；而空中传播信道建模则是基于多径信道的分簇特性，利用不同空时信道参数及其统计特性来表征簇内和簇间信道传播特性，描述每一条传播路径的信道参数包括时延、到达角、离去角、交叉极化比以及在动态信道条件下的多普勒频移。为了获得适用于相应频段和场景的信道参数统计结果，需要开展大量信道实测活动以刻画在实际场景下的信道特性。此外，基于射线追踪的确定性建模方法也可用于信道数据获取，作为信道实测的补充，完成在复杂应用场景下的信道建模。

根据信道实测或射线追踪仿真结果所建立的物理统计信道模型具有以下特点：

(1) 模型参数具有明确物理意义。根据大量双定向信道测量和建模结果可以发现：有效接收信号主要分布在有限的时空单元内，呈现出在时间域和空间域的聚簇现象；同时结合环境映射结果，不难发现室内建筑墙壁以及室外建筑物和树木等较大散射体更容易导致信号反射和绕射。因此，传统的物理统计信道模型是

建立在信道分簇传播特性基础上的，当电磁波与环境散射体发生相互作用后形成相应的多径散射簇，通过对簇间 (全向) 信道和簇内信道的子径进行参数化统计建模，可以表征其在空间和时间上的传播特性。

(2) 模型对场景的泛化能力较弱。根据所建立的参数化物理统计信道模型生成信道冲激响应时，需要根据不同应用场景调整相应信道参数的统计结果。标准化信道模型中往往只针对某一类场景 (如城市宏蜂窝和微蜂窝场景等) 定义相应的参数，然而大量在同类场景不同传播环境下的信道建模结果表明，由于传播环境中散射体发生变化导致簇间和簇内信道参数呈现较大差异。因此，信道建模结果往往难以应用于多种复杂传播场景，泛化能力较弱。此外，不同类型的多径簇内信道特性差异较大，然而现有模型并未对不同多径簇的簇内信道参数进行区分 (均采用统一的统计建模结果)，进而无法准确刻画相应传播环境下的信道特性。

(3) 模型对系统配置变化不敏感。系统配置包括收发天线高度、俯仰角以及收发信机位置等信息。传统物理统计信道模型只考虑系统配置对于大尺度路径损耗的影响，并未研究小尺度信道特性随收发信机和环境散射体相对位置间的变化关系。特别是对于复杂的室外和高速移动传播环境，随着接收机位置不断远离发射机，由于接收机周围的环境散射体发生明显变化，进而需要对位置相关的信道特性进行建模。然而，传统物理统计模型无法包含因收发信机和环境散射体相对位置发生变化导致的信道传播特性变化。

(4) 模型的准确性与参数估计算法性能密切相关。物理统计模型需要从信道实测和仿真结果中提取有效信道参数，并完成多径分簇。信道多径分量的估计结果往往可以和原始测量结果直接进行比较验证，但多径分簇结果缺乏统一的评价标准。通常采用不同的分簇算法以及分簇结果评价指标，将导致分簇结果呈现巨大差异，其中簇数、K_{R} 因子等簇间参数的建模结果差异不大，而簇内空时信道色散参数则与分簇算法的性能密切相关。因此，分簇算法的效果将会影响物理统计信道模型的准确性。

综上所述，传统基于几何随机模型的物理信道模型在建模准确性、模型复杂度和场景通用性方面存在一定的缺陷。而未来 5G/6G 无线通信系统将呈现多频共存、网络致密化等特点，特别是毫米波、太赫兹通信其信号传播更容易受环境散射体的影响，传统的物理信道模型往往无法满足不同应用场景下系统设计和方案验证需求。考虑到机器学习算法与无线通信领域的结合将在未来移动通信研究中发挥巨大作用，因此，亟须建立统一的机器学习辅助信道建模框架。相比传统物理统计信道模型，机器学习辅助的信道模型可以表征信道特征随收发信机相对位置变化的关系，提高模型的通用性和对场景的泛化能力，加快信道仿真效率，服务于未来无线网络规划和设计。

8.1.2 无监督学习的多径分簇算法

在传统基于多径簇物理信道模型的框架下，无监督学习算法已在信道建模研究中应用多年，主要包括两方面研究内容：一是根据估计得到的多径分量 (multipath component，MPC)，结合多径分簇算法在时间和空间上呈现一定相似特性的 MPC 进行聚类，进而获得信道簇间和簇内的电波传播特性，基于分簇结果可进一步分析多径散射簇和物理散射体间的映射关系[144, 145]；二是针对动态信道，基于不同快拍下信道分簇结果，刻画或追踪因散射体或接收机移动导致多径簇在时间或空间上的变化。本节主要以静态信道为例，介绍考虑物理信道传播特征情况下的多径分簇算法设计和优化，以期改进基于无监督学习的多径分簇算法的准确性和计算复杂度。

每一个 MPC 由其功率 p_i、时延 τ_i、水平离去角 (azimuth angle of departure, AOD)$\phi_{\mathrm{TX},i}$、俯仰离去角 (elevation angle of departure，EOD)$\theta_{\mathrm{TX},i}$、水平到达角 (azimuth angle of arrival，AOA)$\phi_{\mathrm{RX},i}$ 和俯仰到达角 (elevation angle of arrival, EOA)$\theta_{\mathrm{RX},i}$ 表征。因此，多径分簇算法的性能首先依赖于 MPC 之间的度量标准，目前最为广泛采用的就是多径分量距离 (multipath component distance, MCD)[146]，它表征了第 i 和第 $j(i,j\in\{1,2,\cdots,L\}$，$i\neq j)$ 个 MPC 之间的距离，即

$$\mathrm{MCD}_{ij}=\sqrt{\mathrm{MCD}^2_{\phi_{\mathrm{TX},ij}}+\mathrm{MCD}^2_{\phi_{\mathrm{RX},ij}}+\mathrm{MCD}^2_{\tau_{ij}}} \tag{8.6}$$

式中，L 表示所估计得到的 MPC 总数。关于到达角的 MCD 定义为

$$\mathrm{MCD}_{\phi_{\mathrm{RX},ij}}=\frac{1}{2}\left\|\boldsymbol{\phi}_{\mathrm{RX},i}-\boldsymbol{\phi}_{\mathrm{RX},j}\right\|_2 \tag{8.7}$$

式中，$\boldsymbol{\phi}_{\mathrm{RX},i}=[\sin\theta_{\mathrm{RX},i}\cos\phi_{\mathrm{RX},i},\ \sin\theta_{\mathrm{RX},i}\sin\phi_{\mathrm{RX},i},\ \cos\theta_{\mathrm{RX},i}]^{\mathrm{T}}$。类似地，可以对离去角 $\mathrm{MCD}_{\phi_{\mathrm{TX},ij}}$ 进行定义。时延的 MCD 定义为

$$\mathrm{MCD}_{\tau_{ij}}=\xi\frac{|\tau_i-\tau_j|}{\Delta\tau_{\max}}\frac{\tau_{\mathrm{std}}}{\Delta\tau_{\max}} \tag{8.8}$$

式中，ξ 表示时延尺度变换因子；τ_{std} 表示所有 MPC 时延的标准差；$\Delta\tau_{\max}$ 表示在 L 个 MPC 中任意两个 MPC 间最大的时延差，即

$$\Delta\tau_{\max}=\max_{\forall i,j\in[1,L],i\neq j}|\tau_i-\tau_j| \tag{8.9}$$

传统的 KPowerMeans 分簇算法需要指定簇数搜索范围 $[K_0,K]$，并且在第 k 次分簇过程，首先随机选取 k 个 MPC 作为初始簇心，并将剩余 $(L-k)$ 个 MPC 根据 MCD 聚类到 k 个簇心；找到最靠近第一次分簇结果加权簇心的 MPC

后，将其作为初始簇心重复上述分簇过程，直到前后两次分簇结果的加权簇心位置不再改变时，停止迭代；最后，通过定义合理的标准判断 K 次分簇中的最优结果。传统的分簇算法单纯从数据分类的角度对 MPC 进行聚类，忽视了物理信道的传播特征对提升聚类算法准确性和计算效率的影响。以毫米波信道为例，一方面，较大的传输带宽提高时延分辨率，进而可以观察到更多有效多径分量；另一方面，在富散射场景下不同多径分量可能具有较大的时延差，因此在分簇过程中对所有 MPC 采用相同的时延统计参数 $\Delta\tau_{\max}$ 和 $\tau_{\rm std}$ 将导致分簇结果无法快速收敛，甚至无法获得最佳分簇结果。

因此，本节给出改进的两步 KPowerMeans 多径分簇算法，通过调节 ξ 等参数实现 MPC 在时间域和空间域上的分簇[147]。在第一次分簇过程中，可以选取较小的分簇范围 $[K_0, K_1]$ 以及较大的 ξ，保证在计算 MCD 时将角度作为主要因素，主要在角度域上实现 MPC 分离；基于第一次分簇结果，MPC 被分到 k_1 个子簇中，此时以每一个子簇内 MPC 的时延作为主要目标，通过调节 ξ 及分簇范围 $[1, K_2]$ 对每一个子簇进行二次分簇，主要在时延域将第一次粗分簇结果进行细化。在二次分簇中，ξ 可定义为

$$\xi = \frac{\sqrt{\sum_{i=1}^{L_n}\sum_{j=1}^{L_n}\mathrm{MCD}_{\tau_{ij}}^2}}{\sum_{i=1}^{L_n}\sum_{j=1}^{L_n}\left(\frac{|\tau_i-\tau_j|}{\Delta\tau_{\max}}\frac{\tau_{\rm std}}{\Delta\tau_{\max}}\right)} \tag{8.10}$$

式中，L_n 表示在第 n 个子簇内 MPC 数量，并且满足 $\sum_{n=1}^{K_1} L_n = L$。在完成两次分簇后共获得 K 个多径簇，随后需要对其中孤立的 MPC 进行剔除。此处主要包括两类孤立 MPC：第一类是簇内只包括少量功率非常弱的 MPC，因此可以直接将该簇进行剔除；第二类则表示 MPC 远离簇心，并且子径的接收功率较低，这里 MPC 和簇心的偏离度可度量为

$$\Delta_i = \frac{\mathrm{MCD}_{i,g_k}}{\frac{1}{L_k}\sum_{j=1}^{L_k}\mathrm{MCD}_{j,g_k}} \tag{8.11}$$

式中，分子表示第 k 个簇中第 i 个 MPC 与加权簇心 g_k 的 MCD；分母表示第 k 个簇内所有 L_k 个 MPC 与加权簇心的平均 MCD。当 Δ_i 大于某一门限，并且该 MPC 的接收功率较低时，可将该 MPC 从第 k 个簇中剔除。

经过两次分簇以及孤立簇或 MPC 剔除后，得到了选取不同初始簇数的分簇结果，进而需要判断最佳簇数和分簇效果。分簇效果的好坏一方面取决于簇内 MPC 是否紧密围绕加权簇心，即簇内紧致度，另一方面要求不同的簇之间在时间和空间上具有较大的“距离”，即簇间隔离度。因此，设计了一种联合验证系数，

可以同时刻画了簇内 MPC 的紧致度和簇间隔离度。首先，在完成某一轮分簇后，得到共 K 个簇，第 k 个簇内的 MPC 构成子集 $\mathcal{C}_k$，$L_k = |\mathcal{C}_k|$ 表示簇内的子径数量。将第 k 个簇内的第 i 个子径 $\boldsymbol{m}_i$ ($\boldsymbol{m}_i \in \mathcal{C}_k$) 与其他 $(L_k - 1)$ 个簇内子径的距离 $b(i,k)$ 定义为

$$b(i,k) = \frac{1}{L_k - 1} \sum_{\substack{j \in \mathcal{C}_k \\ j \neq i}} \mathrm{MCD}^2(\boldsymbol{m}_i, \boldsymbol{m}_j) \tag{8.12}$$

将第 k 个簇内的第 i 个子径与其他 $(K-1)$ 个簇内子径的距离 $d(i,k)$ 定义为

$$d(i,k) = \min_{\substack{q \in [1,K] \\ q \neq k}} \frac{1}{L_q} \sum_{\substack{j \in \mathcal{C}_q \\ q \neq k}} \mathrm{MCD}^2(\boldsymbol{m}_i, \boldsymbol{m}_j) \tag{8.13}$$

不难发现：$b(i,k)$ 越小，表示子径 $\boldsymbol{m}_i$ 与第 k 个簇其他子径越紧密，$d(i,k)$ 越大，表示子径 $\boldsymbol{m}_i$ 与其他 $(K-1)$ 个簇的间隔越大。因此，可以定义归一化检验系数 $Q(i,k)$：

$$Q(i,k) = \frac{d(i,k) - b(i,k)}{\max\{b(i,k), d(i,k)\}} \tag{8.14}$$

此时，最佳分簇结果即为簇数 K_{opt} 时的分簇结果：

$$K_{\mathrm{opt}} = \arg\max_{K} \sum_{k=1}^{K} \sum_{i=1}^{L_k} Q(i,k), \quad K \in [K_{\min}, K_{\max}] \tag{8.15}$$

从分簇准确性而言，通过二次分簇并调节分簇过程中的特征参数，可以从信道物理传播特性出发解决传统方法分簇结果边界模糊的问题。特别地，从孤立 MPC 剔除和最优分簇结果判决等角度对传统算法进行优化，提高了分簇结果的准确性。从分簇算法计算复杂度而言，需要从初始簇心选取方面进行优化。当初始簇心越接近最终分簇结果的簇心时，可有效降低分簇过程中的迭代次数，进而降低算法的计算复杂度。从物理角度而言，簇心的特点包括具有较强的接收功率、簇心间的 MCD 较大。因此，定义 MPC 的相异度矩阵 $\boldsymbol{S} = (s_{ij})_{L \times L}$，其中 s_{ij} 可以定义为

$$s_{ij} = \frac{p_i + p_j}{2P_{\max}} \mathrm{MCD}_{ij} \tag{8.16}$$

式中，$i,j \in \{1,2,\cdots,L\}$；p_i 和 p_j 分别表示第 i 条和第 j 条 MPC 的接收功率或信道增益；$P_{\max}$ 表示在 $\{p_i\}$ 中的最大值。当 $i=j$ 时，$s_{ij}=0$。当 s_{ij} 越大时，表示第 i 个和第 j 个 MPC 具有较大的接收功率并且两者间的 MCD 较大，进而可以将这两个 MPC 选为初始簇心。初始簇心估计算法流程详见算法 8.1。以室内走廊场景测试结果为例，图 8.2 比较了一次分簇过程中采用本书所提出的初

始簇心选取方法和传统随机选取簇心方法分簇迭代次数的差异。不难发现，由于考虑了簇心在功率、时延和角度上的特征，经过初始簇心选取后得到的结果与真实加权簇心的结果较为接近，相比随机簇心选取方法，在初始簇数较少 (<6) 时算法迭代收敛次数明显小于随机选取的方法，实现近似 2 倍迭代次数的降低。当初始簇数较大 (>6) 时，随机选取的方法则会优于本书所提出的初始簇心选取方法，主要原因是当初始簇数较大并且超出真实簇数时，采用本书所提出的初始簇心选取方法估计得到的初始簇心将会在时间域或空间域重叠，相比随机选取方法其在时间和空间的隔离度会降低，进而需要更多的迭代次数才能实现分簇结果收敛。然而对毫米波信道而言，真实的物理可分辨多径簇数较少，并且需要经过两次分簇才能获得最佳分簇结果，因此每次分簇只需在较小的簇数范围内进行分簇性能比较，可以充分发挥算法 8.1 的优势，相比传统随机簇心选取方法，初始簇心选取方法在保证分簇结果准确性的同时其分簇效率得到提升。

算法 8.1 初始簇心 $\mathcal{I}=\{\boldsymbol{c}_k^{(0)}\}$ 选取算法

Input: $\mathcal{A}=\{\boldsymbol{m}_l\}, l=1,2,\cdots,L$，$\boldsymbol{m}_l=[p_l,\tau_l,\theta_{\mathrm{TX},l},\phi_{\mathrm{TX},l},\theta_{\mathrm{RX},l},\phi_{\mathrm{RX},l}]$

Output: K 个初始簇心集合：$\mathcal{I}=\{\boldsymbol{c}_1^{(0)},\boldsymbol{c}_2^{(0)},\cdots,\boldsymbol{c}_K^{(0)}\}$

1: 根据式 (8.16) 计算相异度矩阵 $\boldsymbol{S}$

2: **repeat**

3: 　计算 $(x,y)=\arg\max\limits_{i,j} s_{ij}$，$i,j\in[1,2,\cdots,L]$，其中 x 和 y 表示最大的 s_{ij} 所对应的 MPC 编号

4: 　**if** $\boldsymbol{m}_q\notin\mathcal{I}$, $q=[x,y]$ **then**

5: 　　将 $\boldsymbol{m}_q$ 加入 $\mathcal{I}$，即 $\boldsymbol{c}_n^{(0)}=\boldsymbol{m}_q$

6: 　　$n+1\leftarrow n$

7: 　**end if**

8: **until** $n=K$

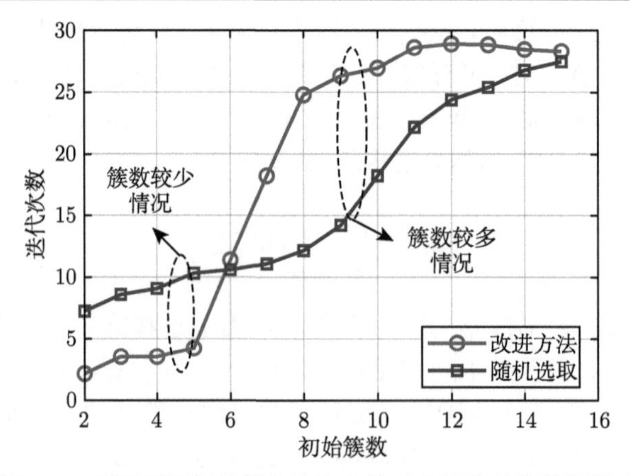

图 8.2　采用不同初始簇心选取方法对分簇迭代次数的影响

综上所述，本书所提出的改进的两步 KPowerMeans 多径分簇算法的流程详见算法 8.2。图 8.3 给出采用该方法对原始估计的 MPC 进行二次分簇后得到的结果。比较发现采用一次分簇只能将所有有效 MPC 分成 3 个子集，并且 G1 和 G4、G2 和 G5 被分为一个簇。经过二次分簇后可以将每一个子集剥离开，得到最终结果，并且 G6 因功率和有效径数较小被剔除。

算法 8.2 改进的两步 KPowerMeans 多径分簇算法

Input: $\mathcal{A}=\{\boldsymbol{m}_l\}, l=1,2,\cdots,L$，$\boldsymbol{m}_l=[p_l,\tau_l,\theta_{\mathrm{TX},l},\phi_{\mathrm{TX},l},\theta_{\mathrm{RX},l},\phi_{\mathrm{RX},l}]$

Output: 最佳簇数 K_{opt} 和分簇结果 $\mathcal{R}_{\mathrm{opt}}=\{\mathcal{C}_k\}$，$k=1,2,\cdots,K_{\mathrm{opt}}$

1: **for** $k_1=K_0$ to K_1 **do**
2: 　初始化：根据算法 8.1 选取 k_1 个初始簇心：$\boldsymbol{c}_1^{(0)},\boldsymbol{c}_2^{(0)},\cdots,\boldsymbol{c}_{k_1}^{(0)}$
3: 　**repeat**
4: 　　$n+1\leftarrow n$，$n=1,2,\cdots,N_{\mathrm{iteration}}$
5: 　　将 L 个 MPC 根据 $\arg\min\limits_k\{p_l\cdot\mathrm{MCD}(\boldsymbol{m}_l,\boldsymbol{c}_k^{(n-1)})\}, k\in[1,k_1]$ 分配到 k_1 个簇中
6: 　　计算加权簇心并找出距离其最近的 MPC 作为新的簇心 $\boldsymbol{c}_1^{(n)},\boldsymbol{c}_2^{(n)},\cdots,\boldsymbol{c}_{k_1}^{(n)}$
7: 　**until** $\forall k=1,2,\cdots,k_1$，$\boldsymbol{c}_k^{(n)}=\boldsymbol{c}_k^{(n-1)}$
8: 　记录第一次分簇结果 $\mathcal{C}_1',\mathcal{C}_2',\cdots,\mathcal{C}_{k_1}'$
9: 　**while** $(k=1,2,\cdots,k_1)$ and $(|\mathcal{C}_k'|<L_{\mathrm{th}})$ **do**
10: 　　在 $[1,K_2]$ 簇数范围内，根据式 (8.10) 并重复上述步骤对 $\mathcal{C}_k'$ 进行二次分簇
11: 　　根据式 (8.15) 得到对 MPC 集合 $\mathcal{C}_k'$ 的最佳分簇结果
12: 　**end while**
13: 　记录二次分簇结果 $\{\mathcal{C}_{k_i}^{(i)}\}$，$k_i=1,2,\cdots,K_i$，$K_i\in[K_{\min},K_{\max}]$，$i=1,2,\cdots,N_{\mathrm{total}}$
14: **end for**
15: **for** $i=1$ to N_{total} **do**
16: 　根据式 (8.11)，剔除分簇结果 $\{\mathcal{C}_{k_i}^{(i)}\}$ 中的孤立簇或 MPC
17: 　更新并记录分簇结果
18: **end for**
19: 根据式 (8.15) 计算得到最佳簇数和分簇结果

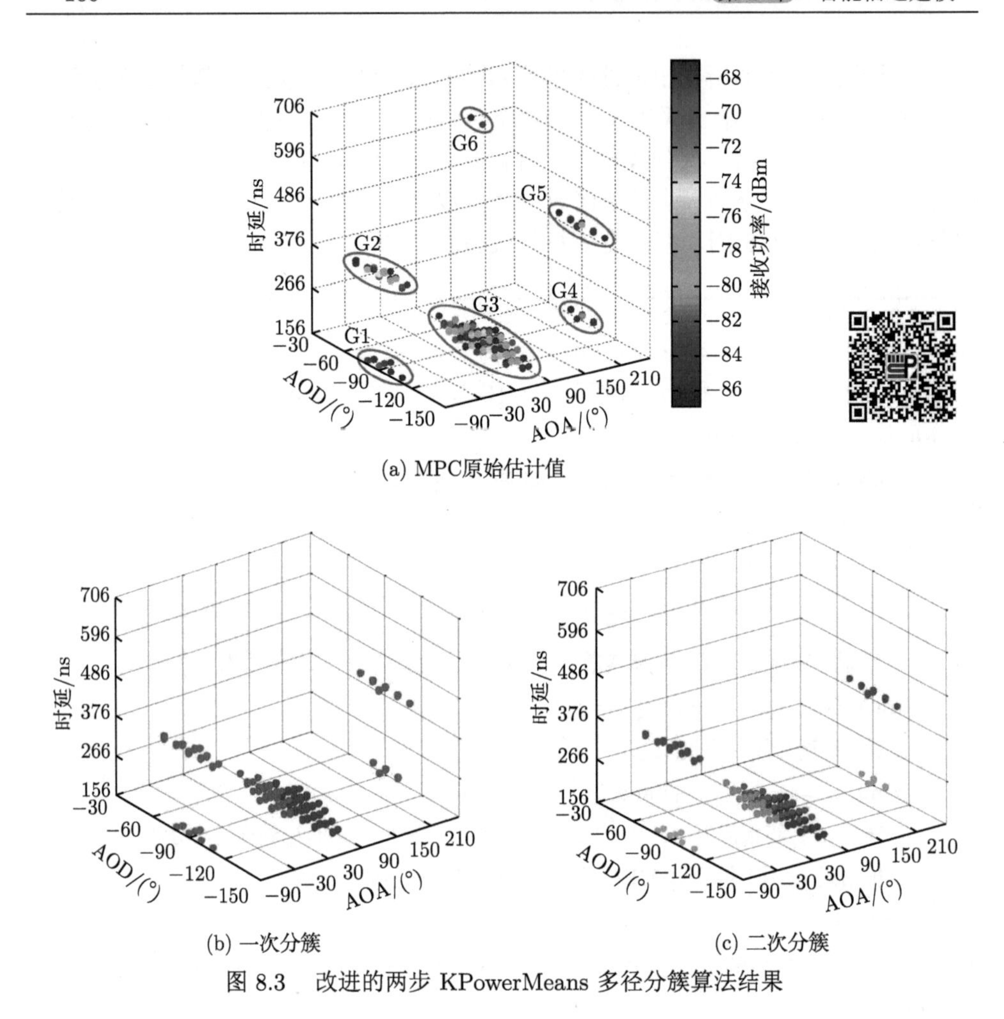

(a) MPC原始估计值

(b) 一次分簇

(c) 二次分簇

图 8.3　改进的两步 KPowerMeans 多径分簇算法结果

8.2　基于人工神经网络的预测性信道建模

8.1 节介绍了受到标准化组织广泛关注的几何随机信道模型，有助于了解如何从真实物理传播信道抽象得到相应的数学表征模型。同时，考虑到传统物理信道模型的不足，考虑引入机器学习来提高信道模型的准确性和通用性。本节首先总结目前基于人工神经网络的预测性信道建模研究现状，讨论现有纯数据驱动的智能信道模型在模型可解释性和通用性方面所面临的需求和挑战，然后给出知识和数据混合驱动的智能信道建模框架。通过引入物理统计信道模型的先验知识，建立不同预测器和基于多径簇信道模型之间的映射关系，提高智能信道模型对不同场景信道特性预测结果的准确性。

8.2.1 纯数据驱动的信道模型

考虑到传统过于理想化的单斜率或双斜率分段路径损耗模型对实测路径损耗结果拟合效果较差[148–150]，路径损耗除了与收发信机之间的直线传播距离有关，还受到收发信机间相对位置和环境散射体变化的影响。因此，机器学习与无线信道建模研究相结合在早期主要应用于预测大尺度路径损耗[151–153]，并将预测结果用于链路预算和无线网络覆盖性能分析等。随着研究的不断深入，研究人员期望利用机器学习进一步预测无线信道的小尺度衰落特性，实现完整的信道预测和仿真建模。

目前，机器学习在信道建模研究中的应用主要包括两类：信道回放和信道预测建模。信道回放主要用于重现信道实测数据，用于分析在真实信道条件下系统传输和覆盖性能。考虑到信道测量系统的构建成本较高，因此难以广泛开展信道实测，同时过于理想化的信道假设条件和随机化信道仿真结果容易造成在实际网络部署中系统无法满足应用需求。因此，需要重现信道实测数据，而较大的数据量和不同的数据接口使得其他研究人员难以直接应用相关结果。因此，文献 [11] 提出了一种机器学习使能的信道回放模型，其沿用图 8.1 给出的信道生成流程，利用人工神经网络 (artificial neural network，ANN) 分别重构了毫米波信道的大尺度和小尺度信道参数，ANN 的输入包括收发信机位置坐标和频率等，输出为信号接收功率和每一条子径的幅度、时延、角度信息等。模型输出结果与原始信道实测结果具有较好的一致性，并且相比于采用 QuaDriGa 信道仿真器在同样信道统计参数情况下生成结果，更能客观反映实际传播环境下的信道响应。对于信道预测建模，由于信道实测需要消耗大量资金以及人工和时间成本，往往很难在关注的应用场景和频段开展信道测量，并建模相应信道参数的统计分布，因此期望通过机器学习从有限的信道实测数据中挖掘信道参数随频率、场景等因素的变化关系，进而预测不同场景和频率下的信道特性参数。文献 [12] 中利用毫米波多频段信道实测和射线追踪仿真数据训练 ANN，其输入包括收发信机位置坐标、传播距离和系统工作频率，输出则是全向信道的接收功率、时延扩展和角度扩展。利用训练好的神经网络可预测不同频段和收发信机位置的信道特征参数。文献 [154] 是在文献 [12] 的基础上，使用卷积神经网络等更复杂的神经网络架构，以提高信道特性预测结果的准确性。然而，这些建模方法的缺点也较为显著，只适用于训练数据所对应的特定场景，并未对比在新场景 (信道数据均未用于模型训练) 下信道参数的预测结果，模型的通用性差且无法灵活迁移到多个场景；同时，由于缺乏对物理多径簇等精细化信道特性的建模，ANN 预测结果往往只包含全向信道信息。

综上所述，采用纯数据驱动的智能信道建模研究仍面临着如下挑战：

(1) 提高模型准确性需要大量数据集和复杂的预测器。为了保证所构建的模型能够应用于不同场景，需要在不同应用场景采集大量信道实测或仿真数据用于模型训练，由于不同场景的信道特性差异较大，为了保证数据驱动的模型训练结果具有较低的误差，需要采用复杂度更高、神经网络结构更复杂的预测器进行信道参数预测。

(2) 缺乏对预测模型的物理解释和细节特征表征。目前的智能信道模型的输入信息包括收发信机的位置信息和传输距离，而输出信息包括相应的信道参数 (路径损耗、全向信道时延扩展和角度扩展等) 或子径特征信息 (时延、幅度、到达角和离去角等)，并不是从多径分簇物理信道模型的物理传播基础出发，而是单纯考虑输入和输出参数关系。

因此，机器学习使能的信道建模研究需要从无线信道的物理传播特性出发，通过考虑实际物理信道的传播规律，引入物理统计信道模型的先验知识，再结合相关的机器学习算法，在提高建模结果准确性的同时提高模型对场景和频率等的泛化能力。

8.2.2　知识和数据混合驱动的信道模型

室内外环境无线信道测量和建模结果表明：不同环境下全向信道空时色散特性和多径簇数的差异主要由环境散射体的丰富程度决定，而簇内信道特性则和相对应的散射体和传播机制有关[155–157]。例如，在密集城区场景，除了直射径以外，主要以建筑物外表面反射、建筑屋顶或侧边绕射多径簇为主[147]；对于郊区植被覆盖区场景，植被散射簇占主要部分，少量来自周边低矮建筑物的反射簇[158]；对于室内场景，多径簇主要来自墙壁的反射[159]。根据基本的电波传播规律，在相同的系统配置下，同类型散射体对应的多径簇内信道将呈现相近的空时色散特性；而不同应用场景的物理信道则是将不同类型散射体所对应的多径簇进行排列组合得到。因此，基于电波传播的这个机理制，我们在文献 [13] 中提出了知识和数据混合驱动的智能信道建模方法。

图 8.4 给出机器学习辅助的智能信道建模框架。基于传统物理统计信道模型进行信道仿真时，首先根据大尺度路径损耗模型得到接收信号功率，然后生成每一个簇的簇心特征参数，最后根据簇内信道特性生成所有子径的信道信息。当收发链路间存在树木等低穿透损耗障碍物遮挡时，需要在以上步骤完成后，根据障碍物建模结果，再额外增加相应的步骤调整已生成的 MPC 特征参数[143]。为了实现对不同类型簇内信道特性的区分，同时避免额外的障碍物建模等步骤，图 8.4 所示的建模方法中首先根据物理统计信道模型生成簇间信道参数，包括簇数和每一个簇的簇心特征参数，用来标识每一个簇的“位置”，同时需要指定每一个簇所对应的散射体类型及其相应的物理特征参数。针对不同类型的多径簇则调用相应的

预测器完成簇内信道参数的生成。因此，相应建模方法的研究核心则转化为构建适用于不同类型多径散射簇的预测器。

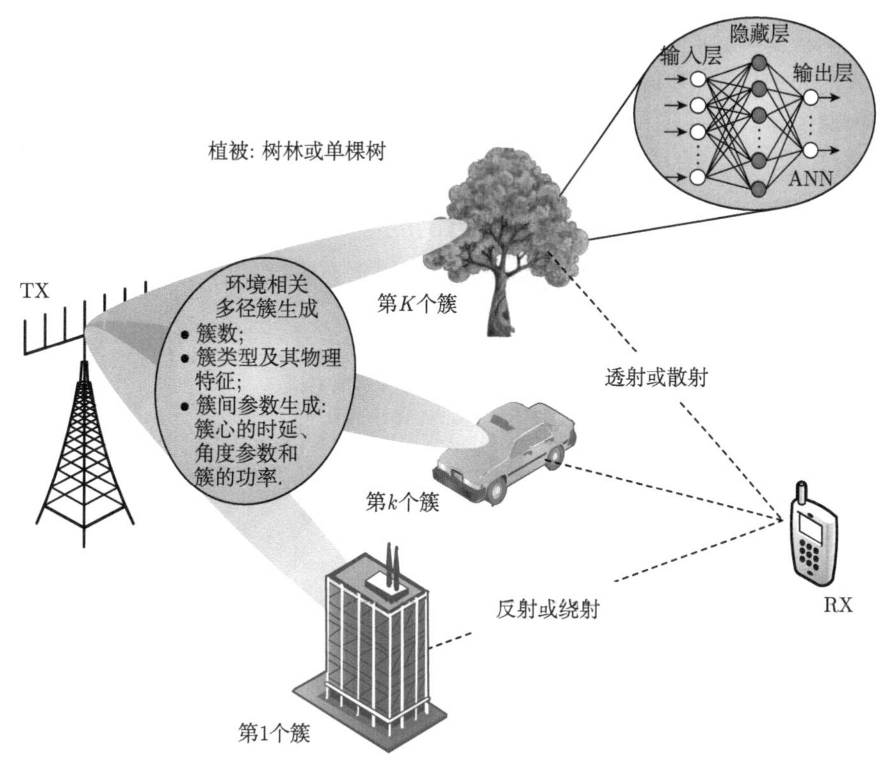

图 8.4 机器学习辅助的智能信道建模方法示意图

对 8.1 节中所给出的信道模型进行简化，可以将多径分簇信道模型的信道冲激响应表示为 K 个多径簇以及 $\sum_{k=1}^{K} L_k$ 个子径的叠加[160]：

$$h\left(t, \varPhi, \varOmega\right) = \sum_{k=1}^{K} \sum_{l=1}^{L_k} \alpha_{k,l} \mathrm{e}^{\mathrm{j}\varphi_{k,l}} \delta\left(t - \tau_k - \tau_{k,l}\right) \delta\left(\varPhi - \varPhi_k - \varPhi_{k,l}\right) \delta\left(\varOmega - \varOmega_k - \varOmega_{k,l}\right) \tag{8.17}$$

式中，$\varPhi$ 和 $\varOmega$ 分别表示离去角和到达角 (包括俯仰和水平二维)；L_k 表示第 k 个簇内子径的数量；$\alpha_{k,l}$ 和 $\varphi_{k,l}$ 分别表示第 k 个簇内第 l 个子径的幅度和相位；τ_k、$\varPhi_k$ 和 $\varOmega_k$ 分别表示簇心的时延、离去角和到达角；$\tau_{k,l}$、$\varPhi_{k,l}$ 和 $\varOmega_{k,l}$ 分别表示第 l 个子径相对于簇心的时延、离去角和到达角。

图 8.5 给出利用电波传播知识和数据混合驱动的方法构建簇内信道特性预测器的流程，并以前向植被散射簇建模为例介绍相应步骤。图 8.5 左侧给出本书提

出的智能信道建模方法进行信道仿真时的步骤，首先进行初始化，给出相应的系统配置 (包括天线配置、系统工作频率和带宽等)，以及收发信机的几何位置和环境特征等信息；然后沿着阵列方向生成相应的多径散射簇，根据物理统计信道模型的簇间信道参数得到簇心的时延、到达角和离去角信息 (如 K、τ_k、Φ_k、Ω_k)；再将簇的类型以及相应的系统配置和环境信息作为输入，调用相应的神经网络生成簇内信道参数 (如 $\alpha_{k,l}$、$\varphi_{k,l}$、$\tau_{k,l}$、$\Phi_{k,l}$、$\Omega_{k,l}$)。重复此步骤直到生成得到所有的多径簇。

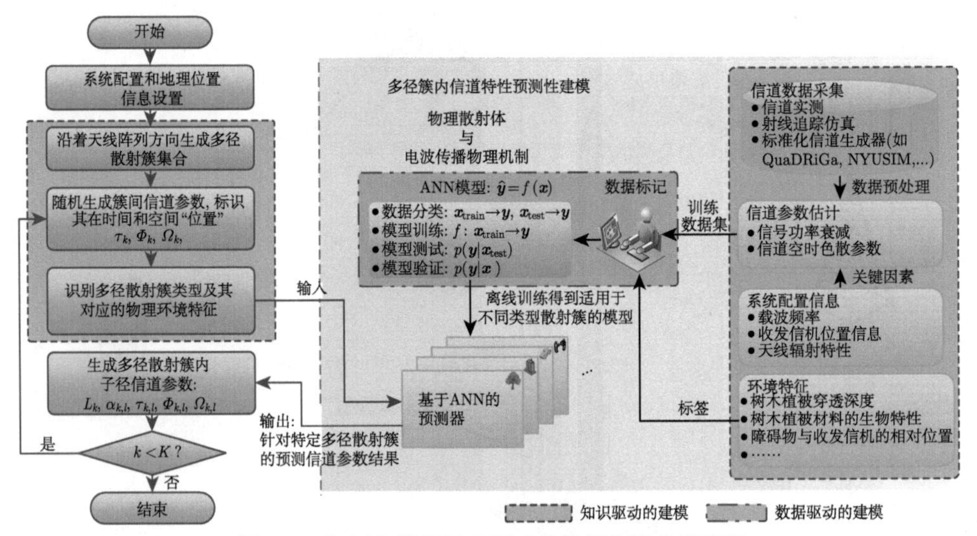

图 8.5　知识和数据混合驱动的智能信道建模流程

在生成簇内信道参数时，需要调用离线训练得到的神经网络预测相应的簇内信道参数。在构建相应的簇内信道预测器时，首先需要通过信道实测、射线追踪仿真和 (或) 信道仿真器等途径获取信道数据并提取有效的信道参数，然后从物理统计模型出发，探明不同系统配置和环境特征对簇内信道特性的影响，最后在模型训练时加入相应的特征参数用于标记信道数据，以保证预测器可以灵活适用于不同传播环境。本章后续将会以前向植被散射簇为例，详细介绍如何应用人工神经网络完成知识和数据混合驱动的簇内信道建模。

8.3　应用实例：前向植被散射簇的智能建模

以郊区植被覆盖区毫米波信道实测结果为例，图 8.6 比较了具有相近传播距离的 LOS 和遮挡视距路径 (obstacle-LOS，OLOS) 接收机位置处的功率时延角度谱 (power delay angular profile，PDAP)。不难发现接收信号主要来自于收发端间直射路径方向，但毫米波信号经过植被遮挡后会明显增大簇内信道的时延和角度扩展，并且毫米波穿透树木会造成额外的穿透损耗。同时，由于毫米波对环境散射体敏感，随着收发信机以及植被遮挡间相对位置的变化，相应的簇内信道特性也呈现一定变化。然而，传统的物理统计信道模型中无法刻画簇内信道特性随收发位置变化的情况，现有的纯数据驱动智能信道模型并未充分考虑环境特征的影响。因此，为了利用 8.2.2 节中提出的知识和数据混合建模方法准确刻画这一特性，首先需要在特定场景开展定向信道测量，消除其他环境散射体对信道的影响；同时，针对在前向植被散射方向上接收信号的空时传播特性开展研究，避免了因多径分簇算法引入的结果不确定性。此外，由于实测信道数据获取困难，需要在相同场景开展射线追踪信道仿真以保证足够的数据集用于 ANN 模型训练，同时需要对信道实测和仿真数据的一致性进行验证评估。对于植被散射簇需要关注树木穿透损耗和簇内信道时延和角度扩展。此时，在生成 CIR 时植被遮挡效应被直接考虑在内，而无须像 3GPP 模型中额外增加步骤考虑障碍物的影响。根据不同系统配置和接收机与散射体相对位置，可以探明其对信道特性的影响，并作为 ANN 的输入标记相应的数据点。根据标记数据集进行 ANN 模型训练，其中包括训练数据集、测试数据集和验证数据集。模型训练结果需要在其他场景完成验证，以保证其在多场景信道预测中通用性。

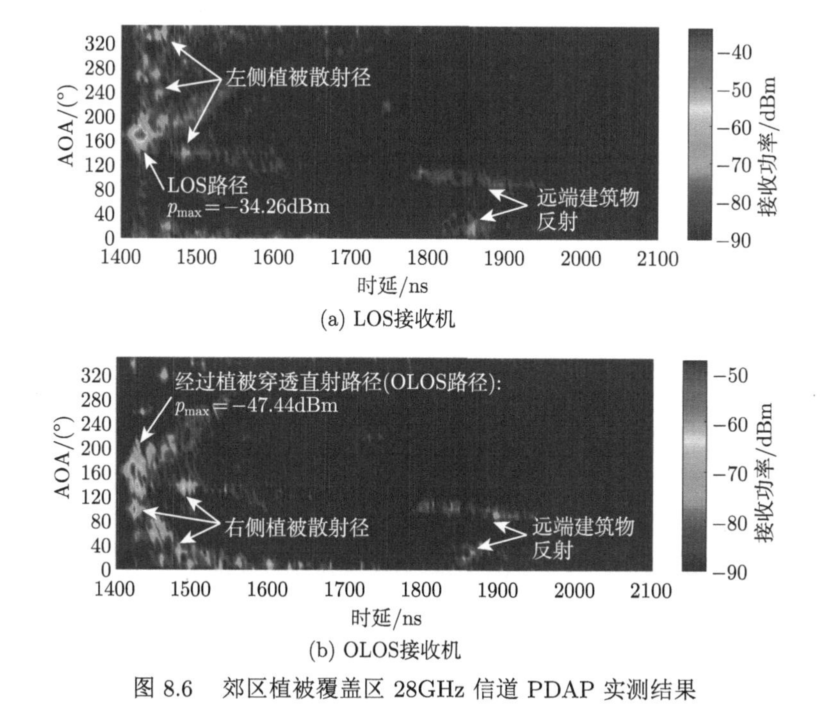

图 8.6 郊区植被覆盖区 28GHz 信道 PDAP 实测结果

8.3.1　信道数据准备

本节主要介绍在城市街道峡谷场景针对前向植被散射簇建模开展的信道测量和射线追踪信道仿真工作，并对这两种来源采集得到的信道数据进行对比和验证。

1. 信道测量

图 8.7 给出在城市街道峡谷场景针对毫米波前向植被散射簇信道测量的示意图。毫米波传播测量采用作者所在课题组搭建的测量系统[147,161]。发射天线架设在三脚架上置于三层楼屋顶，距离地面高度为 11m；宽波束喇叭天线具有固定的水平指向角和 3 个不同的天线下倾角 (10°、20°、30°)；接收窄波束喇叭天线距离地面高度 1.9m，采用定向旋转的方式以 10° 为步长完成水平 360° 旋转，由于发送天线架设高度较低，接收端考虑在 [60°:10°:110°] 范围内共有 6 个不同俯仰角。因此，在每一个收发位置组合及发射天线下倾角下可以得到 36×6 个定向功率时延谱 (power delay profile, PDP)。测量系统配置与室外场景系统配置保持一致，主要研究 28GHz 信道条件下前向植被散射簇的信道特性。

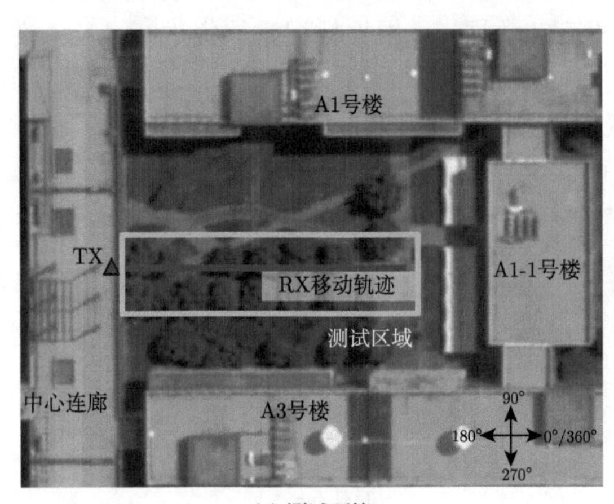

(a) 测试环境

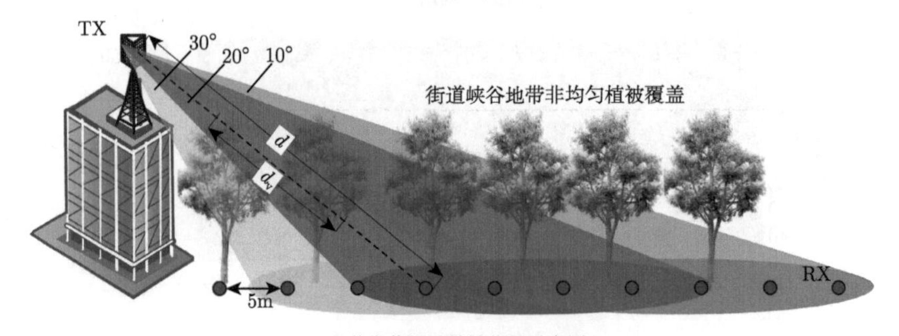

(b) 收发信机及植被位置示意图

图 8.7　城市街道峡谷场景毫米波前向植被散射簇信道测量示意图

如图 8.7 所示，待测场景街道两旁被常绿香樟树覆盖，环境四周被建筑物包围，并且四层楼高建筑物 A1 号楼和 A3 号楼的高度明显高于发射机的高度。街道一侧植被非均匀覆盖，相邻两棵树之间的间距不同，其余植被覆盖部分均为草坪或低矮植被，远低于接收机高度。图 8.7(b) 所示的接收机运动轨迹共设置 10 个接收机位置，相邻接收机位置间距为 5m，并且前 8 个接收机位置位于树木的正下方，最后 2 个接收机位置位于植被覆盖区外。

2. 射线追踪仿真

由于信道实测数据较少，需要在相同场景开展射线追踪信道仿真以保证具有足够的数据集用于 ANN 模型训练。图 8.8(a) 给出了 Wireless InSite® 商用射线追踪仿真软件中的仿真模型，其中环境建筑物位置信息与实际测量环境保持一致，但为简化仿真模型，并未刻画包括玻璃窗、门、墙面装修材料等建筑物细节特征。相关建筑材料的电参数均采用仿真软件内适用于 28GHz 频段的默认值。对于植被仿真区，主要包括树干和树冠 (树叶和树枝) 两部分：树干材料为木头，其电参数同样采用软件内适用于 28GHz 频段的默认值 (相对介电常数为 1.99、电导率为 0.167S/m)，树干形状为半径为 13cm 的圆柱，高度为 0~7m；树冠部分采用软件中的树叶仿真模型，如图 8.8(b) 所示分别用具有随机指向的介质圆盘和圆柱体建模树叶和树枝。树冠部分的材料生物物理特性在表 8.1 中给出，其特征值根据实际测量场景香樟树的特性得到。

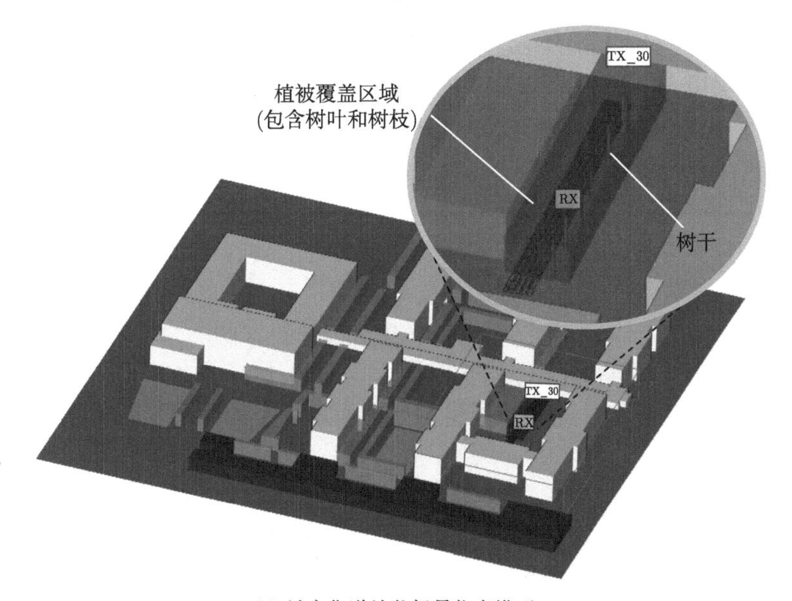

(a) 城市街道峡谷场景仿真模型

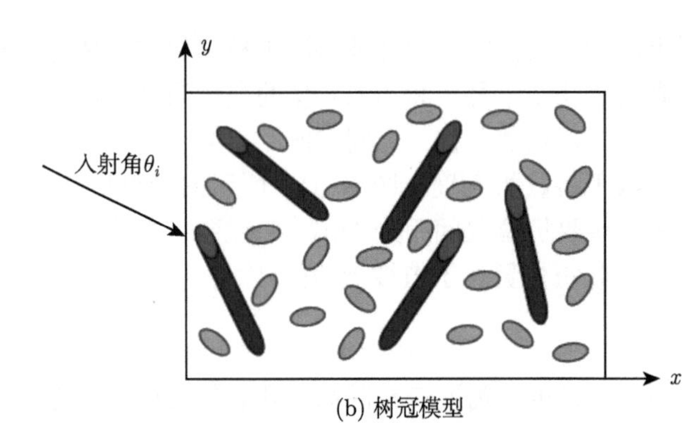

(b) 树冠模型

图 8.8　毫米波前向植被散射簇射线追踪信道仿真模型

表 8.1　树冠材料生物物理特性

参数	特征值
树冠高度/m	3～10
树叶半径/m	0.020
树叶厚度/mm	0.500
树叶密度/(items/m^3)	350
树枝半径/m	0.019
树枝长度/m	0.500
树枝密度/vol	5

在信道仿真模型中，发射天线同样采用宽波束喇叭天线，其天线的辐射特性与实测发射天线配置相同。不同于信道实测中采用旋转喇叭天线，射线追踪仿真中接收天线采用全向天线，并保证其在俯仰方向上的有效覆盖范围与旋转天线角度覆盖范围一致。其余系统配置参数，如发射天线高度、倾角以及接收天线高度与信道实测配置一致。在仿真过程中，沿着接收机运动轨迹选择了共 275 个接收机位置，相邻接收机位置间距为 0.25m。相比实测场景中接收机位置，信道仿真中接收机位置更复杂，包括位于植被覆盖区外部的接收机以及与发射天线不在同一条直线上的接收机。在射线追踪仿真配置中，最大反射、绕射和透射的次数分别设置为 4、2 和 2，每一个收发信机间最大可计算存储的多径数量为 100，接收信号功率门限为 −200dBm。为了比较不存在树木遮挡时的信道特性，在仿真过程中分别添加和删除树干和树冠区域而不改变其他配置信息进行仿真。

3. 训练数据集校准

由于射线追踪仿真的准确性取决于能否准确建模传播环境，因此为保证实测和仿真数据的一致性，首先需要比较两种数据来源的大尺度或小尺度信道特性差异，如果两种信道特征的差异较大，则需要针对性修改仿真环境的配置，以保证射线追踪仿真结果与实测结果一致。这里主要比较了两种数据集大尺度路径损耗的建模结果。采用 CI 路径损耗模型对实测和仿真数据进行拟合：

$$\mathrm{PL_{CI}}(d)\,[\mathrm{dB}] = \mathrm{PL_0}(d_0) + 10n_{\mathrm{CI}}\log_{10}(d/d_0) + X_{\mathrm{CI}} \tag{8.18}$$

式中，$\mathrm{PL_0}(d_0)\,[\mathrm{dB}] = 20\log_{10}(4\pi d_0/\lambda)$，表示在波长为 $\lambda[\mathrm{m}]$ 时自由路径损耗；n_{CI} 表示根据 MMSE 准则计算得到的路径损耗指数；X_{CI} 表示服从零均值高斯分布的随机变量，标准差为 $\sigma_{\mathrm{CI}}[\mathrm{dB}]$。在毫米波频段，参考距离 d_0 通常选为 1m，以便于比较不同频段和环境的路径损耗建模结果。图 8.9 和表 8.2 分别给出模型拟合结果及其拟合参数，其中 × 表示每一个收发信机位置组合下具有最强接收功率的 50 个方向上的定向路径损耗值；♦、■ 和 ■ 分别表示最佳实测定向路径损耗、实测全向路径损耗和仿真全向路径损耗结果。与自由空间路径损耗相比，OLOS 场景路径损耗指数明显大于 2，表明树木遮挡对大尺度路径损耗具有较大影响。实测和射线追踪全向信道路径损耗拟合结果差异不明显，表明两种数据集一致性较好，可用于后续神经网络训练。此外，随着发射天线下倾角增加，而路径损耗指数变化不明显，表明在街道峡谷地带发射机架设高度有限、传输距离较短时，改变天线倾角对大尺度路径损耗 (即网络覆盖范围) 的影响不明显。

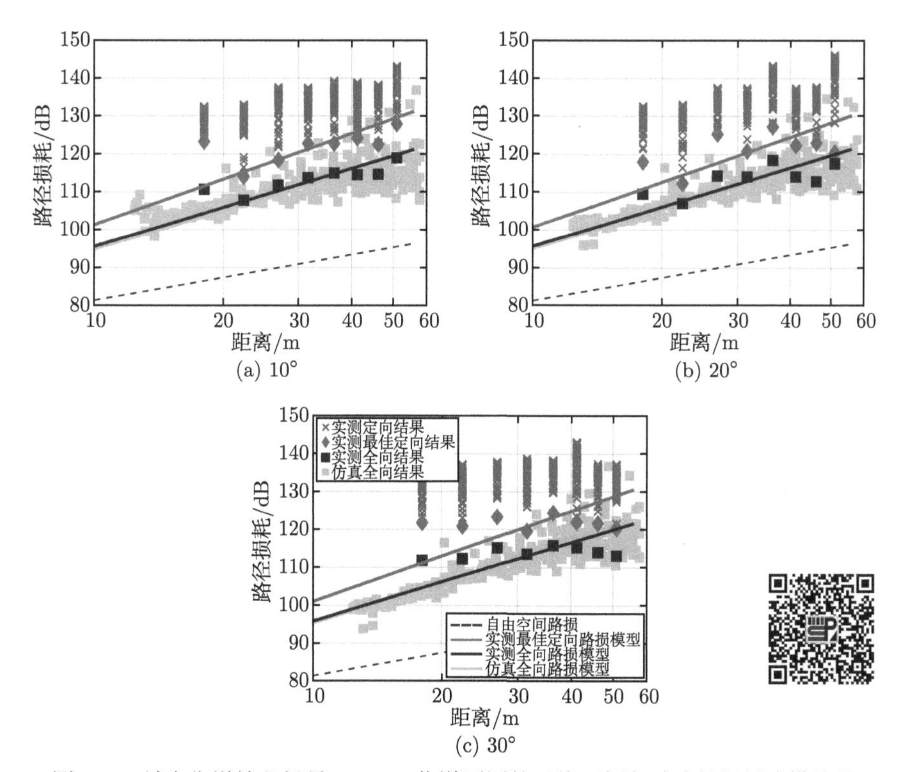

(a) 10°

(b) 20°

(c) 30°

图 8.9　城市街道峡谷场景 28GHz 信道不同的天线下倾角时路径损耗建模结果

表 8.2　植被覆盖街道峡谷场景实测和仿真 28GHz 信道路径损耗建模结果

		信道实测			射线追踪仿真		
		10°	20°	30°	10°	20°	30°
定向	n_{CI}	3.99	3.94	3.96	—	—	—
	σ_{CI}/dB	5.01	5.63	6.50	—	—	—
全向	n_{CI}	3.42	3.43	3.44	3.35	3.38	3.40
	σ_{CI}/dB	2.94	3.76	4.88	4.53	4.04	3.76

8.3.2　物理统计信道模型

结合图 8.9 及郊区植被覆盖区场景信道建模结果，可以发现存在树木遮挡将会造成额外的植被穿透损耗，提高相应信道的时延和角度扩展。为了探明接收机、树木相对位置变化以及其他系统配置对信道特性的影响，首先需要构建相应的物理统计信道模型，并将影响信道特性的主要环境特征和系统配置作为神经网络输入，提高 ANN 训练的效率和准确性。同时，构建的物理统计模型也与 ANN 模型预测结果比较，证明智能信道模型的优越性。

1. 植被穿透损耗

根据 ITU-R P.833-10 中关于植被穿透或附加损耗的定义[162]，植被穿透损耗表示由于存在树木遮挡导致相对于其他任何传播机制 (自由空间传播、反射和绕射等) 产生附加传输损耗。因此，针对实测和仿真数据植被穿透损耗的计算方法包括：

1) **方法 1. 适用于实测数据**

由于需要对前向植被散射簇簇内信道进行建模，因此只考虑前向植被散射方向的有效接收信号。同时，在收发信机间直射路径方向只存在经过树木的多径散射信号，而不存在环境反射信号，此时植被穿透损耗可以定义为相对于自由空间路径损耗的附加损耗，表示为

$$L_{\mathrm{forward,v}}^{\mathrm{Meas}} = \mathrm{EIRP} + G_{\mathrm{R}} + G_{\mathrm{S}} - 10\log_{10}\left(\sum_{\Omega\in A_{\mathrm{v}}} P(\Omega)\right) - \mathrm{PL}_0(d) \tag{8.19}$$

式中，EIRP 表示包含发射功率、发射天线增益在内的等效全向辐射功率；G_{R} 表示接收天线增益；G_{S} 表示通过系统校准获得的测量系统增益；$P(\Omega) = P(\theta,\phi)$ 表示三维 APS；θ 和 ϕ 分别表示俯仰和水平到达角；A_{v} 表示经过植被散射空间瓣的角度范围。自由空间路径损耗表示为 $\mathrm{PL}_0(d)\,[\mathrm{dB}] = 20\log_{10}(4\pi d/cf)$，$c$ 和 f 分别表示自由空间光速和频率。此时，前向植被散射空间瓣通过相对于 APS 峰值功率 20dB 的功率检测门限估计得到。

2) **方法 2. 适用于仿真数据**

由于在射线追踪仿真中便于移除植被遮挡区以获得自由空间传播损耗，因此植被穿透损耗可以表示为存在和不存在植被遮挡时全向路径损耗间的差值，即

$$L_{\text{omni,v}}^{\text{Sim}} = \text{PL}_{\text{omni}} - \widetilde{\text{PL}}_{\text{omni}} \tag{8.20}$$

式中，PL_{omni} ($\widetilde{\text{PL}}_{\text{omni}}$) 表示存在 (不存在) 植被遮挡区射线追踪仿真得到的全向路径损耗。

3) **方法 3. 适用于仿真数据**

当采用与方法 1 类似的方式对仿真数据的植被穿透损耗进行定义时，在相同的角度范围 A_{v} 内计算存在和不存在植被遮挡的路径损耗差：

$$L_{\text{forward,v}}^{\text{Sim}} = -10\log_{10}\left(\sum_{\Omega_i\in A_{\text{v}}} p_i - \sum_{\tilde{\Omega}_j\in A_{\text{v}}} \tilde{p}_j\right) \tag{8.21}$$

式中，$p_i(\tilde{p}_j)$ 表示包括 (不包括) 植被遮挡区仿真结果中第 $i(j)$ 条传播路径的接收功率；$\Omega_i(\tilde{\Omega}_j)$ 表示该条路径的到达角。

ITU-R P.833-10 标准建议书给出了两种植被穿透损耗模型[162]，分别适用于收发端均位于植被覆盖区内的情况和收发端仅有一个位于植被覆盖区的情况，结合本章的研究对象以及实际非均匀植被覆盖的情况，提出了修正的 ITU-R 植被穿透损耗模型：

$$L_{\text{v}}(s) = L_1\left[1 - \exp(-d_{\text{v}}(s)\rho_{\text{v}}\gamma/L_1)\right] \tag{8.22}$$

式中，$d_{\text{v}}(s)$ 表示在接收机 s 处植被内的传播距离；L_1 表示最大植被穿透损耗衰减值 (上界)，它与植被的类型和覆盖密度有关；ρ_{v} 表示在植被覆盖区域内有效植被覆盖区所占的比例，也被称为非均匀植被覆盖密度 (由于植被间存在间隙所造成的)，其取值范围在 $[0,1]$；γ 表示在单位植被传播距离内的功率衰减值，dB/m。注意到 d_{v} 和 ρ_{v} 实际表示收发端之间直线传播距离和树木等植被的交线长度。根据图 8.10 中的几何关系，在植被覆盖区内穿过树木的传播距离可以计算为：

$$d_{\text{v}} = \begin{cases} \dfrac{h_{\text{F}}\sqrt{d_{\text{2D}}^2 + (h_{\text{T}} - h_{\text{R}})^2}}{h_{\text{T}} - h_{\text{R}}}, & \text{情况 1 (接收机位于植被覆盖区域内)} \\[2ex] \dfrac{d_{\text{2D}} - d_{\text{w}}}{\cos\theta_{\text{OLoS}}} - \dfrac{h_{\text{T}} - h_{\text{v}}}{\sin\theta_{\text{OLoS}}}, & \text{情况 2 (接收机位于植被覆盖区域外)} \end{cases} \tag{8.23}$$

式中，h_{T} 和 h_{R} 分别表示发射和接收天线高度；h_{F} 表示树冠的高度范围差；d_{w} 表示接收机位置相对于植被覆盖区域边缘的距离；h_{v} 表示植被的平均高度；$\theta_{\text{OLoS}} =$

$\arctan\dfrac{h_{\mathrm{T}}-h_{\mathrm{R}}}{d_{2\mathrm{D}}}$，表示收发端之间连线的倾角。这里主要考虑接收机位于植被覆盖区域内 (情况 1) 和覆盖区域外 (情况 2) 两种情况。

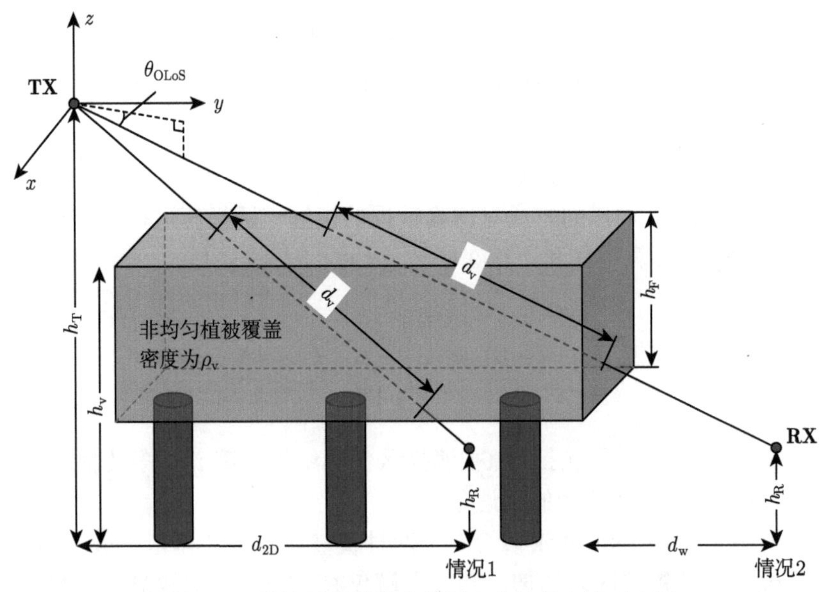

图 8.10　植被覆盖区域内传播距离计算方法示意图

图 8.11 给出了不同发射天线下倾角时 28GHz 植被穿透损耗原始测量结果以及利用模型 (8.22) 的拟合结果。其中黑色、红色和蓝色实线分别表示根据方法 1～方法 3 计算得到的植被穿透损耗拟合结果。可以发现，根据实测结果拟合得到的植被穿透损耗在 d_{v} 较小时，快速升高，随着 d_{v} 不断增加，植被穿透损耗增长速度变缓。利用方法 2 和方法 3 计算射线追踪信道仿真数据时，两者的差异主要体现在接收机远离发射机位置。利用方法 2 计算得到的植被穿透损耗明显小于利用方法 3 所得到的结果，这主要是因为随着接收机远离发射机并不断靠近后向建筑物，来自建筑物 A1-1 号楼外表面的后向反射不断增强，当不存在树木遮挡时，建筑物后向反射信号较强，信道呈现较小的全向路径损耗；而当存在树木遮挡时，毫米波信号穿过植被后所激发的建筑物反射信号明显变弱，信道呈现较大的全向路径损耗，此时两者的差值则明显变小，表明由于植被障碍物的存在，一方面形成前向植被散射簇，另一方面对后向建筑物反射也产生影响。本章主要研究前向植被散射簇所引发的植被穿透损耗，在后续分析过程中主要比较方法 1 和方法 3 计算得到的结果。

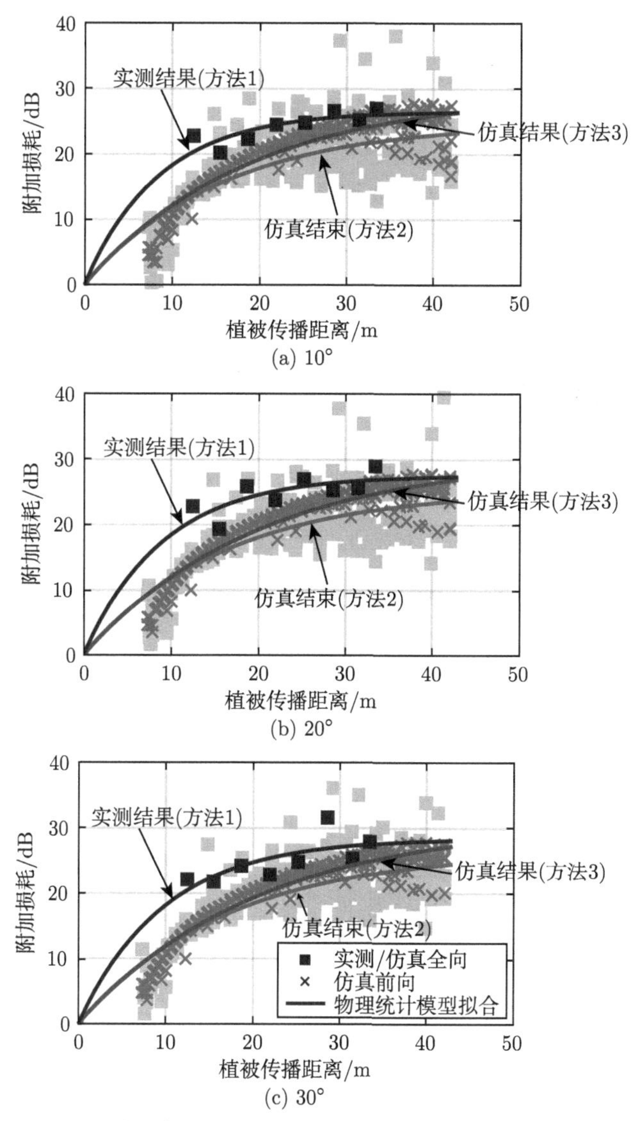

图 8.11　在发射天线不同的下倾角时植被穿透损耗建模结果

表 8.3 给出利用模型 (8.22) 拟合得到的结果。采用方法 1 计算得到的实测植被穿透损耗，由于实际树木非均匀分布，在模型拟合时 $\rho_{\rm v}$ 取为 0.95。而对于仿真结果，由于植被仿真区域是均匀连续的，所以在模型拟合方法 2 和方法 3 所得数据时 $\rho_{\rm v}$ 均取为 1。对比根据不同方法计算得到的植被穿透损耗模型拟合结果，采用方法 2 所得数据拟合结果的 RMSE 明显大于其他两种方法的结果，说明植被遮挡对后向建筑物反射的影响巨大，特别是在接收机靠近建筑物反射较强

时。对比不同发射天线下倾角时建模结果，植被穿透损耗上界 L_1 均随天线下倾角增加而增加。这主要是因为随着天线下倾角增大，相应的天线覆盖范围不断变小，此时距离较远处的接收机处于天线覆盖范围边缘，进而具有较小的 L_1。对比实测 (方法 1) 和仿真 (方法 3) 植被穿透损耗模型拟合结果，在 d_v 较小时两者出现明显差异，这主要是因为在信道实测结果中距离发射机最近的 2 个接收机位于发射天线覆盖盲区，不存在有效信号，因此在实际分析过程中并未考虑这两个样本点；而在射线追踪仿真结果中，由于考虑和不考虑植被遮挡时位于 A_v 角度范围内的有效信号均较弱，因此造成在 d_v 较小时其植被穿透损耗计算结果偏小。

表 8.3　28GHz 植被穿透损耗物理统计模型参数拟合结果 (95% 置信区间)

发射天线下倾角	参数	方法 1($\rho_\mathrm{v}=0.95$)		方法 3($\rho_\mathrm{v}=1$)		方法 2($\rho_\mathrm{v}=1$)	
		L_1/dB	γ/(dB/m)	L_1/dB	γ/(dB/m)	L_1/dB	γ/(dB/m)
10°	取值	26.60	3.10	28.41	1.56	24.28	1.68
	95% 置信度	(23.68,29.53)	(1.92,4.29)	(27.15,29.68)	(1.48,1.65)	(22.68,25.88)	(1.49,1.87)
	RMSE	18.29		19.62		29.28	
20°	取值	27.59	3.05	29.48	1.52	24.91	1.66
	95% 置信度	(23.15, 32.02)	(1.48, 4.62)	(28.27, 30.69)	(1.46, 1.59)	(23.30, 26.52)	(1.48, 1.83)
	RMSE	21.54		19.20		30.33	
30°	取值	28.51	2.89	30.22	1.50	26.22	1.62
	95% 置信度	(22.81, 34.20)	(1.28, 4.51)	(29.03, 31.41)	(1.44, 1.56)	(24.53, 27.91)	(1.47, 1.78)
	RMSE	25.56		18.92		30.97	

模型 (8.22) 只刻画植被穿透损耗随植被内传播距离变化的情况，并未刻画其随天线下倾角变化的情况。此外，在实际模型应用时，由于发射天线在俯仰方向上的覆盖范围有限，需要考虑天线覆盖盲区的影响，进而避免图 8.11 中在 d_v 较小、接收机处于覆盖盲区时因数据不准确导致拟合效果变差。因此，提出了考虑发射天线下倾角和实际系统覆盖盲区的分段植被穿透损耗模型：

$$L_\mathrm{v}(s)=\begin{cases}0, & d_\mathrm{2D}(s)\leqslant \overline{d}_\mathrm{2D}\\ L_1\left[1-\mathrm{e}^{-d_\mathrm{v}(s)\rho_\mathrm{v}\gamma/L_1}\right]\theta_\mathrm{T}^{\lambda}, & d_\mathrm{2D}(s)>\overline{d}_\mathrm{2D}\end{cases} \tag{8.24}$$

式中，θ_T 表示发送天线的机械下倾角；λ 表示角度影响因子；接收机位置 s_o 表示覆盖盲区的边界，此时收发端之间的水平间距 $\overline{d}_\mathrm{2D}=d_\mathrm{2D}(s_\mathrm{o})$，即为分段模型的分断点，可以计算为

$$\overline{d}_\mathrm{2D}=\frac{h_\mathrm{T}-h_\mathrm{R}}{\tan(\theta_\mathrm{T}+0.6\theta_\mathrm{3dB})} \tag{8.25}$$

式中，$\theta_{3\text{dB}}$ 表示发送天线在 E 面的 3dB 或半功率波瓣宽度；h_{T}、h_{R} 和 $\theta_{3\text{dB}}$ 采用与实际场景一致的参数。图 8.12 给出根据模型 (8.24) 对实测和仿真信道数据的拟合结果。剔除位于覆盖盲区的仿真接收机位置处的数据点，基于仿真数据集拟合得到的 γ=2.16dB/m，明显大于表 8.3 中的拟合结果，而基于实测数据集得到的拟合结果为 3.01dB/m，与模型 (8.22) 的结果差别不明显。实测和仿真数据集拟合得到的角度影响因子 λ 均为 0.02，其结果小于 ITU-R 相近模型所给出的典型值 0.05[162]。这主要是因为在 ITU-R 模型中，考虑天线下倾角的植被穿透损耗模型 $L_{\text{v}} = Af^a d_{\text{v}}^b \theta_{\text{T}}^{\lambda}$ 主要适用于卫星倾斜链路，进而较高的发射机高度使得天线下倾角对植被穿透损耗的影响更明显。模型 (8.24) 在实测和仿真数据集下对所有天线下倾角拟合结果的 RMSE 分别为 21.63dB 和 16.74dB，相比于传统模型其在整体上明显改善了拟合效果。

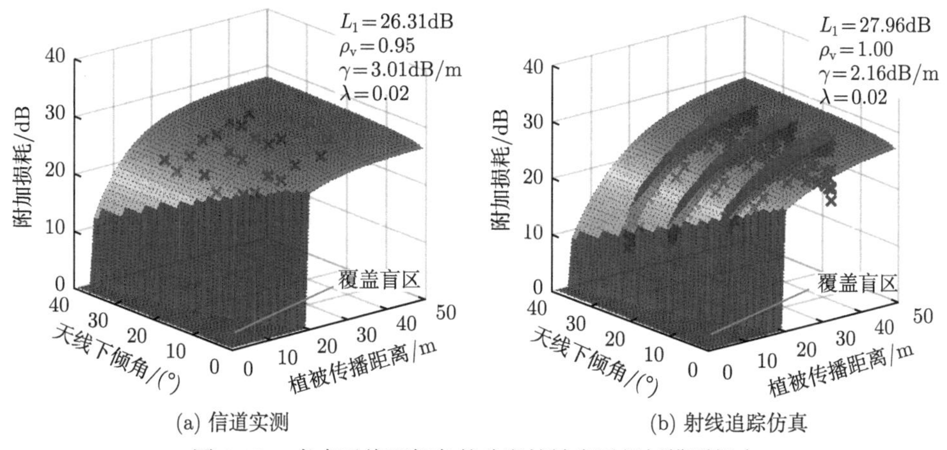

(a) 信道实测　　(b) 射线追踪仿真

图 8.12　考虑天线下倾角的分段植被穿透损耗模型拟合

2. 时延扩展 (DS)

为研究植被遮挡所导致的前向植被散射簇内信道时延扩展特性，本节针对在角度范围 A_{v} 内的定向合成 PDP 或传播路径计算相应的簇内时延扩展。特别地，对于射线追踪仿真结果，相应的 RMS 角度扩展计算方法为

$$\tau_{\text{RMS}} = \sqrt{\frac{\sum_i \tau_i^2 p_i}{\sum_i p_i} - \left(\frac{\sum_i \tau_i p_i}{\sum_i p_i}\right)^2} \tag{8.26}$$

式中，τ_i 和 p_i 分别表示在角度范围 A_{v} 内的第 i 条传播路径的传播时延和接收功率。图 8.13 给出了在不同发射天线下倾角时 RMS-DS 随接收机位置变化 (用 $d_{2\text{D}}$ 表征) 的关系，以及其 CDF 拟合结果。这里主要考虑 3 种情况，包括实测、仿真

存在植被遮挡 (OLOS 场景) 以及仿真中不存在植被遮挡 (LOS 场景)。表 8.4 给出了 RMS-DS 的统计建模结果。根据统计建模结果可以得出以下结论：

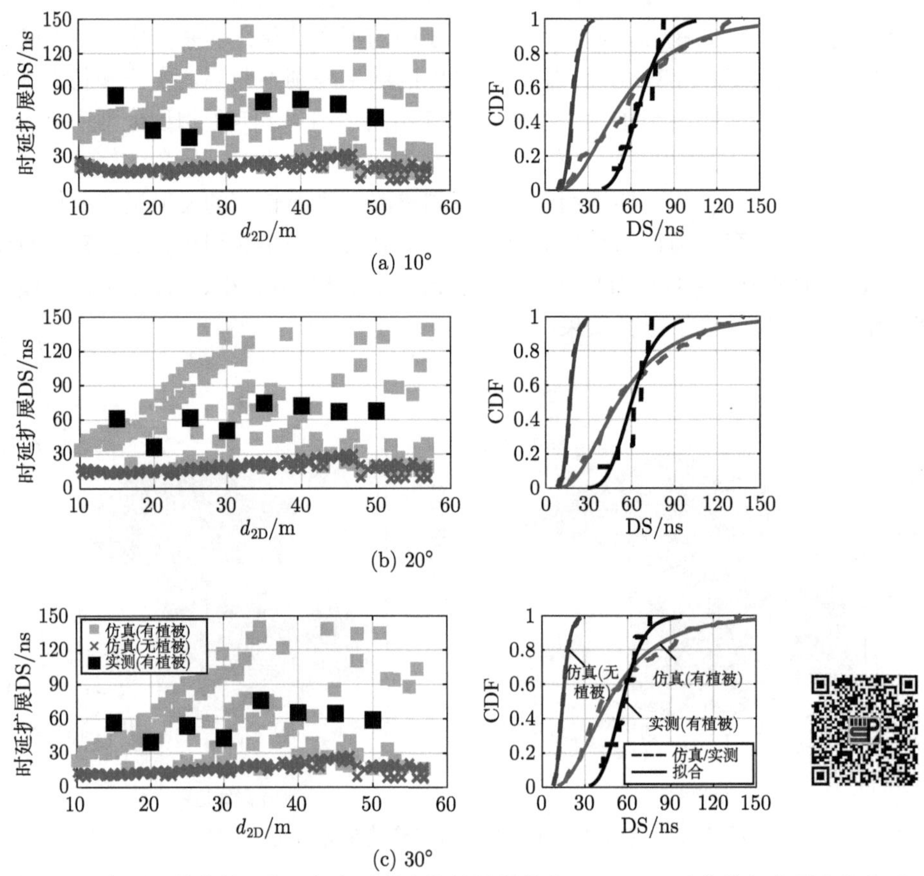

图 8.13　在不同的发射天线下倾角时前向植被散射簇内 RMS-DS 随接收机位置变化关系及 CDF 拟合结果

表 8.4　前向植被散射簇内时延扩展统计建模结果

数据来源	信道实测		仿真 (有植被覆盖)		仿真 (无植被覆盖)	
$\mathcal{N}(\mu,\sigma^2)$	μ	σ	μ	σ	μ	σ
10°	67.31	13.50	62.46	33.35	20.72	4.77
20°	61.36	12.57	59.45	32.55	18.37	4.60
30°	57.25	11.87	55.13	32.41	16.02	4.57

(1) 对比 OLOS 和 LOS 场景的建模结果可以发现，由于存在植被遮挡，毫米波信号在植被内部传播过程中与树叶、枝干等发生相互作用，激发更多的散射径，

导致前向植被散射簇的 RMS-DS 统计均值明显大于 LOS 直射簇的结果。

(2) 对比不同发射天线下倾角时的建模结果可以发现，随着天线下倾角的增大，3 种情况下时延扩展均方根 (RMS-DS) 统计均值均呈下降趋势，其变化趋势与植被穿透损耗建模结果一致，表明在相应信道配置条件下可检测多径分量随下倾角增大而不断减小。

(3) 对比 RMS-DS 随 d_{2D} 的变化关系，可以发现 LOS 簇的 DS 变化不明显，但在接收机离开植被覆盖区 (d_{2D}=47) 时会发生突变，而 OLOS 簇内的 RMS-DS 则随接收机位置变化产生明显波动，进而具有较大的统计方差。仿真结果的方差相比实测结果更大的原因主要是因为接收机位置更多样，并未完全处于发射天线正下方。

毫米波前向植被散射簇相比 LOS 路径直射簇具有更大的簇内 RMS-DS，但在传统物理统计信道模型中并未区分两者间的差别。此外，发射机和接收机以及植被遮挡区相对位置也会影响 DS 的结果，因此在训练相应的 ANN 模型时需要对数据进行标记，区分接收机是否位于植被覆盖区内以及是否位于发射机正下方等情况。

3. 角度扩展

前向植被散射簇相比 LOS 直射簇，除了提高簇内信道的时延扩展外，还影响其角度扩展。图 8.14 给出基于信道实测结果得到的接收信号空间分布随传播距离变化关系，其中在 AOA 为 180° 时，该方向信号来自前向植被散射簇；AOA 为 0° 或 360° 时，该方向信号来自后向建筑物外表面反射。对比可以发现，有效接收信号主要集中在前向植被散射簇方向，并且随着传播距离增大，簇内有效接收信号的角度扩展也在不断减小，而来自后向反射簇的接收信号强度不断增大。同时，

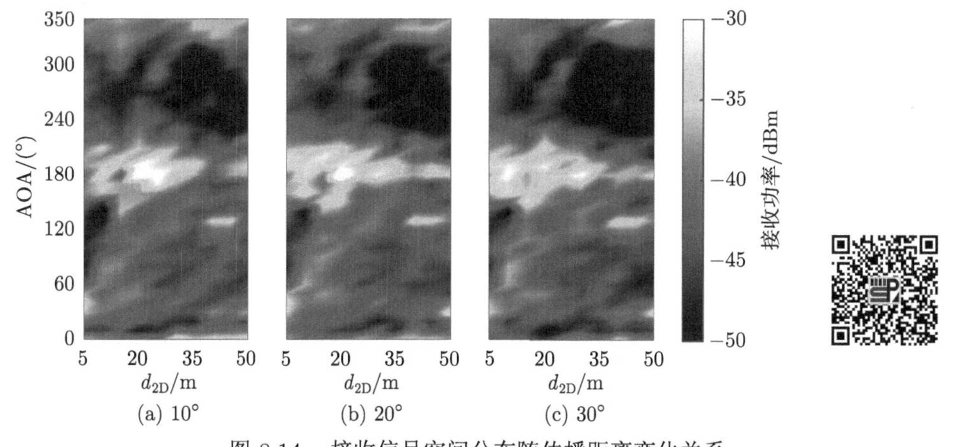

图 8.14 接收信号空间分布随传播距离变化关系

随着发射天线下倾角不断增大，在 d_{2D} 较大处的覆盖空洞 (深色区域面积) 也不断扩大。图 8.15 给出前向植被散射簇簇内角度扩展实测和正态分布 CDF 拟合结果。可以发现随着发射天线下倾角的增大，前向植被散射簇 RMS-ASA 的统计均值呈增大趋势，但变化不明显，而 RMS-ASA 的方差则明显减小。结合图 8.14 中的结果，表明毫米波前向植被散射簇簇内角度扩展随传播距离变化明显，并且改变发射天线下倾角会影响这一变化。

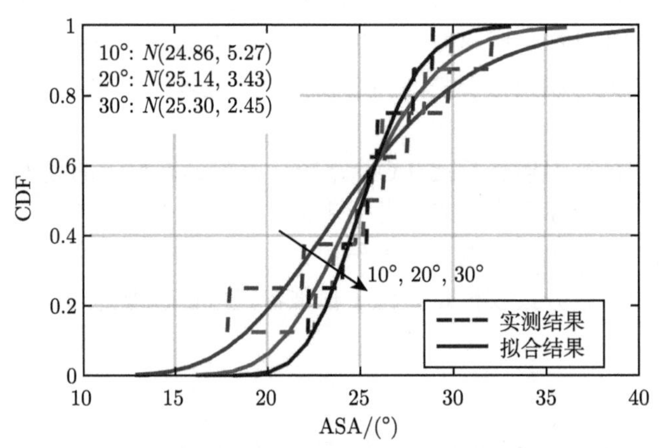

图 8.15　毫米波前向植被散射簇簇内角度扩展 CDF 拟合结果

8.3.3　人工神经网络结构与训练

人工神经网络主要由一系列相互连接的神经元构成，指定了网络中的神经元连接权重、神经元激励值等变量，以及神经元之间的拓扑关系。可以将 ANN 看作一种适用于非线性统计性数据的建模工具，通过训练样本的校正，对每一个神经元各个突触的权值进行学习或校正，进而创建相应的模型。一种最简单的前馈多层神经网络包括输入层、隐藏层和输出层，其中输入层、输出层神经元数目由已知参数以及预测参数决定，隐藏层的层数和神经元数目越多，模型的非线性和普适性越强，相应的模型训练开销越大，同时过大的隐藏层神经元数会导致过拟合，因此，需要选择合适的隐藏层神经元数在保证模型拟合误差的同时降低模型结构复杂度和训练精度。

基于信道实测和仿真数据，以及通过物理统计信道模型所研究得到影响植被散射簇簇内信道特性的系统配置和环境因素，神经网络的输入参数包括收发信机的几何位置、植被内传播距离、发射天线下倾角以及用于数据标记的环境特征，神经网络的输出参数包括植被穿透损耗、簇内时延扩展和角度扩展。此时，神经网络的输入参数向量 $\boldsymbol{x}$ 和输出信道参数向量 $\hat{\boldsymbol{y}}$ 满足关系：

$$\hat{\boldsymbol{y}}\left(L_{\mathrm{v}}, \tau_{\mathrm{RMS}}, \phi_{\mathrm{RMS}}\right)=f_{\mathrm{v}}\left(\boldsymbol{r}_{\mathrm{T}}, \boldsymbol{r}_{\mathrm{R}}, d_{\mathrm{v}}, \theta_{\mathrm{T}} | c_{1}, c_{2}\right) \tag{8.27}$$

式中，$\boldsymbol{r}_{\mathrm{T}}=(x_{\mathrm{T}}, y_{\mathrm{T}}, z_{\mathrm{T}})$ 和 $\boldsymbol{r}_{\mathrm{R}}=(x_{\mathrm{R}}, y_{\mathrm{R}}, z_{\mathrm{R}})$ 分别表示在笛卡儿坐标系下发射和接收端的位置矢量；参数 c_1 和 c_2 用于标记接收机的相对位置以增强信道数据的可理解性，c_1 表征接收机是否位于植被覆盖区域内，c_2 用于表征接收机位置是否位于发射机和植被覆盖区域正下方。通常将参数 c_1 和 c_2 转化为机器可读取数据 (如 $0,1,2,\cdots$)，进而在 ANN 模型训练过程中可以识别环境特征。在进行神经网络训练时，由于输入和输出参数具有不同的物理意义 (单位) 和取值范围，因此首先需要将输入和输出参数归一化映射到 $[-1,1]$ 范围内，模型训练完成后再根据相应的规则，将模型预测结果映射到实际的取值。

基于三层的前馈神经网络模型，采用 Matlab® 中神经网络拟合工具箱对模型的输入和输出参数进行拟合，其中隐藏层采用 tansig 激活函数，一层隐藏层内所包含的神经元数为 N_{h}，N_{h} 的取值范围在 4 到 20 之间，最终根据模型训练结果效果和计算复杂度确定最佳的 N_{h}。ANN 网络采用 Levenberg-Marquardt 算法进行训练，模型的预测性能通过均方误差 (mean square error，MSE) 进行评估，最大迭代次数设定为 1000 次。剔除不存在有效接收信号的接收机位置，信道实测和仿真共获得 759 个有效信道数据样本点，被分成了三部分，其中 70% 的数据用于模型训练，15% 的数据用于模型测试，15% 的数据用于模型验证。如图 8.5 所示，在网络训练过程中，首先利用训练数据集 $\boldsymbol{x}_{\mathrm{train}}$ 初步训练得到 $\boldsymbol{y}=f(\boldsymbol{x}_{\mathrm{train}})$；然后利用测试数据集 $\boldsymbol{x}_{\mathrm{test}}$ 对模型训练结果进行测试，如果测试结果误差较大或预测结果的正确概率 $p(\boldsymbol{y}|\boldsymbol{x}_{\mathrm{test}})$ 较低，重新对 ANN 进行训练；如果模型测试误差满足要求，则利用模型验证数据集 $\boldsymbol{x}_{\mathrm{val}}$ 完成对网络预测性能的验证，最终得到 $\hat{\boldsymbol{y}}=f(\boldsymbol{x})$。在模型训练过程中，迭代终止判定条件以及最佳隐藏层神经元数由收敛误差和总体回归 R 值决定，其中 R 值主要刻画根据训练所得模型预测的输出与实际真实值之间的关系。收敛误差值 MSE 设定为 0.05，R 值越大表明模型预测结果与真实值的相似度越高。

8.3.4 模型训练结果与分析

图 8.16 比较了是否考虑环境特征 c_1 和 c_2 进行数据标记时，完成模型训练时所需要的迭代次数。其中，为满足相同的收敛误差和 R 值，考虑环境特征标记时最佳隐藏层神经元数为 10，而不考虑数据标记时则需要更大的隐藏层神经元数 (N_{h}=11) 才能满足模型训练要求。此外，为满足 MSE$\leqslant$0.5 的要求，不考虑环境特征进行数据标记时模型训练最大所需迭代次数为 96，而考虑数据标记时最大迭代次数为 27，极大地降低了模型训练所需要的计算开销。

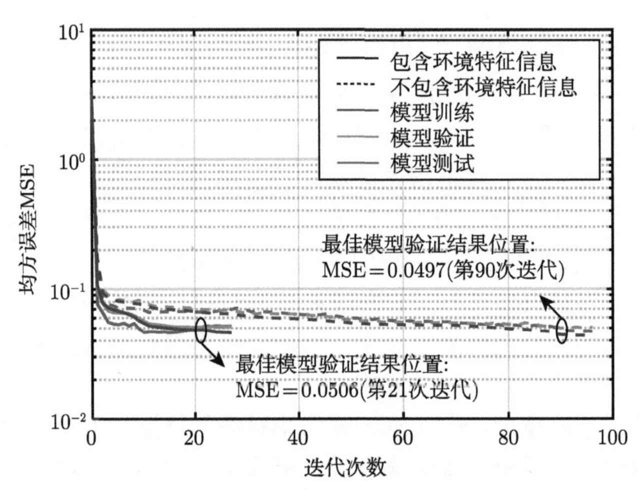

图 8.16　考虑环境特征的 ANN 模型训练结果比较

一旦完成模型训练，可以进一步将模型训练结果与原始模型输出数据进行比较。图 8.17 给出原始信道数据和 ANN 模型的预测结果，其中横轴表示样本数据编号，编号 1~735 表示在 3 个天线俯仰角下信道仿真数据，编号 736~759 表示信道实测数据。在数据样本编号 1~735 内，其信道参数呈现近似周期性，主要是具有 3 个不同的天线俯仰角造成的。图 8.17(a) 给出植被穿透损耗预测结果，整体上 ANN 模型预测结果与原始信道数据一致性较好，特别是在树木穿透损耗较小时，预测效果更优。采用 ANN 模型对植被穿透损耗预测的 RMSE 为 7.25dB，误差远小于采用物理统计模型 (8.22) 和 (8.24) 进行预测的结果。然而在植被穿透损耗较大处，ANN 模型的预测效果变差，导致这一现象的原因可能是数据归一化，因为对原始数据采用均匀量化或归一化，同时植被穿透损耗主要集中在某一较小的范围内 (25dB 左右)，数据归一化后在这一区间内的数据差异变小，进而难以准确刻画模型输入参数相近而输出结果差异较大时的情况。图 8.17(b) 和 (c) 分别给出前向植被散射簇内时延和角度扩展预测结果，采用 ANN 模型的预测结果可以客观反映空时信道色散参数随接收机位置的变化关系。ANN 模型预测 DS 和 ASA 的统计均值和标准差 (μ,σ) 分别为 (59.97, 16.43)ns 和 $(24.98°, 1.82°)$。预测结果的统计均值与物理统计模型的建模结果差异不明显，但其标准差则相对较小，这主要是由 ANN 模型本身性质所决定的，无法准确刻画具有相近输入参数而目标结果差异较大 (即目标值具有较大波动) 时的情况。RMS-DS 和 ASA 预测结果的 RMSE 分别为 12.92ns 和 1.24°，同样 RMS-DS 预测结果的 RMSE 较大主要是原始数据具有较大的波动。

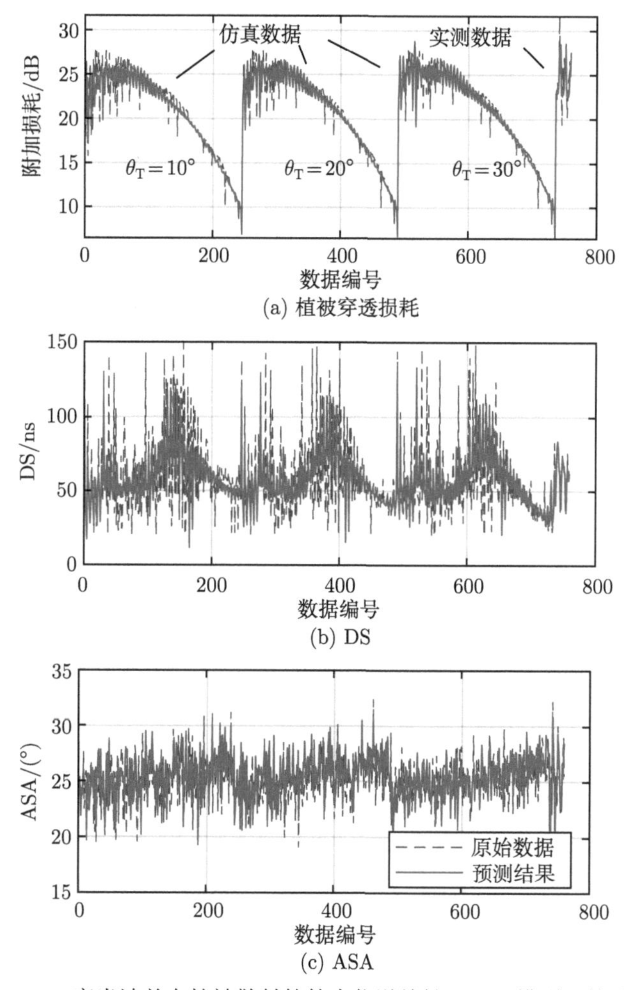

图 8.17 毫米波前向植被散射簇簇内信道特性 ANN 模型训练结果

8.3.5 模型验证

图 8.17 给出在获取原始训练数据的场景下，ANN 模型预测结果和原始信道数据的比较结果，表明利用环境特征标记数据训练所得到的神经网络模型在保证信道参数统计结果基本不变的情况下，总体上刻画了簇内信道参数随接收机位置变化的关系。为了验证模型在不同应用场景下的通用性和准确性，在图 8.18 所示在校园广场环境开展的射线追踪仿真。发射天线距地面高度为 26.4m，下倾角为 20°，水平方位角指向主要的接收机区域 (30°)，接收机距离地面 1.9m，主要分为 2 个区域，其中区域 1 包含 180 个接收机位置，并主要位于植被覆盖区域下方；区域 2 包含 205 个接收机位置，并主要位于植被覆盖区域外，与发射天线辐射方

向近似垂直。发射和接收天线的辐射特性与图 8.8(a) 中的配置一致。由于植被穿透损耗与植被覆盖类型和密度以及系统工作频率密切相关，在建模过程中需要单独考虑，因此图 8.17 中植被覆盖区域树干和树冠的生物物理特性采用表 8.1 中所给出的特征值，仿真中心频率为 28GHz、带宽为 300MHz。校园广场场景植被覆盖区更广、更复杂，采用图 8.19 所示的方法计算信号在植被覆盖区域内的传播距离。以图 8.19(a) 为例，首先计算收发两点间连线与植被覆盖区域的交点坐标，然后根据交点坐标计算信号在植被覆盖区域内的传播距离。根据图 8.19(b) 中的结果可以发现其中存在 62 个 LOS 接收机位置，即收发端之间的连线和植被覆盖区域不存在交线，因此在后续 ANN 模型验证过程中只考虑 323 个 OLOS 接收机位置处的模型预测结果。

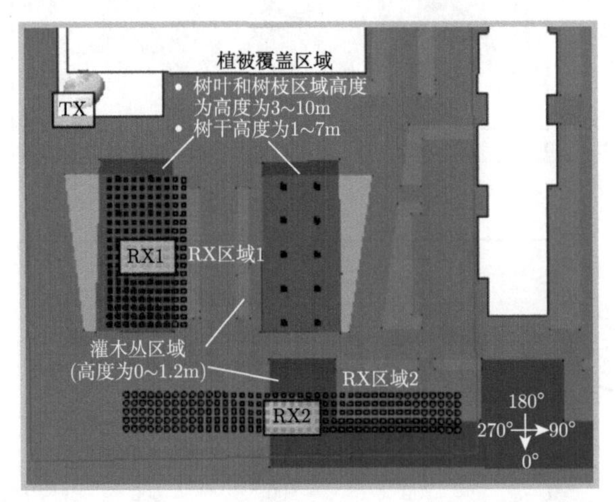

图 8.18　用于 ANN 预测模型性能验证的射线追踪仿真模型

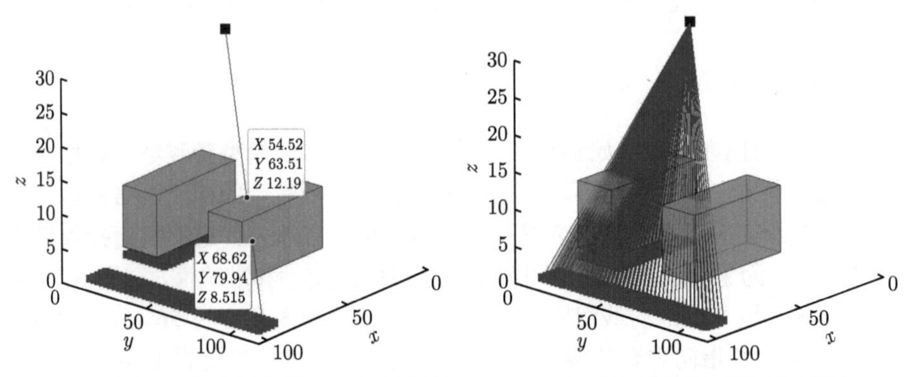

(a) 根据交点坐标计算植被覆盖区域内传播距离　　(b) 判断接收机位置类型示意图

图 8.19　植被覆盖区域信号传播路径长度计算方法示意图

图 8.20 给出在校园广场场景采用已训练得到的基于 ANN 的前向植被散射簇信道模型预测得到的植被穿透损耗、时延和角度扩展结果，并与原始信道数据以及物理统计模型预测结果进行比较。信道数据沿着接收机编号呈现周期性波动的主要原因是在射线追踪仿真中接收机位置是按行完成编号的，此外，在区域 2 中的信道参数的“周期性”波动明显大于区域 1 中的结果，说明信道参数变化除了和收发端之间的二维传播距离相关，还与接收机和发射天线有效覆盖区域相对位置有关。图 8.20(a) 中同时给出统计模型 (8.24) 和 ANN 模型预测结果，可以发现改进的植被穿透损耗模型同样可以较为准确地刻画因存在植被遮挡造成的附加损耗，但相比 ANN 模型预测结果其 RMSE 相对较大，但差异不明显。相反根据

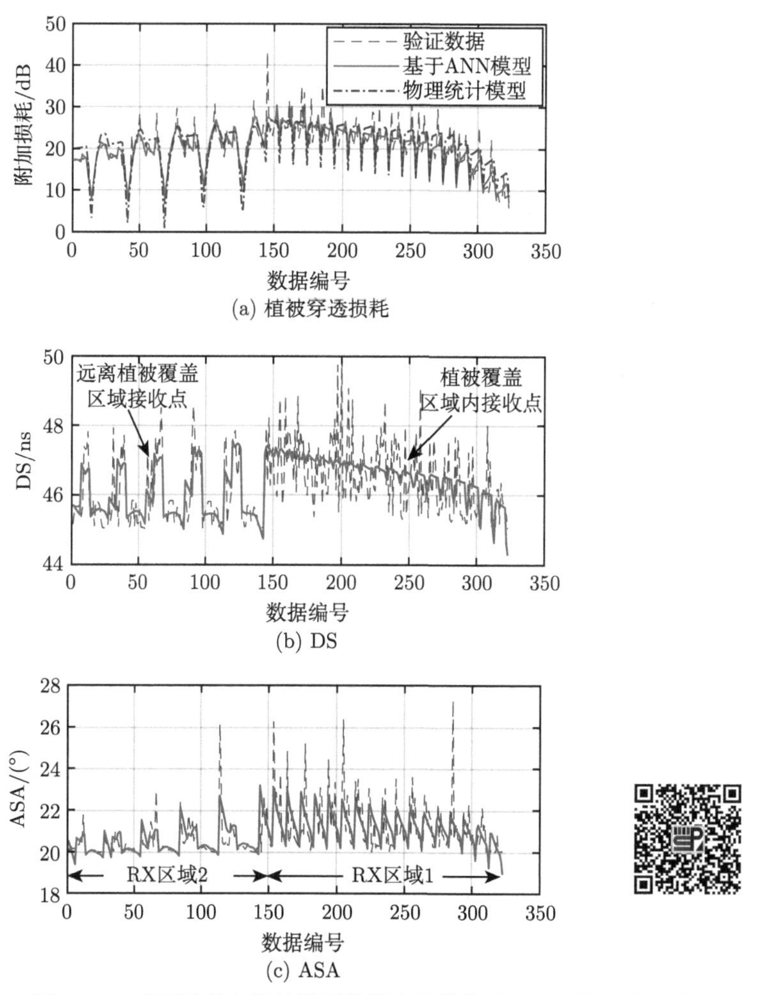

图 8.20 毫米波前向植被散射簇簇内信道特性 ANN 模型验证结果

表 8.5 中的统计结果，利用 ANN 模型预测簇内空时信道色散参数的结果相比真实值的 RMSE 将会明显得到改善。同时，在区域 1 中空时信道色散参数预测结果的 RMSE 明显大于在区域 2 中的结果，进一步验证了当具有相近输入参数且输出参数具有较大差异时，将会降低模型的预测准确性。在校园广场场景，前向植被散射簇的簇内时延和角度扩展统计均值明显小于城市街道峡谷地带的建模结果，主要是因为前者收发端之间的传播距离较大，而 RMS-DS 和 ASA 均随着传播距离增大而减小。

表 8.5　基于 ANN 的预测信道模型性能比较

参数		区域 1	区域 2	所有情况
L_v/dB	$\mathrm{RMSE_p}$	10.67	7.36	10.25
	RMSE	10.65	7.27	10.23
DS/ns	(μ, σ)	(46.56, 1.03)	(45.91, 0.91)	(46.27, 1.03)
	RMSE	21.16	11.02	18.17
ASA/(°)	(μ, σ)	(21.26,1.28)	(20.45, 0.73)	(20.90, 1.14)
	RMSE	4.08	2.04	3.36

8.4　本 章 小 结

本章主要介绍知识和数据混合驱动的智能信道建模方法，从信道分簇传播特性出发，利用传统物理统计模型生成簇间信道参数，然后针对不同类型多径散射簇调用相应的机器学习辅助簇内信道参数预测器并生成子径信道参数。因此，其核心问题转化为构建适用于不同散射体的簇内信道参数预测器，并通过包含系统配置和环境因素等信息提高预测器的通用性。本章以前向植被散射簇簇内信道特性预测性建模为例进行研究。首先，在植被覆盖的街道峡谷地带开展信道实测和射线追踪仿真，实测和仿真数据一致性较好，可进一步用于人工神经网络训练。其次，分别研究了前向植被散射簇对应的树木穿透损耗、时延扩展和角度扩展，提出了考虑发射天线下倾角的分段植被衰减模型，同时研究了环境特征和接收机相对位置变化对信道色散参数的影响。将收发信机三维坐标、系统配置信息和环境特征同时作为 ANN 的输入参数，输出参数包括树木穿透损耗、时延扩展和角度扩展。模型训练结果表明，通过增加环境特征来标记训练数据可有效降低 ANN 复杂度和训练迭代次数，提高模型的准确度。与传统物理统计模型预测结果相比，知识和数据混合模型预测的 RMSE 更小，并且可以刻画收发信机相对位置变化对信道特性的影响。最后，为验证模型的通用性，在不同场景 (例如校园广场) 开展了射线追踪仿真，已训练模型预测得到的结果与仿真结果总体保持一致，并且相比物理统计模型具有更小的 RMSE，表明模型在不同场景下的通用性较好。为进一步提高模型的泛化能力，可增加树木的生物特征 (如植被密度、类型) 和频率等信息作为 ANN 的输入以满足不同应用需求。此外，对于不同类型的多径散射簇内信道特性建模，可以不单纯局限于使用 ANN 等模型进行建模。例如建筑或墙面反射簇，由于电磁波在不同类型材料表面上的反射特性遵循反射定律，因此可以结合几何光学方法和一致性几何绕射方法的先验物理传播知识，进一步提高机器学习辅助智能信道模型的准确性。

参考文献

[1] IEEE. IEEE Standard Definitions of Terms for Radio Wave Propagation. IEEE Std 211-2018 (Revision of IEEE Std 211-1997), 2019:1-57.

[2] Maxwell J C. A Treatise on Electromagnetism. Oxford: Clarendon Press, 1873.

[3] Liu B, Deferm N, Zhao D, et al. An efficient high-frequency linear RF amplifier synthesis method based on evolutionary computation and machine learning techniques. IEEE Trans. Comput.Aided Des. Integr. Circuit Syst., 2012, 31(7):981-993.

[4] Lyu W, Xue P, Yang F, et al. An efficient Bayesian optimization approach for automated optimization of analog circuits. IEEE Trans. Circuits Syst. I, Reg. Papers, 2018, 65(6):1954-1967.

[5] Mishra R, Patnaik A. Neural network-based CAD model for the design of squarepatch antennas. IEEE Trans. Antennas Propag., 1998, 46(12):1890-1891.

[6] Zhang Q, Liu C, Wan X, et al. Machine-learning designs of anisotropic digital coding metasurfaces. Adv. Theory and Simul., 2019, 2(2): 1-13.

[7] Ayestaran R G, Las-Heras F, Herrán L F. Neural modeling of mutual coupling for antenna array synthesis. IEEE Trans. Antennas Propag., 2007, 55(3):832-840.

[8] Liu B, Aliakbarian H, Ma Z, et al. An efficient method for antenna design optimization based on evolutionary computation and machine learning techniques. IEEE Trans. Antennas Propag., 2014, 62(1):7-18.

[9] Jacobs J P, Koziel S. Two-stage framework for efficient Gaussian process modeling of antenna input characteristics. IEEE Trans. Antennas Propag., 2014, 62(2):706-713.

[10] Koziel S, Bekasiewicz A. Multi-Objective Design of Antennas Using Surrogate Models. London:World Scientific, 2016.

[11] Zhao X, Du F, Geng S, et al. Playback of 5G and beyond measured MIMO channels by an ANN-based modeling and simulation framework. IEEE J. Sel. Areas Commun., 2020, 38(9):1945-1954.

[12] Huang J, Wang C X, Bai L, et al. A big data enabled channel model for 5G wireless communication systems. IEEE Trans. Big Data, 2020, 6(2):211-222.

[13] Zhang P, Yi C, Yang B, et al. Predictive modeling of millimeter-wave vegetation scattering effect using hybrid physics-based and data-driven approach. IEEE Trans. Antennas Propag., 2022,70(6):4056-4068.

[14] Huang C, He R, Ai B, et al. Artificial intelligence enabled radio propagation for Communications Part I: Channel characterization and antenna-channel optimization. IEEE Trans. Antennas Propag., 2022, 70(6):3939-3954.

[15] Huang C, He R, Ai B, et al. Artificial intelligence enabled radio propagation for Communications Part II: Scenario identification and channel modeling. IEEE Trans. Antennas Propag., 2022, 70(6):3955-3969.

[16] Chen W K. Theory and Design of Broadband Matching Networks: Applied Electricity and Electronics. Amsterdam:Elsevier, 2013.

[17] Bode H W. Network Analysis and Feedback Amplifier Design. New York: D. Van Nostrand Company, Inc., 1945.

[18] Fano R M. Theoretical limitations on the broadband matching of arbitrary impedances. J. Frankl. Inst., 1950, 249(1):57-83.

[19] Youla D. A new theory of broad-band matching. IEEE Tran. Circuit Theory, 1964, 11(1):30-50.

[20] Dillon C. Crystal prototype C-and D-type all-pass networks. IEEE Trans. Circuits Syst., 1983, 30(3):183-186.

[21] Carlin H. A new approach to gain-bandwidth problems. IEEE Trans. Circuits Syst., 1977, 24(4):170-175.

[22] Carlin H, Yarman B. The double matching problem: Analytic and real frequency solutions. IEEE Trans. Circuits Syst., 1983, 30(1):15-28.

[23] MacCartney G R, Rappaport T S. A flexible millimeter-wave channel sounder with absolute timing. IEEE J. Sel. Areas Commun., 2017, 35(6):1402-1418.

[24] Papazian P B, Choi J K, Senic J, et al. Calibration of millimeter-wave channel sounders for super-resolution multipath component extraction//Proc. Eur.Conf. Antennas Propag. (EuCAP). 2016: 1-5.

[25] Ben-Dor E, Rappaport T S, Qiao Y, et al. Millimeter-wave 60GHz outdoor and vehicle AOA propagation measurements using a broadband channel sounder// Proc. IEEE Global Telecommun. Conf. (GLOBECOM). 2011: 1-6.

[26] Fister Jr I, Yang X S, Fister I, et al. A brief review of nature-inspired algorithms for optimization. Elektrotehniski Vestnik, 2013, 80(3): 1-7.

[27] 曹逸. 机器学习辅助优化与天线设计技术研究. 南京: 东南大学, 2020.

[28] Holland J H. Genetic algorithms. Sci. Am., 1992, 267(1):66-73.

[29] Kennedy J, Eberhart R. Particle swarm optimization//Proceedings of ICNN’ 95-International Conference on Neural Networks,1995:1942-1948.

[30] Trelea I C. The particle swarm optimization algorithm: convergence analysis and parameter selection. Inf. Process. Lett., 2003, 85(6):317-325.

[31] Storn R, Price K. Differential evolution - a simple and efficient heuristic for global optimization over continuous spaces. J. Global. Optim., 1997, 11(4):341-359.

[32] Das S, Suganthan P N. Differential evolution: A survey of the state-of-the-art. IEEE Trans. Evol. Comput., 2010, 15(1):4-31.

[33] Wu Q, Wang H, Hong W. Broadband millimeter-wave SIW cavity-backed slot antenna for 5G applications using machine-learning-assisted optimization method //2019 International Workshop on Antenna Technology (iWAT), 2019: 9-12.

[34] 徐娟. 天线与微波器件的空间映射优化方法研究. 南京: 南京理工大学, 2016.

[35] Koziel S, Ogurtsov S. Model management for cost-efficient surrogate-based optimisation of antennas using variable-fidelity electromagnetic simulations. IET Microw. Antennas Propag., 2012, 6(15):1643-1650.

[36] Koziel S, Bekasiewicz A. Multi-objective design of antennas using variable-fidelity simulations and surrogate models. IEEE Trans. Antennas Propag., 2017,61(12):5931-5939.

[37] Wu Q, Wang H, Hong W. Multistage collaborative machine learning and its application to antenna modeling and optimization. IEEE Trans. Antennas Propag., 2020, 68(5):3397-3409.

[38] Emmerich M T, Giannakoglou K C, Naujoks B. Single- and multi-objective evolutionary optimization assisted by Gaussian random field metamodels. IEEE Trans. Evol. Comput., 2006, 10(4):421-439.

[39] Liu B, Akinsolu M O, Song C, et al. An efficient method for complex antenna design based on a self adaptive surrogate model-assisted optimization technique.IEEE Trans. Antennas Propag., 2021, 69(4):2302-2315.

[40] Jones D R, Schonlau M, Welch W J. Efficient global optimization of expensive black-box functions. J. Global. Optim., 1998, 13(4):455-492.

[41] Kennedy M C , O' Hagan A. Predicting the output from a complex computer code when fast approximations are available. Biometrika, 2000, 87(1):1-13.

[42] Perdikaris P, Raissi M, Damianou A, et al. Nonlinear information fusion algorithms for data-efficient multi-fidelity modelling. Proc. R. Soc. A., 2017, 473(2198):1-16.

[43] Toal D J. Some considerations regarding the use of multi-fidelity Kriging in the construction of surrogate models. Struct. Multidiscip. Optim., 2015, 51(6):1223-1245.

[44] Spence T G, Werner D H. A novel miniature broadband/multiband antenna based on an end-loaded planar open-sleeve dipole. IEEE Trans. Antennas Propag., 2006, 54(12):3614-3620.

[45] Dassault Systemes. CST Microwave Studio. 2020, Darmastadt.

[46] Qian J F, Chen F C, Chu Q X. A novel tri-band patch antenna with broadside radiation and its application to filtering antenna. IEEE Trans. Antennas Propag., 2018, 66(10):5580-5585.

[47] Xie J, Yin J, Wu Q, et al. Low-sidelobe series-fed microstrip antenna array for 77GHz automotive radar applications//UK-Europe-China Workshop Millim.Waves Terahertz Technol., UCMMT-Proc. 2018: 1-3.

[48] Zhang B, Rahmat-Samii Y. Robust optimization with worst case sensitivity analysis applied to array synthesis and antenna designs. IEEE Trans. Antennas Propag., 2018, 66(1):160-171.

[49] Dolph C L. A current distribution for broadside arrays which optimizes the relationship between beam width and side-lobe level. Proc. IRE, 1946, 34(6):335-348.

[50] Taylor T T. Design of line-source antennas for narrow beamwidth and low side lobes. Trans. IRE Profes. Group Antennas Propag., 1955, 3(1):16-28.

[51] Woodward P, Lawson J. The theoretical precision with which an arbitrary radiation-pattern may be obtained from a source of finite size. J. IEE -Part III: Radio Commun. Eng., 1948, 95(37):363-370.

[52] Boeringer D W, Werner D H, Machuga D W. A simultaneous parameter adaptation scheme for genetic algorithms with application to phased array synthesis. IEEE Trans. Antennas Propag., 2005, 53(1):356-371.

[53] Goudos S K, Gotsis K A, Siakavara K, et al. A multi-objective approach to subarrayed linear antenna arrays design based on memetic differential evolution. IEEE Trans. Antennas Propag., 2013, 61(6):3042-3052.

[54] Khodier M M, Christodoulou C G. Linear array geometry synthesis with minimum sidelobe level and null control using particle swarm optimization. IEEE Trans. Antennas Propag., 2005, 53(8):2674-2679.

[55] Yang S H, Kiang J F. Optimization of sparse linear arrays using harmony search algorithms. IEEE Trans. Antennas Propag., 2015, 63(11):4732-4738.

[56] Oliveri G, Carlin M, Massa A. Complex-weight sparse linear array synthesis by Bayesian compressive sampling. IEEE Trans. Antennas Propag., 2012, 60(5):2309-2326.

[57] Fuchs B. Application of convex relaxation to array synthesis problems. IEEE Trans. Antennas Propag., 2013, 62(2):634-640.

[58] Fuchs B, Skrivervik A, Mosig J R. Shaped beam synthesis of arrays via sequential convex optimizations. IEEE Antennas Wirel. Propag. Lett., 2013, 12:1049-1052.

[59] Keizer W P. Low sidelobe phased array pattern synthesis with compensation for errors due to quantized tapering. IEEE Trans. Antennas Propag., 2011, 59(12):4520-4524.

[60] Bencivenni C, Ivashina M, Maaskant R, et al. Synthesis of maximally sparse arrays using compressive sensing and full-wave analysis for global earth coverage applications. IEEE Trans. Antennas Propag., 2016, 64(11):4872-4877.

[61] Liu Y, Li M, Haupt R L, et al. Synthesizing shaped power patterns for linear and planar antenna arrays including mutual coupling by refined joint rotation/phase optimization. IEEE Trans. Antennas Propag., 2020, 68(6):4648-4657.

[62] Gong Y, Xiao S, Wang B Z. An ANN-based synthesis method for nonuniform linear arrays including mutual coupling effects. IEEE Access, 2020, 8:144015-144026.

[63] Bencivenni C, Ivashina M, Maaskant R, et al. Design of maximally sparse antenna arrays in the presence of mutual coupling. IEEE Antennas Wirel. Propag. Lett., 2014, 14:159-162.

[64] Morabito A F, Di Carlo A, Di Donato L, et al. Extending spectral factorization to array pattern synthesis including sparseness, mutual coupling, and mounting-platform effects. IEEE Trans. Antennas Propag., 2019, 67(7):4548-4559.

[65] Echeveste J I, de Aza M Á G, Rubio J, et al. Gradient-based aperiodic array synthesis of real arrays with uniform amplitude excitation including mutual coupling. IEEE Trans. Antennas Propag., 2016, 65(2):541-551.

[66] Wu Q, Chen W, Yu C, et al. Knowledge-guided active-base-element modeling in machine-learning-assisted antenna-array design. IEEE Trans. Antennas Propag., 2022, 70(7):5054-5064.

[67] Chen W, Niu Z, Gu C. Parametric modeling of unequally spaced linear array based on artificial neural network //2020 9th Asia-Pacific Conference on Antennas and Propagation (APCAP), 2020: 1-2.

[68] Liu Y, Huang X, Da X K, et al. Pattern synthesis of unequally spaced linear arrays including mutual coupling using iterative FFT via virtual active element pattern expansion. IEEE Trans. Antennas Propag., 2017, 65(8):3950-3958.

[69] Aslan Y, Candotti M, Yarovoy A. Synthesis of multi-beam space-tapered linear arrays with side lobe level minimization in the presence of mutual coupling //2019 13th European Conference on Antennas and Propagation (EuCAP), 2019:1-5.

[70] Gong Y, Xiao S. Synthesis of sparse arrays in presence of coupling effects based on ANN and IWO // 2019 IEEE international conference on computational electromagnetics (ICCEM),2019:1-3.

[71] Kelley D F, Stutzman W L. Array antenna pattern modeling methods that include mutual coupling effects. IEEE Trans. Antennas Propag., 1993, 41(12):1625-1632.

[72] Caccavale L, Soldovier F, Isernia T. Methods for optimal focusing of microstrip array antennas including mutual coupling. IEE Proc.Microw. Antennas Propag., 2000, 147(3):199-202.

[73] Huang X, Liu Y, You P, et al. Fast linear array synthesis including coupling effects utilizing iterative FFT via least-squares active element pattern expansion. IEEE Antennas Wirel. Propag. Lett., 2016, 16:804-807.

[74] Liu B, Aliakbarian H, Ma Z, et al. An efficient method for antenna design optimization based on evolutionary computation and machine learning techniques. IEEE Trans.Antennas Propag., 2013, 62(1):7-18.

[75] Wu Q, Chen W, Wang H, et al. Machine learning-assisted tolerance analysis and its application to antennas//2020 IEEE International Symposium on Antennas and Propagation (ISAP), 2020:1853-1854.

[76] Wu Q, Wang H, Hong W. Multistage collaborative machine learning and its application to antenna modeling and optimization. IEEE Trans. Antennas Propag., 2020, 68(5):3397-3409.

[77] Wu Q, Chen W, Yu C, et al. Multilayer machine learning-assisted optimization-based robust design and its applications to antennas and array. IEEE Trans.Antennas Propag., 2021, 69(9):6052-6057.

[78] Sharma Y, Zhang H H, Xin H. Machine learning techniques for optimizing design of double T-shaped monopole antenna. IEEE Trans. Antennas Propag., 2020, 68(7):5658-5663.

[79] Tak J, Kantemur A, Sharma Y, et al. A 3-D-printed W-band slotted waveguide array antenna optimized using machine learning. IEEE Antennas Wirel. Propag. Lett., 2018, 17(11):2008-2012.

[80] Cui L, Zhang Y, Zhang R, et al. A modified efficient KNN method for antenna optimization and design. IEEE Trans. Antennas Propag., 2020, 68(10):6858-6866.

[81] Koziel S, Pietrenko-Dabrowska A. Performance-based nested surrogate modeling of antenna input characteristics. IEEE Trans. Antennas Propag., 2019, 67(5):2904-2912.

[82] Kim Y, Keely S, Ghosh J, et al. Application of artificial neural networks to broadband antenna design based on a parametric frequency model. IEEE Trans. Antennas Propag., 2007, 55(3):669-674.

[83] Koziel S, Ogurtsov S. Multi-objective design of antennas using variable-fidelity simulations and surrogate models. IEEE Trans. Antennas Propag., 2013, 61(12):5931-5939.

[84] Prado D R, López-Fernández J A, Arrebola M, et al. Support vector regression to accelerate design and crosspolar optimization of shaped-beam reflectarray antennas for space applications. IEEE Trans. Antennas Propag., 2018, 67(3):1659-1668.

[85] Koziel S, Ogurtsov S, Zieniutycz W, et al. Expedited design of microstrip antenna subarrays using surrogate-based optimization. IEEE Antennas Wirel. Propag. Lett., 2014, 13:635-638.

[86] Lovato R, Gong X. Phased antenna array beamforming using convolutional neural networks//2019 IEEE International Symposium on Antennas and Propagation and USNC-URSI Radio Science Meeting,2019:1247-1248.

[87] Koziel S, Ogurtsov S, Zieniutycz W, et al. Simulation-driven design of microstrip antenna subarrays. IEEE Trans. Antennas Propag., 2014, 62(7):3584-3591.

[88] Koziel S, Ogurtsov S. Fast simulation-driven optimization of planar microstrip antenna arrays using surrogate superposition models. Int. J. RF Microw. Comput-Aid. Eng., 2015, 25(5):371-381.

[89] Cui C, Li W T, Ye X T, et al. An Effective Artificial Neural Network-Based Method for Linear Array Beampattern Synthesis. IEEE Trans. Antennas Propag., 2021.

[90] You P, Liu Y, Huang X, et al. Efficient phase-only linear array synthesis including coupling effect by GA-FFT based on least-square active element pattern expansion method. Electron. Lett., 2015, 51(10):791-792.

[91] Deb K , Gupta H. Introducing robustness in multi-objective optimization. Evol. Comput., 2006, 14(4):463-494.

[92] Easum J A, Nagar J, Werner P L, et al. Efficient multiobjective antenna optimization with tolerance analysis through the use of surrogate models. IEEE Trans. Antennas Propag., 2018, 66(12):6706-6715.

[93] Kouassi A, Nguyen-Trong N, Kaufmann T, et al. Reliability-aware optimization of a wideband antenna. IEEE Trans. Antennas Propag., 2015, 64(2):450-460.

[94] Zhang B, Rahmat-Samii Y. Robust optimization with worst case sensitivity analysis applied to array synthesis and antenna designs. IEEE Trans. Antennas Propag.,2018, 66(1):160-171.

[95] Hu C, Zeng S, Jiang Y, et al. A Robust Technique without additional computational cost in evolutionary antenna optimization. IEEE Trans. Antennas Propag., 2019, 67(4):2252-2259.

[96] Bandler J W, Seviora R. E. Wave sensitivities of networks. IEEE Trans. Microwave Theory Tech., 1972, 20(2):138-147.

[97] Nikolova N K, Zhu X, Song Y, et al. S-parameter sensitivities for electromagnetic optimization based on volume field solutions. IEEE Trans. Microwave Theory Tech., 2009, 57(6):1526-1538.

[98] Zhang Y, Negm M. H, Bakr M H. An adjoint variable method for wideband second-order sensitivity analysis through FDTD. IEEE Trans. Antennas Propag., 2015, 64(2):675-686.

[99] Zhang B, Rahmat-Samii Y. Robust optimization with worst case sensitivity analysis applied to array synthesis and antenna designs. IEEE Trans. Antennas Propag.,2017, 66(1):160-171.

[100] Spagnuolo G. Worst case tolerance design of magnetic devices by evolutionary algorithms. IEEE Trans. Magn., 2003, 39(5):2170-2178.

[101] Lee J, Lee Y, Kim H. Decision of error tolerance in array element by the Monte Carlo method. IEEE Trans. Antennas Propag., 2005, 53(4):1325-1331.

[102] Steiner G, Weber A, Magele C. Managing uncertainties in electromagnetic design problems with robust optimization. IEEE Trans. Magn., 2004, 40(2):1094-1099.

[103] Xia B, Ren Z, Koh C S. Utilizing Kriging surrogate models for multi-objective robust optimization of electromagnetic devices. IEEE Trans. Magn., 2014, 50(2):693- 696.

[104] Koziel S, Ogurtsov S. Surrogate-assisted tolerance analysis of microstrip linear arrays with corporate feeds//2018 IEEE MTT-S International Conference on Numerical Electromagnetic and Multiphysics Modeling and Optimization (NEMO), 2018:1-4.

[105] Schjaer-Jacobsen H, Madsen K. Algorithms for worst-case tolerance optimization. IEEE Trans. Circuits Syst., 1979, 26(9):775-783.

[106] Forouraghi B. Worst-case tolerance design and quality assurance via genetic algorithms. J. Optim. Theory Appl., 2002, 113(2):251-268.

[107] Leszczynska N, Couckuyt I, Dhaene T, et al. Low-cost surrogate models for microwave filters. IEEE Microw. Wirel. Compon. Lett., 2016, 26(12):969-971.

[108] Koziel S, Bekasiewicz A. Rapid simulation-driven multiobjective design optimization of decomposable compact microwave passives. IEEE Trans. Microw. Theory Techn., 2016, 64(8):2454-2461.

[109] Koziel S, Bekasiewicz A, Kurgan P. Rapid multi-objective simulation-driven design of compact microwave circuits. IEEE Microw. Wirel. Compon. Lett., 2015,25(5):277-279.

[110] Liu B, Zhao D, Reynaert P, et al. Synthesis of integrated passive components for high-frequency RF ICs based on evolutionary computation and machine learning techniques. IEEE Trans. Comput.Aided Des. Integr. Circuit Syst., 2011, 30(10):1458-1468.

[111] Delgado H J ,Thursby M H. A novel neural network combined with FDTD for the synthesis of a printed dipole antenna. IEEE Trans. Antennas Propag., 2005,53(7):2231-2236.

[112] Xiao L Y, Shao W, Jin F L, et al. Multi-Parameter Modeling with ANN for Antenna Design. IEEE Trans. Antennas Propag., 2018.

[113] Ding X, Devabhaktuni V K, Chattaraj B, et al. Neural-network approaches to electromagnetic-based modeling of passive components and their applications to high-frequency and high-speed nonlinear circuit optimization. IEEE Trans. Microwave Theory Tech., 2004, 52(1):436-449.

[114] Lee K C. Application of neural network and its extension of derivative to scattering from a nonlinearly loaded antenna. IEEE Trans. Antennas Propag., 2007, 55(3):990-993.

[115] Friedrich T, Wagner M. Seeding the initial population of multi-objective evolutionary algorithms: A computational study. Applied Soft Computing, 2015, 33:223-230.

[116] Niknejad A M, Meyer R G. Design, Simulation and Applications of Inductors and Transformers for Si RF ICs. New York: Springer, 2000.

[117] Gupta M K, Mishra S, Kumar G. Novel design of spiral inductor for multi-GHz range for optimized inductance and Q factor//2016 International Conference on Recent Advances and Innovations in Engineering (ICRAIE), 2016:1-4.

[118] Kobe O B, Chuma J M, Jamisola R S, et al. Modeling high-Q square spiral with variable segment width and spacing//2016 IEEE Radio and Antenna Days of the Indian Ocean (RADIO),2016: 1-2.

[119] Shaltout A H, Gregori S. Optimizing the inductance time-constant ratio of polygonal integrated inductors// 2018 IEEE 61st International Midwest Symposium on Circuits and Systems (MWSCAS), 2018:448-451.

[120] Maroli G, Fontana A, Pazos S M, et al. A geometric modeling approach for flexible, printed square planar inductors under stretch // 2021 Argentine Conference on Electronics (CAE), 2021:61-66.

[121] Gonzalez-Echevarria R, Castro-López R, Roca E, et al. Automated generation of the optimal performance trade-offs of integrated inductors. IEEE Trans. Comput-Aided Des. Integr. Circuits Syst., 2014, 33(8):1269-1273.

[122] Gao W, Yu Z. Scalable compact circuit model and synthesis for RF CMOS spiral inductors. IEEE Trans. Microw. Theory Tech., 2006, 54(3):1055-1064.

[123] Mandal S K, Sural S, Patra A. ANN- and PSO-based synthesis of on-chip spiral inductors for RF ICs. IEEE Trans. Comput. Aided Des. Integr. Circuit Syst., 2007, 27(1):188-192.

[124] Mawuli E S, Wu Y, Kulevome D K B, et al. Distributed characterization of on- chip spiral inductors for millimeter-wave frequencies//2020 IEEE MTT-S International Conference on Numerical Electromagnetic and Multiphysics Modeling and Optimization (NEMO), 2020:1-4.

[125] Abi S, Bouyghf H, Raihani A, et al. Swarm intelligence optimization techniques for an optimal RF integrated spiral inductor design//2018 International Conference on Electronics, Control, Optimization and Computer Science (ICECOCS), 2018:1-7.

[126] Bernardo M G, Freire R C S, de Souza A A L, et al. Scalable modeling and synthesis of on-chip spiral inductors//2019 4th International Symposium on Instrumentation Systems, Circuits and Transducers (INSCIT), 2019:1-6.

[127] Bouyghf H, Benhala B, Raihani A. Artificial bee colony technique for a study of the influence of impact of metal thickness on the factor of quality-Q in integrated square spiral inductors//2018 4th International Conference on Optimization and Applications (ICOA), 2018:1-7.

[128] Jeronymo D C, Leite J V, Mariani V C, et al. Spiral inductor design based on fireworks optimization combined with free search//2018 7th International Conference on Modern Circuits and Systems Technologies (MOCAST),2018:1-4.

[129] Nieuwoudt A, Massoud Y. Multi-level approach for integrated spiral inductor optimization//Proceedings of the 42nd annual Design Automation Conference, 2005: 648-651.

[130] Benhala B, Bouyghf H, et al. Comparative Study between the genetic algorithm and the artificial bee colony technique: RF circuits application//2020 IEEE 2nd International Conference on Electronics, Control, Optimization and Computer Science (ICECOCS), 2020:1-5.

[131] Fan X, Li S, Laforge P D, et al. Automated spiral inductor design by a calibrated pi network with manifold mapping technique//2020 IEEE/MTT-S International Microwave Symposium (IMS), 2020:76-79.

[132] Elhajjami I, Benhala B, Bouyghf H. Optimal design of rf integrated inductors via differential evolution algorithm//2020 1st International Conference on Innovative Research in Applied Science, Engineering and Technology (IRASET), 2020:1-6.

[133] Ilumoka A, Park Y. Neural network-based modeling and design of on-chip spiral inductors //Thirty-Sixth Southeastern Symposium on System Theory, 2004: 561-564.

[134] Cao C, Hou Y, Liu J, et al. Modeling and synthesis of on-chip multi-layer spiral inductor for millimeter-wave regime based on ANN method //2018 Asia-Pacific Microwave Conference (APMC), 2018:306-308.

[135] Zhang S, Lyu W, Yang F, et al. An efficient multi-fidelity Bayesian optimization approach for analog circuit synthesis//2019 56th ACM/IEEE Design Automation Conference (DAC), 2019:1-6.

[136] He B, Zhang S, Yang F, et al. An efficient Bayesian optimization approach for analog circuit synthesis via sparse gaussian process modeling //2020 Design, Automation & Test in Europe Conference & Exhibition (DATE), 2020: 67-72.

[137] Zhang P, Yi C, Yang B, et al. Predictive modeling of millimeter-wave vegetation scattering effect using hybrid physics-based and data-driven approach. IEEE Trans. Antennas Propag., IEEE Trans. Antennas Propag., 2022,70(6):4056-4068.

[138] Mohan S S, del Mar Hershenson M, Boyd S P, et al. Simple accurate expressions for planar spiral inductances. IEEE J. Solid-State Circuit, 1999, 34(10):1419-1424.

[139] Passos F, Roca E, Castro-López R, et al. An inductor modeling and optimization toolbox for RF circuit design. Integration, 2017, 58:463-472.

[140] Chóvez-Hurtado J L, Rayas-Sónchez J E. Polynomial-based surrogate modeling of RF and microwave circuits in frequency domain exploiting the multinomial theorem. IEEE Trans. Microw. Theory Tech., 2016, 64(12):4371-4381.

[141] Wu Q, Wang H, Hong W. Multistage collaborative machine learning and its application to antenna modeling and optimization. IEEE Trans. Antennas Propag.,2020, 68(5):3397-3409.

[142] Chen W, Wu Q, Yu C, et al. Multibranch machine learning-assisted optimization and its application to antenna design. IEEE Trans. Antennas Propag., 2020, 70(7): 4985-4996.

[143] 3GPP. Study on channel model for frequency from 0.5 to 100GHz[EB/OL]. 2019-12-16. https://www.3gpp.org/ftp/specs/archive/38_series/38.901/38901-g10.zip/.

[144] Czink N, Cera P, Salo J, et al. A framework for automatic clustering of parametric MIMO channel data including path powers//Proc. IEEE 64th Veh. Technol.Conf. (VTC-Fall), 2006:1-5.

[145] He R S, Bo Ai B, Molisch A F,et al. Clustering enabled wireless channel modeling using big data algorithms. IEEE Commun. Mag., 2018, 56(5):177-183.

[146] Czink N, Cera P, Salo J, et al. Improving clustering performance using multipath component distance. Electron. Lett., 2006, 42(1):33-45.

[147] Zhang P Z, Wang H M, Hong W. Radio propagation measurements and cluster-based analysis for 5G millimeter-wave cellular systems in dense urban environments. Front. Inf. Technol. Electron. Eng., 2021, 22(4):471-487.

[148] Rappaport T S, MacCartney G R, Samimi M K, et al. Wideb and millimeter-wave propagation measurements and channel models for future wireless communication system design. IEEE Tran. Commun., 2015, 63(9):3029-3056.

[149] Senic J, Gentile C, Papazian P B, et al. Analysis of E-band path loss and propagation mechanisms in the indoor environment. IEEE Trans. Antennas Propag., 2017,65(12):6562-6573.

[150] Zhang P, Yi C, Yang B, et al. In-building coverage of millimeter-wave wireless networks from channel measurement and modeling perspectives. Sci. China Inf. Sci., 2020, 63(8):1-16.

[151] Ostlin E, Zepernick H, Suzuki H. Macrocell path-loss prediction using artificial neural networks. IEEE Trans. Veh. Technol., 2010, 59(6):2735-2747.

[152] Sotiroudis S P, Goudos S K, Gotsis K A, et al. Application of a composite differential evolution algorithm in optimal neural network design for propagation path-loss prediction in mobile communication systems. IEEE Antennas Wireless Propag. Lett., 2013, 12:364-367.

[153] Ayadi M, Ben Zineb A, Tabbane S. A UHF path loss model using learning machine for heterogeneous networks. IEEE Trans. Antennas Propag., 2017,65(7):3675-3683.

[154] Bai L, Wang C X, Huang J, et al. Predicting wireless mmWave massive MIMO channel characteristics using machine learning algorithms. Wireless Commun.Mobile Comput., 2018:1-12.

[155] Ko J, Cho Y J, Hur S, et al. Millimeter-wave channel measurements and analysis for statistical spatial channel model in in-building and urban environments at 28GHz. IEEE Trans. Wireless Commun., 2017, 16(9):5853-5868.

[156] Raghavan V, Partyka A, Akhoondzadeh-Asl L, et al. Millimeter wave channel measurements and implications for PHY layer design. IEEE Trans. Antennas Propag., 2017, 65(12):6521-6533.

[157] Zhang P Z, Li J, Wang H M, et al. Millimeter-wave space-time propagation characteristics in urban macrocell scenarios //Proc. IEEE Int. Conf. Commun. (ICC), 2019: 1-6.

[158] Zhang P Z, Yang B S, Yi C, et al. Measurement-based 5G millimeter-wave propagation characterization in vegetated suburban macrocell environments. IEEE Trans.Antennas Propag., 2020, 68(7):5556-5567.

[159] Zhang P, Li J, Wang H, et al. Indoor small-scale spatiotemporal propagation characteristics at multiple millimeter-wave bands. IEEE Antennas Wireless Propag. Lett.,2018, 17(12):2250-2254.

[160] Wang H M, Zhang P Z, Li J, et al. Radio propagation and wireless coverage of LSAA-based 5G millimeter-wave mobile communication systems. China Commun., 2019, 16(5):1-18.

[161] Li J, Zhang P Z, Wang H M, et al. High-efficiency millimeter-wave wideband channel measurement system//Proc. Eur. Conf. Antennas Propag. (EuCAP), 2019:1-5.

[162] ITU-R Rec 833-10, Attenuation in vegetation, International Telecom. Union [EB/OL]. 2021-09. https://www.itu.int/dms-pubrec/itu-r/rec/P/R-REC-P.833-10-202109-I!!PDF-E.pdf.

附录 A　带通滤波器程序源代码 *

本程序所依赖的软件为：Matlab 和 ANSYS Electronics Desktop 2020 R1。

主要的源代码如下：

步骤 1. 运行 “main_step_1_sample” 函数，在该函数中设置优化变量、优化目标并完成初始样本采集。

```
%% 初始设置
data.input_name = ["l1_l", "l2_l", "l3_l", "l4_l", "l12_y", "l23_y", "l34_y"];
      % 设计变量名，与Hfss工程文件中的名称保持一致
data.dim_input = 7;  % 设计变量维度
data.bounds = [[1.6*ones(1, 4) 0.2 0.26 0.26];[1.9*ones(1, 4) 0.22 0.3 0.3]];
     % 设计变量范围
data.alph_train = 35;  % 初始样本个数
data.input_value = (lhsdesign(data.alph_train, data.dim_input)-0.5)*2;  % 拉丁
     超立方采样
data.output_name = ["S11", "S21"];  % 设置优化目标，与Hfss结果文件命名保持一致
data.dim_output = 2;  % 优化目标个数
data.input_unit = ["in", "in", "in", "in", "in", "in", "in"];  % 设计变量单位
data.goalPrjFile = 'D:/Filter.aedt';  % 输入Hfss待优化项目的绝对路径，本例中为
     “Filter.aedt”文件的绝对路径
data.tmpDataFiledeg = 'D:/temp_sample/'; % 输入临时文件保存路径，本例中为“temp
     _sample”文件夹的绝对路径
data.filename = 'Filter';  % 输入Hfss工程文件名
data.modelname = 'HFSSDesign';  % 输入Hfss文件模型名
%% 调用Hfss进行采样
tic
function_hfss(data);
time_sample = toc;
%% 读取结果文件
for i = 1:data.alph_train
    temp = importdata([data.tmpDataFiledeg, char(data.output_name(1)), '_',
         num2str(i), '.tab']);
    data.fre = temp.data(:, 1);
    data.S11_abs(:, i) = temp.data(:, 2);
    temp = importdata([data.tmpDataFiledeg, char(data.output_name(2)), '_',
         num2str(i), '.tab']);
    data.S21_abs(:, i) = temp.data(:, 2);
end
%% 保存
save('workspace_data_initial.mat')
```

* 请访问科学在线 www.sciencereading.cn，选择“科学商城”，检索书名《智能微波工程》，在图书详情页“资源下载”栏目中获取完整的“带通滤波器程序源代码”数据包。

步骤 2. 运行 “main_step_2_opti” 函数，在该函数中进行训练、优化以及调用 Hfss 验证，其中主函数调用 “function_train” 进行训练。

```
function Model = function_train(data)
Model.model_S11 = fitrgp(data.train_x, data.S11, 'kernelfunction', 'ardmatern32
    ');
Model.model_S21 = fitrgp(data.train_x, data.S21, 'kernelfunction', 'ardmatern32
    ');
```

调用 “function_opti” 进行优化。

```
function data = function_opti(data, Model)
% 遗传算法
Fun = @(x) function_prediction(x, data, Model);
Lb = data.bounds(1, :);
Ub = data.bounds(2, :);
dim = data.dim_input;
Options = optimoptions(@ga, ...
    'MaxGenerations', data.MaxG, ...
    'PopulationSize', data.Pop, ...
     'FunctionTolerance', 1e-6);
[x, Fval, exitFlag] = ga(Fun, dim, [], [], [], [], Lb, Ub, [], Options);
```

再调用 “function_ver” 进行验证。

附录 B　三频贴片天线程序源代码 *

本程序所依赖的软件为：Python 3.6（需正确安装：geatpy==2.5.1，emukit==0.4.7）和 CST 2020。

步骤 1. 运行 “Main_step_1_sample” 函数，在该函数中设置优化变量、优化目标等并完成初始样本采集。

步骤 2. 运行 “Main_step_2_opti_3models” 函数，在该函数中进行训练、优化以及调用 CST 验证，该函数可指定多路径或单路径仿真，但在调用前，需保证指定文件夹中包含以下子文件夹：“./temp/multi-lcb/lcb_3” “./temp/one-lcb/lcb_0” “./ temp/one-lcb/lcb_1”“./ temp/one-lcb/lcb_2”；同时将采样阶段全部 “.mat” 结果文件复制到上述文件夹。其中训练部分的代码为：

```
X_train_1, Y_train_1 = convert_xy_lists_to_arrays([X_train_L, X_train_H], [Y_
     train_L_1, Y_train_H_1])
base_kernel = GPy.kern.RBF
kernels = make_non_linear_kernels(base_kernel, 2, X_train_1.shape[1] - 1)
nonlin_mf_model_1 = NonLinearMultiFidelityModel(X_train_1, Y_train_1, n_
     fidelities=2, kernels=kernels, verbose=True, optimization_restarts=5)
for m in nonlin_mf_model_1.models:
    m.Gaussian_noise.variance.fix(0)
nonlin_mf_model_1.optimize()
```

主函数遗传算法部分的代码为：

```
x_pre, y_pre = opti_ga(algorithm_pop, algorithm_evo, fullname_temp, dim_opti,
     fre_S_ori, S11_goal)
```

其中，调用子函数 “optim_set_antenna_3models”，进入遗传算法

```
import geatpy as ea
import numpy as np
from Optimization_antenna_3models import Optimization_tri as Op_tri
def opti_tri(algorithm_pop, algorithm_evo,fullname_temp, dim, fre_S_ori, S11_
     goal):
    problem = Op_tri(fullname_temp, dim, fre_S_ori, S11_goal)
    Encoding = 'RI'
    NIND = algorithm_pop
```

* 本程序所安装的绝对路径中不能有中文。

请访问科学在线 www.sciencereading.cn，选择“科学商城”，检索书名《智能微波工程》，在图书详情页“资源下载”栏目中获取完整的“三频贴片天线程序源代码”数据包。

```
    Field = ea.crtfld(Encoding, problem.varTypes, problem.ranges, problem.
        borders)
    population = ea.Population(Encoding, Field, NIND)
    myAlgorithm = ea.soea_SEGA_templet(problem, population)
    myAlgorithm.MAXGEN = algorithm_evo  # 最大进化代数
    myAlgorithm.drawing = 0  # 不画图
    """==========================调用算法模板进行种群进化
        ========================="""
    [population, obj_trace, var_trace] = myAlgorithm.run()  # 执行算法模板
    population.save()  # 把最后一代种群的信息保存到文件中
    # 输出结果
    best_gen = np.argmin(problem.maxormins * obj_trace[:, 1])  # 记录最优种群个
        体是在哪一代
    best_ObjV = obj_trace[best_gen, 1]
    x_pre = var_trace[best_gen, :].reshape(1, -1)
    y_pre = best_ObjV
    return x_pre, y_pre
```

在子函数“Optimization_antenna_3models”，设置遗传算法优化变量、目标、约束等。利用低保真度全波仿真模型对利用遗传算法得到参数组合进行仿真，仿真后更新数据集并进行再训练，再预测，并对其中最好的一组参数组合进行高保真度全波仿真：

```
# 带入高保真度全波仿真进行验证
S11_f_pre, fre_S_pre = cst_tri_sample(data_fine_pre[0, 0:dim_opti].reshape(1,
    -1), para_select_name,dim_opti,1,model_path_fine, fullname_temp,soft_path_
    1, soft_path_2)
```

附录 C 采用 HKDT 进行对 AEP 建模的程序源代码*

采用 HKDT 对阵列中单元的 AEP 进行建模的步骤为三步，其核心为对每个考虑的 ABE 提取其 AEP，进而对其进行变换至虚拟子阵的激励域，得到变换后的训练集的输入及输出，最终利用机器学习进行建模。具体步骤如下：

步骤 1. 对单元位置、AEP 及函数参数等进行数据初始化。

```
function [Model, Time, G, E] = function_model_GPR_HKDT(Position_Array, Mag_
     Array, Ang_Array, Train_id, MC_Number, Q, d)
tic;
Position = Position_Array(Train_id);
Mag = Mag_Array(Train_id);
Ang = Ang_Array(Train_id);
Array_N = size(Position,2);
dini_0 = 0.012;
angleRange = 180;
theta = (0:angleRange)';
theta0 = (-90:1:90).*pi./180;
Nk = size(theta0,2);
database_mag_ang_train = [];
```

步骤 2. 对每个考虑的 ABE 提取其 AEP，进而对其进行变换至虚拟子阵的激励域，最终得到变换后的训练集的输入及输出。

```
for i_AN = 1:Array_N
    Element_Plane_mag_train0 = Mag{i_AN};
    Element_Plane_ang_train0 = Ang{i_AN};
    Position_train0 = Position{i_AN};
    Element_Number = size(Element_Plane_mag_train0,2);
    Position_train_X0 = [];
    for i_index = 0:MC_Number
        if i_index == 0
            Position_train_X0 = [Position_train0'];
        else
            Position_train_X0 = [Position_train_X0,[zeros(1,i_index),dini_0./(
                 Position_train0(i_index+1:end)-Position_train0(1:end-i_index))]',
                 [dini_0./(Position_train0(i_index+1:end)-Position_train0(1:end-
                 i_index)),zeros(1,i_index)]'];
```

* 请访问科学在线 www.sciencereading.cn，选择“科学商城”，检索书名《智能微波工程》，在图书详情页“资源下载”栏目中获取完整的“采用 HKDT 进行对 AEP 建模的程序源代码”数据包。

```
            end
        end
        g = Element_Plane_mag_train0.*exp(-1i.*Element_Plane_ang_train0);
        if i_AN == 1
            gvep = mean(g,2);
        end
        G = diag(gvep);
        u = sin(theta0);
        beta = 2*pi;
        for k0 = 1:Nk
            for p0 = 1:Q
                E(k0,p0) = exp(1i*beta*(p0-(Q-1)/2+1)*d*u(k0));
            end
        end
        Z =G*E;
        c = inv(Z'*Z)*Z'*g;
        c_cell{i_AN} = c;
        database_mag_ang_train=[database_mag_ang_train;[Position_train_X0,real(c'),
            imag(c')]];
end
```

步骤 3. 对虚拟子阵中，不同的阵元的实部和虚部分别利用机器学习进行建模。

```
for i = 1:Q
    Model{i,1} = fitrgp(database_mag_ang_train(:,1:end-2*Q),database_mag_ang_
        train(:,end-2*Q+i),'Sigma',1e-10,'Standardize',1,'BasisFunction','none',
        'KernelFunction', 'ARDMatern52');
    Model{i,2} = fitrgp(database_mag_ang_train(:,1:end-2*Q),database_mag_ang_
        train(:,end-Q+i),'Sigma',1e-10,'Standardize',1,'BasisFunction','none','
        KernelFunction', 'ARDMatern52');
end
Time = toc;
End
```

附录 D　采用 MLAO 进行 MITH 搜索的程序源代码 *

采用 MLAO 进行 MITH 的搜索分为四步，其核心是构建不同的输入容差超体积及其对应的最差情况组成的初始训练集，及利用以机器学习建模、优化和验证为基础的 MLAO 迭代过程对 MITH 进行搜索。具体步骤如下：

步骤 1. 对相关的系数进行初始化。

```
function function_MITH_Searching_MLAO
global Cha;
X_for_test = Cha.Dimensions;
Lower_Bound = Cha.Bound(1, :);
Upper_Bound = Cha.Bound(2, :);
Tolerance = Cha.Tolerance;
d_x = Cha.N_function;
m_SAMPLE = Cha.m_SAMPLE;
iterations = Cha.iterations_DLMLAO;
Distance_Lower=X_for_test-Lower_Bound;Distance_Upper=Upper_Bound-X_for_test;
Distance0 = [Distance_Lower; Distance_Upper];
Distance = min(Distance0, [], 1);
e0 = find(Distance == 0);
fitness10 = function4(X_for_test);
fit_Tol = fitness10+Tolerance;
Cha.fit_Tol = fit_Tol;
divide = 1/m_SAMPLE;
Hypervalue_sample0_2 = repmat((divide:divide:1)', [1, d_x]);
Hypervalue_sample0 = lhsdesign(m_SAMPLE, d_x);
Hypervalue_sample0 = [Hypervalue_sample0; Hypervalue_sample0_2];
Hypervalue_sample = Hypervalue_sample0.*Distance;
Up_bound = X_for_test+Hypervalue_sample;
Lp_bound = X_for_test-Hypervalue_sample;
```

步骤 2. 构建不同的输入容差超体积及其对应的最差情况组成的初始训练集。

```
for j = 1:m_SAMPLE*2
    Lp_bound0 = Lp_bound(j, :);
    Up_bound0 = Up_bound(j, :);
    fitnessL10 = function4(Lp_bound0);
    fitnessU10 = function4(Up_bound0);
```

* 请访问科学在线 www.sciencereading.cn，选择“科学商城”，检索书名《智能微波工程》，在图书详情页“资源下载”栏目中获取完整的“采用 MLAO 进行 MITH 搜索的程序源代码”数据包。

```
[x_worst_case_SA1_0_l, Fval_worst_case_SA1_0_l, x_worst_case_SA1_0_u, Fval_
     worst_case_SA1_0_u] = function_find_worst_case_1objective_bmfcns(Lp_bound0,
      Up_bound0, d_x);
    x_worst_case_SA1_l(j, :) = x_worst_case_SA1_0_l;
    Fval_worst_case_SA1_l(j, :) = Fval_worst_case_SA1_0_l;
    x_worst_case_SA1_u(j, :) = x_worst_case_SA1_0_u;
    Fval_worst_case_SA1_u(j, :) = Fval_worst_case_SA1_0_u;
End
```

步骤 3. 开始对 MITH 的搜索，包括以机器学习建模、优化和验证为基础的迭代过程。

```
time = 1;
Hypervalue_sample0 = [Hypervalue_sample0;zeros(1, d_x)];
Fval_worst_case_SA1_l = [Fval_worst_case_SA1_l;fitness10];
Fval_worst_case_SA1_u = [Fval_worst_case_SA1_u;fitness10];
while time<iterations(1)
    time = time+1;
    global gprMdl_wc1 gprMdl_wc2;
    sigma0 = 1e-20;
gprMdl_wc1 = fitrgp(Hypervalue_sample0,Fval_worst_case_SA1_l, 'KernelFunction',
      'ardmatern32', 'Sigma', sigma0);
gprMdl_wc2 = fitrgp(Hypervalue_sample0,Fval_worst_case_SA1_u, 'KernelFunction',
      'ardmatern32', 'Sigma', sigma0);
    fitness2 = @(x) predictfor_hyperv_bmFcns(x);
    A = [];
    b = [];
    Aeq = [];
    beq = [];
    lb = zeros(1, d_x);
    ub = ones(1, d_x);
    options = optimoptions(@ga,'MaxTime', 120, 'PopulationSize', 50, 'Display',
          'off');
    rng default
    fprintf('Start Optimization\n');
    [x, Fval, exitFlag]=ga(fitness2, d_x, A, b, Aeq, beq, lb, ub, [], options);
    xD = x.*Distance;
    Up_bound_verify = X_for_test+xD;
    Lp_bound_verify = X_for_test-xD;
[x_worst_case_SA1_0_l, Fval_worst_case_SA1_0_l, x_worst_case_SA1_0_u, Fval_
     worst_case_SA1_0_u] = function_find_worst_case_1objective_bmfcns(Lp_bound_
     verify, Up_bound_verify, d_x);
    Hypervalue_sample0 = [Hypervalue_sample0; x];
    Fval_worst_case_SA1_l = [Fval_worst_case_SA1_l; Fval_worst_case_SA1_0_l];
    Fval_worst_case_SA1_u = [Fval_worst_case_SA1_u; Fval_worst_case_SA1_0_u];
    Fval_worst_case_SA_l = [prod(Hypervalue_sample0, 2), Hypervalue_sample0,
         Fval_worst_case_SA1_l];
Fval_worst_case_SA_u = [prod(Hypervalue_sample0, 2), Hypervalue_sample0, Fval_
```

```
     worst_case_SA1_u];
iter_wi_cond1 = find(Fval_worst_case_SA1_l > fit_Tol(1) & Fval_worst_case_SA1_u
      < fit_Tol(2));
    iter_wi_cond = iter_wi_cond1;
    Fval_worst_case_SA_sort_l = Fval_worst_case_SA_l(iter_wi_cond, :);
    Fval_worst_case_SA_sort_u = Fval_worst_case_SA_u(iter_wi_cond, :);
    size_ok = size(Fval_worst_case_SA_sort_l, 1);
    Fval_worst_case_SA_sort2_l = sortrows(Fval_worst_case_SA_sort_l, -1);
    now_max(size_ok) = Fval_worst_case_SA_sort2_l(1, 1);
    Hyperval = Fval_worst_case_SA_sort2_l(1, 2:d_x+1).*Distance;
    if (size_ok-iterations(2))>0
        if (now_max(size_ok) == now_max(size_ok-iterations(2)))
            break;
        end
    end
end
```

步骤 4. 对搜索得到的 MITH 结果进行输出。

```
Cha.Hyperval_MLAO = Hyperval;
Cha.x_worst_case_SA_l = x_worst_case_SA1_0_l;
Cha.x_worst_case_SA_u = x_worst_case_SA1_0_u;
end
```

附录 E　片上可变螺旋电感自动综合程序源代码 *

电感综合演示程序基于 Matlab 开发，共包含 15 个函数，其中 AI_Inductor_Synthesis 为主函数。本程序的执行包含以下步骤：

步骤 1. 设定目标，用户需在此设定所需电感的电感值、工作频率与最小自谐振频率，程序会寻找满足这些条件的最大品质因数电感 layout。

步骤 2. 设定约束，用户需要在此设定螺旋电感的几何约束，包含面积、线宽、线距与圈数。

步骤 3. 设置工艺，用户需要在此设定需要使用的工艺，需要声明工艺名称、金属层名称、约束组名称，确保以上名称与 VIRTUOSO 中的名称一致，此外，还需要输入包含工艺 PDK 路径的 cds.lib 文件、EMX 仿真所需的 proc 文件以及工艺对应的 layermap 文件。

步骤 4. 初始化，程序会校验用户输入是否有误并创建工程目录。

步骤 5. 收集初始样本，程序会根据目标自动收集一定数量的样本。

步骤 6. 多路径全局优化，程序会自动进行迭代优化。

步骤 7. 最优样本输出，程序会自动输出最优样本至指定目录。

本程序仅支持在 Linux 平台下运行，建议的 Linux 发行版本包括但不限于 RHEL6（6.5+）、RHEL7（7.4+）、SLES11、SLES12、CentOS6（6.5+）以及 CentOS7（7.4+），详情请参见 Cadence Virtuoso 支持的 Linux 发行版。本程序依赖的软件如下：

1. Cadence Virtuoso：版本要求为 Cadence Virtuoso 6.18，请将 ***<VirtuosoPath>***/bin 目录加入环境变量；

2. EMX：版本要求为 5.4 及以上，不支持 EMX 6，请将 ***<EMXPath>*** 加入环境变量；

3. Matlab：版本要求为 2018b 及以上。

以下为电感综合演示程序中部分重要的源代码及说明。

主函数 AI_Inductor_Synthesis 中需要设定指标与工艺，其代码如下：

```
% Set target inductance value, nH
Param.targetL = 0.3;
```

* 请访问科学在线 www.sciencereading.cn，选择"科学商城"，检索书名《智能微波工程》，在图书详情页"资源下载"栏目中获取完整的"片上可变螺旋电感自动综合程序源代码"数据包。

```
% Set target frequency or center frequency, GHz
Param.targetF = 50;
% Set target self-resonant frequency, GHz
Param.targetSRF = 80;
%% Step 2: Set Constrains
% Set maximum area, e.g. 60*30 or 30*60 -> [60 30], um
Param.maxArea = [80 80];
% Set the range of line width, um
Param.lineWidth = [8 1];
% Set the range of line space, um
Param.lineSpace = [3 0.1];
% Set the range of coil turns
Param.coilTurn = [4 1];
%% Step3: Set Process Parameters
% Make sure your inputs are SAME as Virtuoso
% Set process name
Param.techLib = "Process Name";
% Set metal layers
Param.topMetal = "Metal 1 Name";
Param.bottomMetal = "Metal 2 Name";
% Input cds.lib
Param.pathCdslib = "CDS.LIB Path";
% Constrains group name
Param.constGroup = "virtuosoDefaultSetup";
% Input the path to the process file used for the EMX simulation
Param.pathProc = "PROC Path";
% Input the path of layermap file
Param.pathMap = "Layermap Path";
%% Step 4: Initialize the Project
Param = init_project(Param);
%% Step 5: Collecting the Initial Sample
[Param, Data] = collect_sample(Param);
%% Step 6: Optimize Model
[Param, Data] = optimize_model(Param, Data);
%% Step 7: Final Step
final_step(Data, Param);
```

结合先验知识的代理模型主要训练过程如下：

```
%% Curve Fitting
% The function used to fit the L curve
curveL = '-a*sin(pi/((x-b)+c/(x-b)))+d';
% If the resonance point is in the simulation band, the fitted initial point is
      the peak point.
if isempty(Output.L(Output.L>(Output.L(1)+0.1))) == 0
    if isempty(findpeaks(Output.L, 'MinPeakHeight', min(Output.L(1)+0.1))) == 0
        peaks = findpeaks(Output.L, 'MinPeakHeight', min(Output.L(1)+0.1));
        startPoint = Output.freq(Output.L==peaks(1));
```

```
        % if not, the fitted initial point is larger than the simulation band
    else
        startPoint = Output.freq(end)+50;
    end
else
    startPoint = Output.freq(end)+50;
end
FitL = fit(Output.freq, Output.L, curveL);
if FitL.a>0 && FitL.a<1e-3
    FitL.a = 1e-3;
elseif FitL.a<0 && FitL.a>-1e-3
    FitL.a = -1e-3;
end
coefL = [FitL.a, FitL.b, FitL.c, FitL.d];
% fit Q curve
[~, numQmax] = max(Output.Q);
num = find(Output.Q(numQmax:end)<0, 1);
if isempty(num) == 1
    num = length(Output.freq);
end
minQ = min(Output.Q);
FitQ = fit(Output.freq(1:num), Output.Q(1:num)-minQ, 'gauss1');
coefQ = [FitQ.a1, FitQ.b1, FitQ.c1, minQ];
%% Training Surrogate Model
% training the surrogate models for each coefficient
for ii = 1:size(coefL, 2)
modL{ii}fitrgp(geomParam(:, 1:6), coefL(:, ii),'KernelFunction','ardmatern52',
     'BasisFunction', 'none', 'Standardize', 1, 'PredictMethod', 'exact');
end
for ii = 1:size(coefQ, 2)
modQ{ii}=fitrgp(geomParam(:, 1:6), coefQ(:, ii),'KernelFunction','ardmatern52',
      'BasisFunction', 'none', 'Standardize', 1, 'PredictMethod', 'exact');
end
```

多路径全局优化算法主要代码如下：

```
for ii = 1:length(lcb)
    gaObjFun{ii}=@(geomParam)ga_obj_fun(geomParam, Param, freq, lcb(ii), modQ,
         modL);
end
for ii = 1:length(lcb)
    [optParam(ii, :), val(ii)] = ga(gaObjFun{ii}, length(lB), aIn, bIn, [], [],
          lB, uB, @(geomParam)ga_nonlinear_constrains(geomParam, Param), 4,
         gaOptions);
end
```

索　引